2017年“一流应用技术大学”建设系列教材

PTC Creo 5.0 综合技术应用教程

Application Exercises of PTC Creo 5.0 Comprehensive Technology

主　编　王青云　赵俊英　田鹏勇

副主编　杨　健　陈　宽　杨　芳

参　编　刘志东　戈美净　段婷婷

西安电子科技大学出版社

内 容 简 介

本书基于 PTC Creo 5.0 认知、二维草图绘制、简单零件设计、复杂零件设计、装配设计、工程图设计 6 个项目，由浅入深地教授初学者如何完成一个实际工业产品从二维、三维再到装配工程图的设计过程。

本书图文并茂，可操作性强，可作为应用技术大学、职业院校机电一体化技术专业及机械、自动化相关专业的教学用书，也可供机械设计、机械制图从业人员学习参考。

图书在版编目（CIP）数据

PTC Creo 5.0 综合技术应用教程 / 王青云，赵俊英，田鹏勇主编.
—西安：西安电子科技大学出版社，2019.8
ISBN 978-7-5606-5195-8

Ⅰ. ① P… Ⅱ. ① 王… ② 赵… ③ 田… Ⅲ. ① 机械设计—计算机辅助设计—应用软件—教材
Ⅳ. ① TH122

中国版本图书馆 CIP 数据核字(2018)第 278347 号

策划编辑 毛红兵 秦志峰
责任编辑 武伟婵 秦志峰
出版发行 西安电子科技大学出版社(西安市太白南路 2 号)
电　　话 (029)88242885 88201467 邮　　编 710071
网　　址 www.xduph.com 电子邮箱 xdupfxb001@163.com
经　　销 新华书店
印刷单位 陕西天意印务有限责任公司
版　　次 2019 年 8 月第 1 版 2019 年 8 月第 1 次印刷
开　　本 787 毫米×1092 毫米 1/16 印 张 11.75
字　　数 271 千字
印　　数 1～2000 册
定　　价 29.00 元
ISBN 978-7-5606-5195-8 / TH

XDUP 5497001-1

天津中德应用技术大学

2017年“一流应用技术大学”建设系列教材

编　委　会

前　言

随着社会的快速发展，传统的教育方式已经无法满足企业的需求。用人单位总是在为无法找到符合岗位职责要求的人而烦恼。因此，推进教育改革势在必行。教材改革是教育改革的重要组成部分，因此本书在撰写之前，邀请了具有丰富教学经验的高校一线教师和企业一线技术工作人员，研究教材编写的思路和方法，把企业工作岗位对于三维设计能力要求的要素融入教材中，使得教学的内容紧跟企业实际情况，真正为培养符合企业用人需求的人才服务。

本书的各个项目从建立学习目标起步，以任务为驱动，引导读者学习完成任务需要的知识，再通过任务来进行应用训练，即应用了【学习目标】—【知识准备】—【实战训练】—【练习题】的结构。每个项目为读者提供了课后练习题，供课下自主学习使用。同时，针对具有留学生培养任务的高校，本书还附加了各个项目的核心词汇中英文对照表。

本书由天津中德应用技术大学王青云、赵俊英、田鹏勇任主编，杨健、陈宽、杨芳任副主编，刘志东、戈美净、段婷婷参与编写。王青云主持了教材的系统策划和结构设计，项目一由王青云、杨芳编写，项目二由赵俊英、刘志东编写，项目三、项目四、项目五由王青云、杨健、戈美净编写，项目六由田鹏勇、陈宽、段婷婷编写。

本书在结构、体例、内容等方面进行了大胆的探索和创新，但难免存在一些不足和疏漏，希望广大读者对此提出批评或改进建议。

编　者

2019 年 4 月

目　录

项目一　PTC Creo 5.0 认知

本项目主要介绍 PTC Creo Elements/Pro 5.0(简称 PTC Creo 5.0)的应用特点、安装方法、工作界面、文件基本操作、模型显示基本操作等内容，使读者对 PTC Creo 5.0 有初步的了解。

学习目标

- 了解 PTC Creo 5.0
- Creo 5.0 的安装方法
- Creo 5.0 的工作界面
- 文件基本操作
- 模型显示的基本操作

知识准备

1.1　了解 PTC Creo 5.0

PTC Creo 是由美国参数技术公司(PTC 公司)推出的一体化 CAD 设计软件，该软件集合了 Pro/Engineer、CoCreate 和 ProductView 三大软件，并且提供了参数化的设计概念，为设计者提供了完整的设计环境，拥有强大实用的产品数据库管理、开发管理、三维数据查看等多种功能。新版本的 Creo 5.0 对性能进行了优化，大大地提升了生产力，该软件还拥有强大的图表化浏览、UI 增强、任务简化等功能，同时改进了模块功能。

Creo 5.0 的功能特性如下：

1. 相关性

Creo 5.0 的所有模块都有相关性。若用户对某一特征进行更改，则相关的特征也会由于存在父子关系而随之修改。此修改会扩展到整个设计中，并自动更改所有相关图档，如装配图档、工程图纸、加工图档。相关性使得模型修改工作变得轻松和不容易出错。

2. 参数化设计

参数化设计是 Creo 5.0 的一大特色，所有的设计过程都可以用参数来描述。用户可以为所设计的特征设置参数，并且可以对不满意的参数进行修改，方便设计。采用参数化设计，用户可以运用强大的数学运算方式，建立各尺寸参数间的关系式。

3．基于特征设计

Creo 5.0 的特征设计基于人性化，其零件设计也遵循着一定的规律，即从逐个创建单独的几何特征开始，在设计过程中参照其他特征时，这些特征将和所参照的特征相互关联，通过按照一定顺序创建特征便可以构造一个较为复杂的零件。

1.2 Creo 5.0 的安装方法

Creo 5.0 适用于 Windows 7、Windows 8 及 Windows 10 等操作系统(64 位)。

操作任务 1——安装 Creo 5.0

操作步骤：

(1) 安装的初始界面如图 1-1 所示，在左下角会显示主机 ID，单击【下一步】按钮，转到接受许可证协议界面，如图 1-2 所示。选中【我接受】单选按钮，接受协议，然后单击【下一步】按钮。

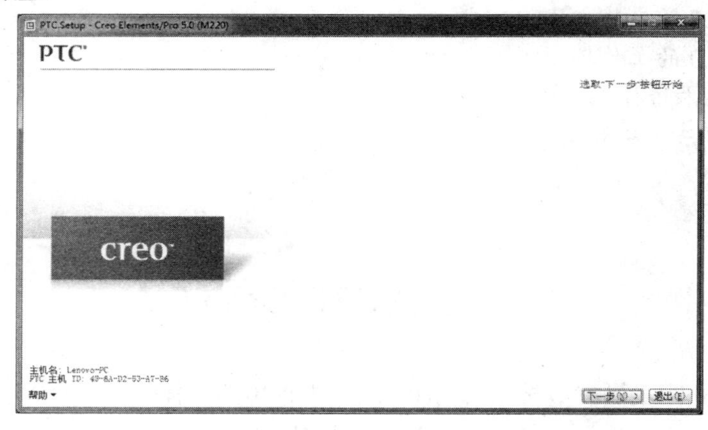

图 1-1 安装初始界面

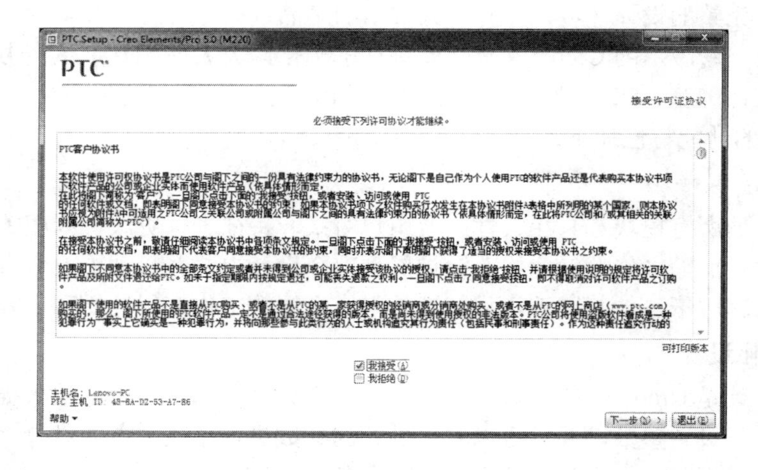

图 1-2 选中【我接受】按钮

技术要点

软件安装包的路径中不能有中文字符。若有中文字符，则需更改路径下的所有文件夹名为英文字母或数字。

(2) 选择 Creo 产品，如图 1-3 所示，开始安装。

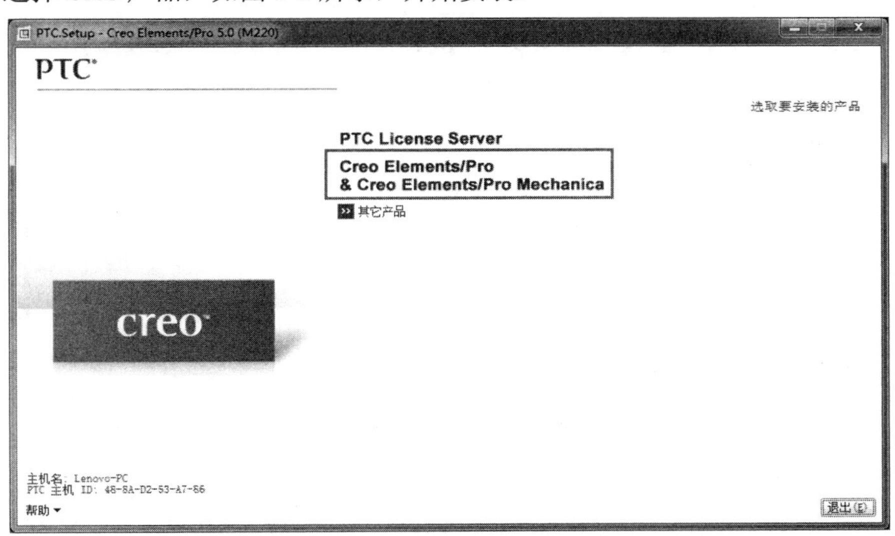

图 1-3　选择安装产品

(3) 在“要安装的功能”列表中选择需要的安装项目，如图 1-4 所示，然后单击【下一步】按钮。

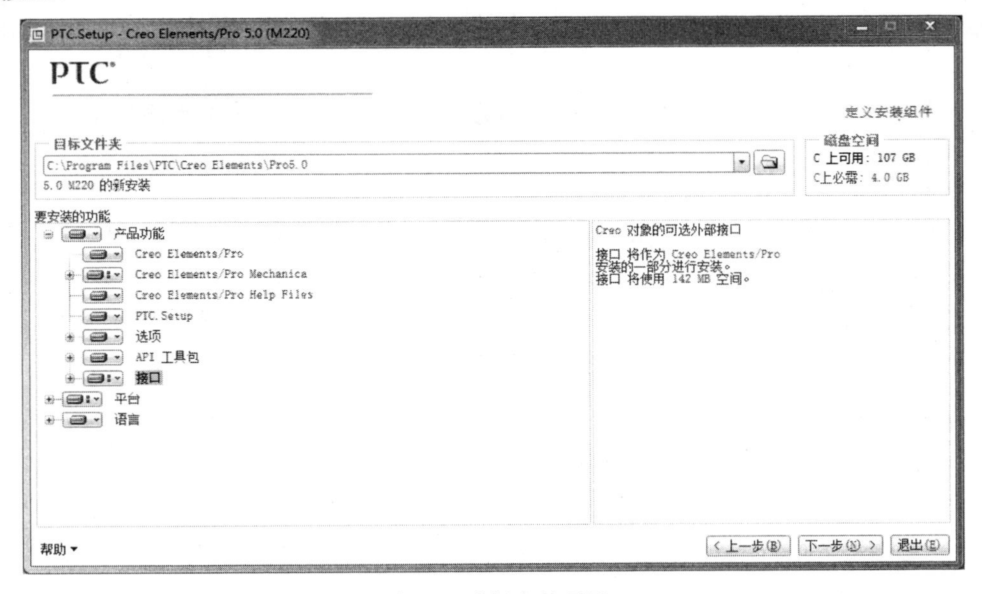

图 1-4　选择安装项目

技术要点

注意：尽量安装所有功能，以免在讲解其他功能模块时无法使用软件。

(4) 进入选择单位界面，根据需要选中【公制】或【英制】单选按钮，如图 1-5 所示，然后单击【下一步】按钮。

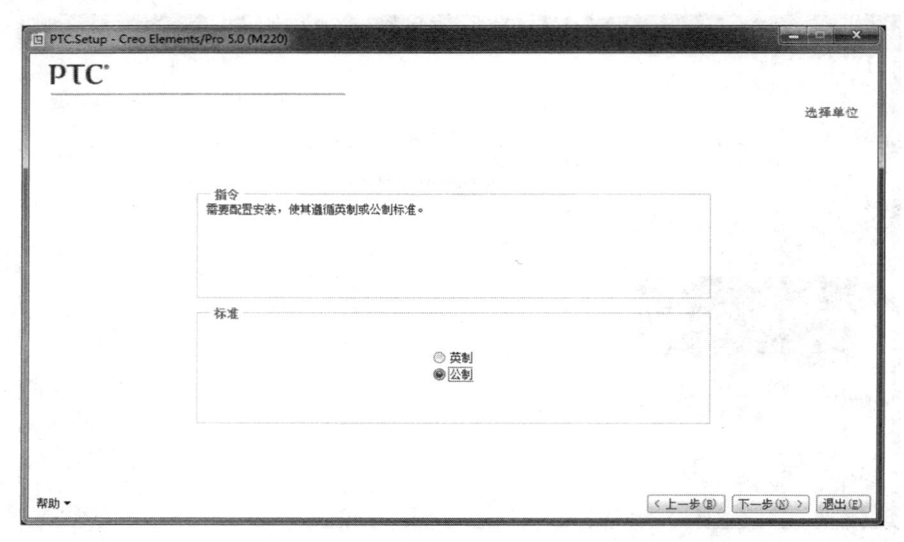

图 1-5　选择单位

(5) 添加许可证。转到许可证服务器界面，单击【添加】按钮，打开【指定许可证服务器】对话框，单击【浏览】按钮，找到许可证文件路径，如图 1-6 所示，单击【确定】按钮后，再单击【下一步】按钮。如需再次添加许可证文件，则单击图 1-7 所示的浏览按钮。

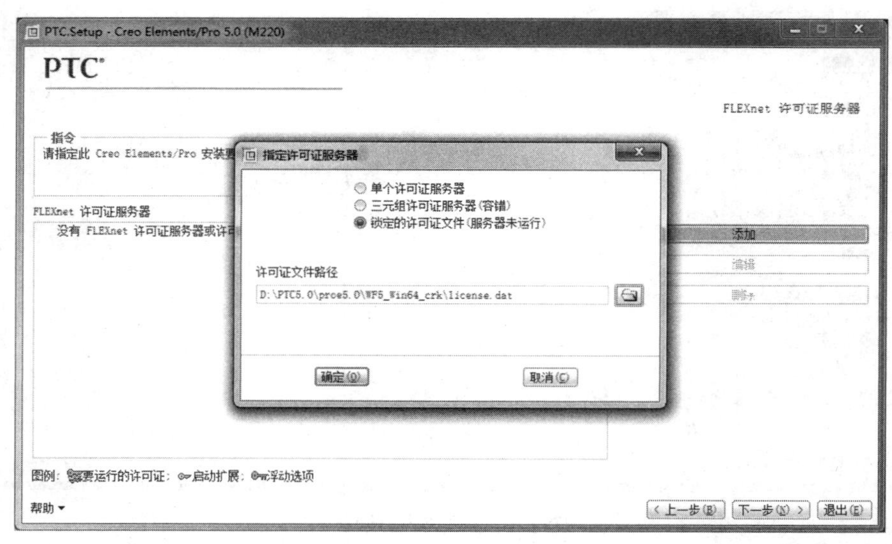

图 1-6　选择许可证文件

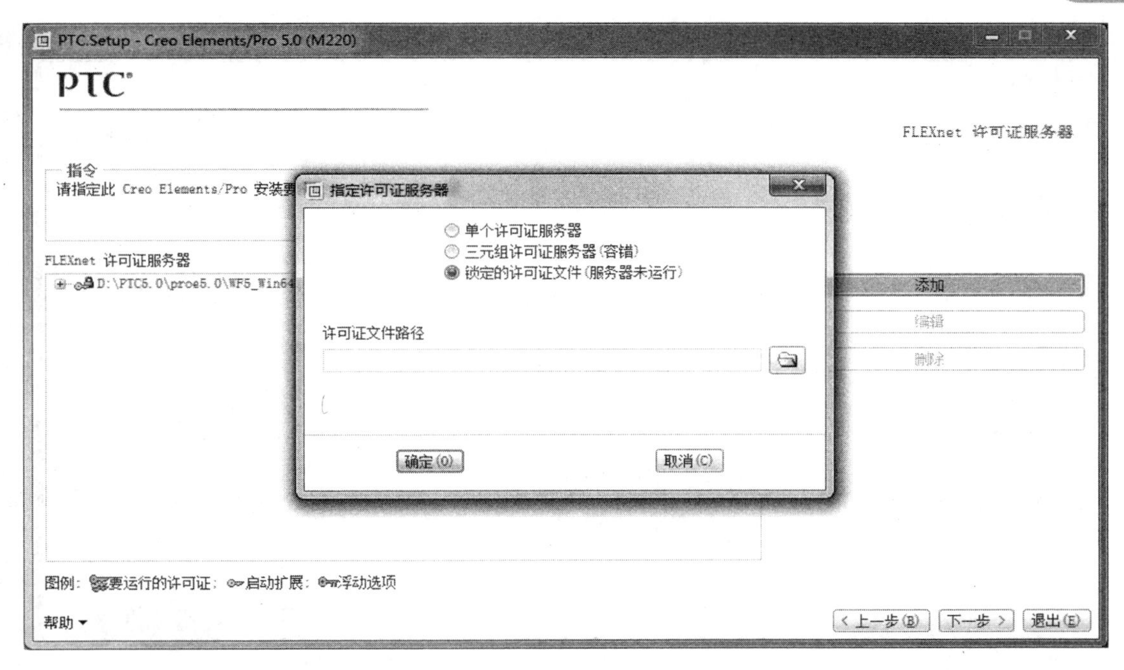

图 1-7　再次添加许可证文件

(6) 设置快捷方式位置和启动目录，如图 1-8 所示，然后单击【下一步】按钮。

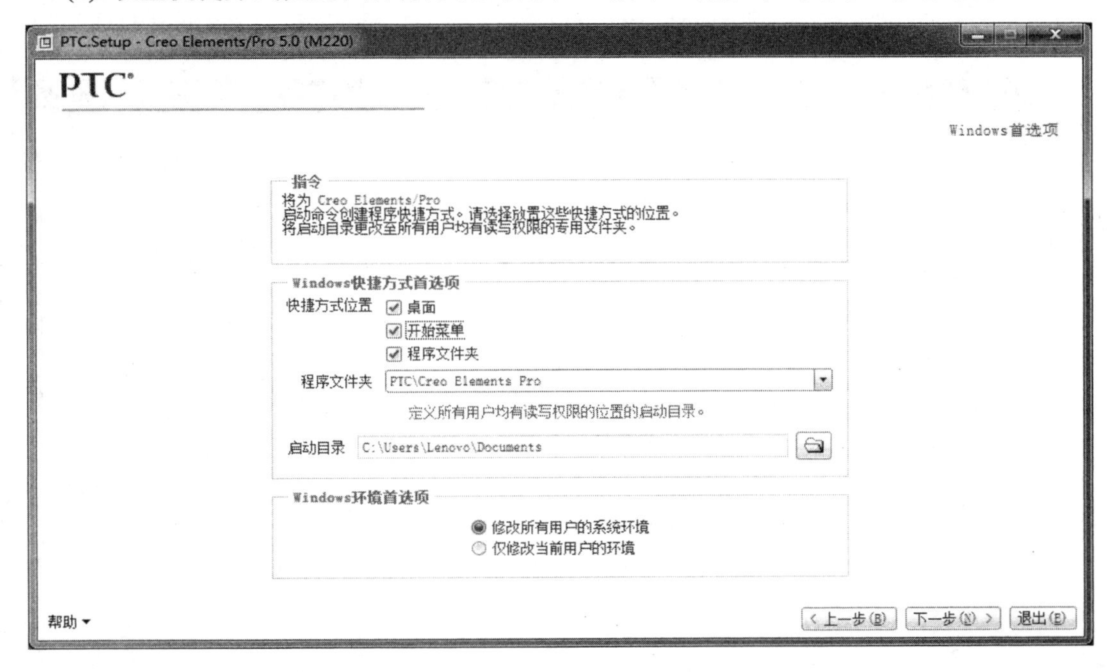

图 1-8　设置快捷方式位置和启动目录

(7) 在可选配置步骤界面的“安装可选实用工具”和“指令”选项组中进行设置，如图 1-9 所示，然后单击【下一步】按钮。

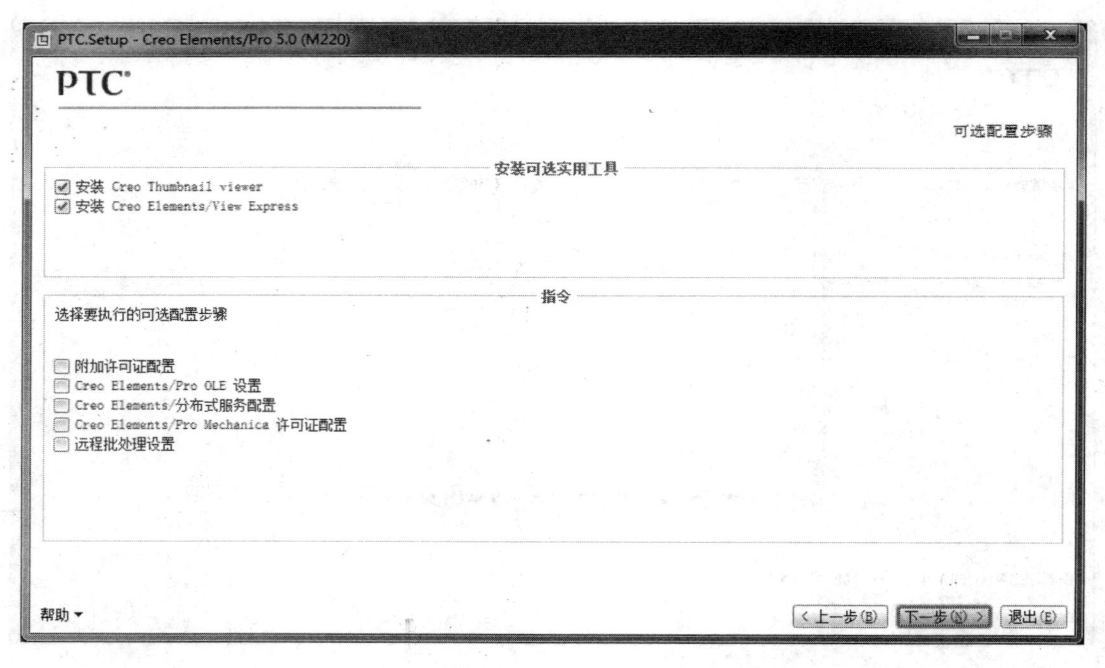

图 1-9　“安装可选实用工具”和“指令”选项组的设置

(8) 指定 Creo Elements/View Express 的安装位置，如图 1-10 所示，然后点击【安装】按钮。

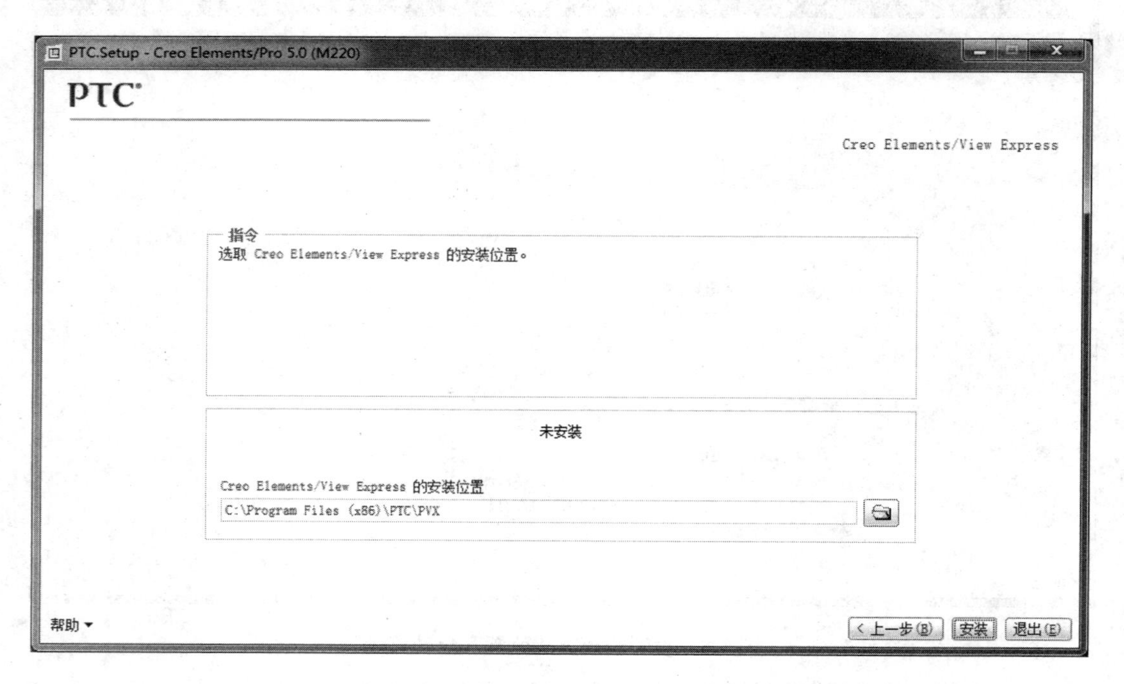

图 1-10 指定 Creo Elements/View Express 的安装位置

(9) 系统开始安装程序，如图 1-11 所示，安装完成后点击【退出】按钮。

图 1-11　开始安装程序

1.3　Creo 5.0 的工作界面

启动 Creo 5.0 软件，系统经过短暂的启动画面后进入 Creo 5.0 的初始工作界面。工作界面的主要组成有标题栏、菜单栏、工具栏、导航区、信息区、过滤器、绘图区等，如图 1-12 所示。

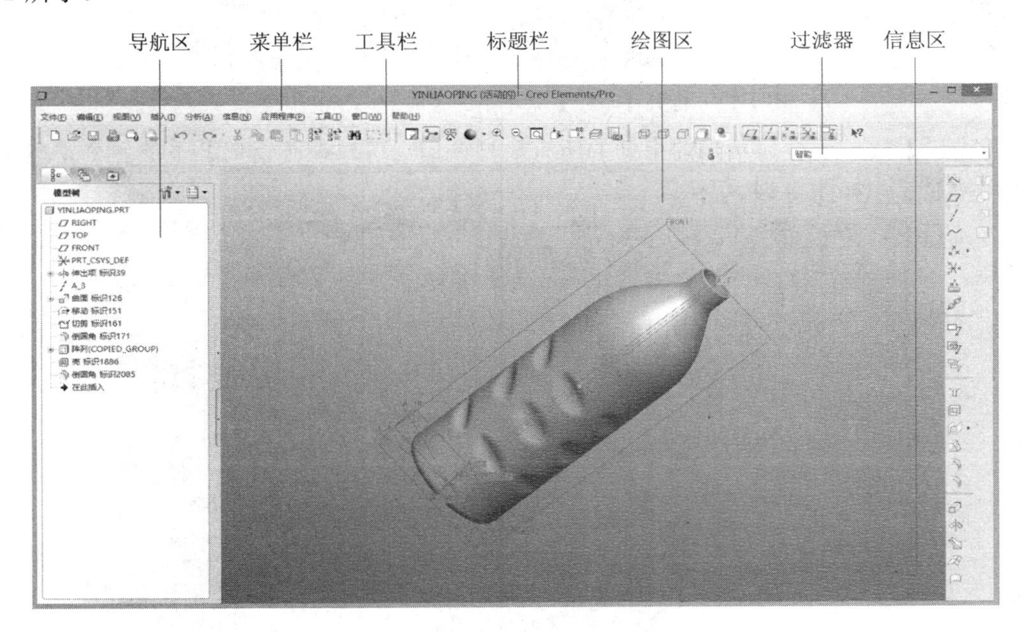

图 1-12　初始工作界面

1. 标题栏

标题栏位于界面的最顶部，显示的是当前软件的名称。右侧显示的、/ 和代表最小化、最大化/还原和关闭按钮。当新建或者打开模型文件时，标题栏显示文件名称，文件名后的“活动的”指的是当前文件处于激活状态。

2. 菜单栏

菜单栏集成了 Creo 5.0 操作命令，由文件、编辑、视图、插入、草绘、分析、信息、应用程序、工具、窗口和帮助 11 个菜单组成。在不同的模式下，菜单栏提供的菜单选项可能会不同。

选中菜单栏中的某项菜单，将打开其下拉菜单。如果下拉菜单中的某个命令带有“▸”符号，则表示有下一级子菜单。例如，图 1-13 所示为打开【草绘】菜单下的【线】命令的子菜单。

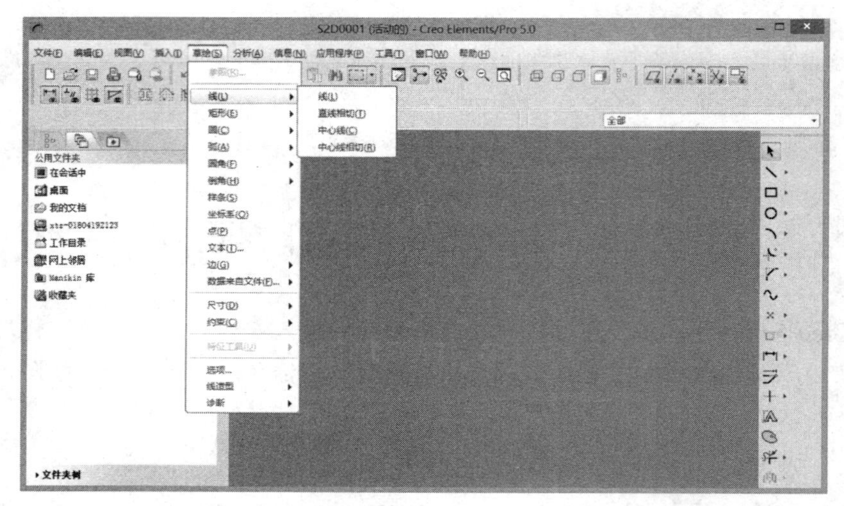

图 1-13　打开【草绘】菜单下的【线】命令的子菜单

【窗口】菜单下会显示当前打开的所有模型窗口，可以在【窗口】下的各个模型文件之间切换显示，如图 1-14 所示。

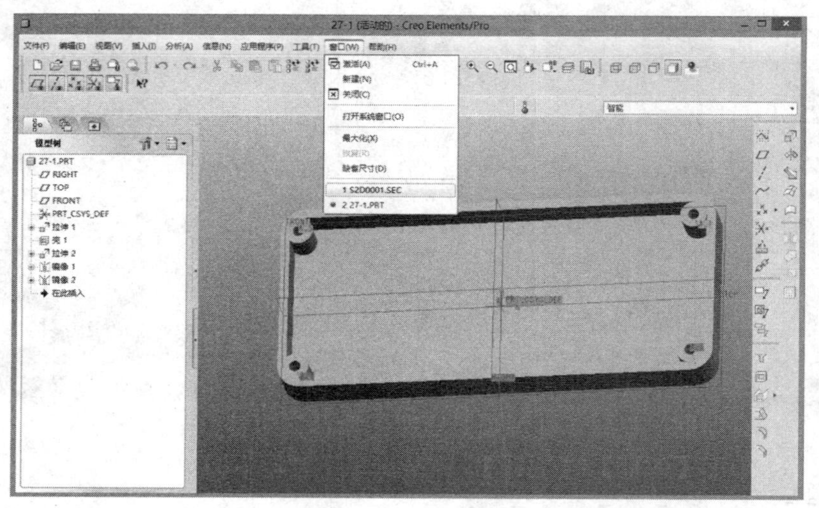

图 1-14　通过【窗口】菜单下的命令切换显示模型文件

3. 工具栏

工具栏位于菜单栏下方。用户可以根据需要自定义工具栏。选择【工具】|【定制屏幕】菜单命令，打开【定制】对话框便可自定义工具栏。如图 1-15 所示，在【定制】对话框下的【工具栏】选中【基准显示】，工具栏中就会显示 (平面)、 (轴)、 (点)等基准显示工具按钮。

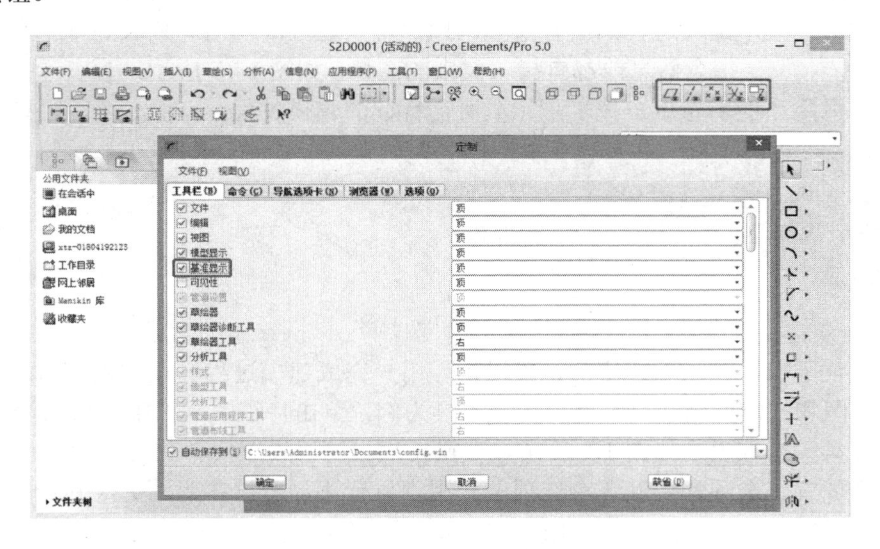

图 1-15　定制工具栏

也可在工具栏空白处单击鼠标右键，从快捷菜单中选择命令或工具栏，如图 1-16 所示。

特征工具栏位于工作界面右侧，一般显示的是系统默认的特征工具，例如孔工具 、拉伸工具 、倒圆角工具 等，如图 1-16 所示。特征工具栏中的按钮用于创建不同的特征，将在项目三中详细介绍。

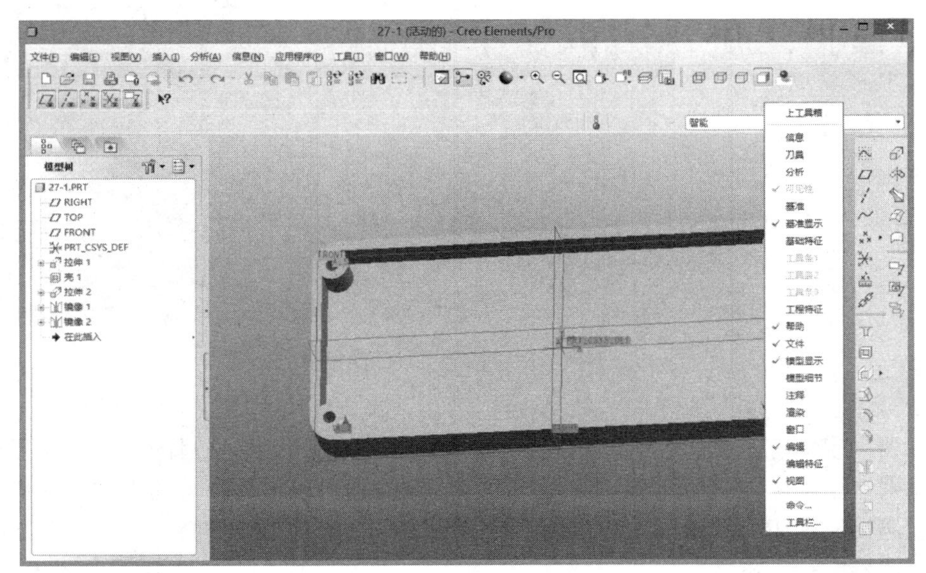

图 1-16　快捷菜单以及特征工具栏

4. 导航区

导航区包括模型树/层树、文件夹浏览器和收藏夹 3 个选项卡。模型树以树结构形式显示模型的层次关系，当选中“层数”命令时，该选项卡可显示层树结构。文件夹浏览器与资源管理器类似，可以浏览文件系统。收藏夹用于对个人文件资料进行有效的管理。

5. 信息区

信息区用于显示建模进程的所有信息。用户可以通过滚动信息列表展开信息区，查看建模的每一步信息，每个信息前都有指示类别的图标，如图 1-17 所示，表示提示，表示警告。信息区还能引导用户按步骤完成所需特征的建模过程。

选取一条边或边链，或选取一个曲面以创建倒圆角集。
由于丢失参照，所以无法再生链。请替换或移除链。
按住CTRL键选取一条边或一个曲面，以完全指定倒圆角集。

图 1-17　信息区

操控板位于窗口的顶部或底部，可以指导用户完成建模过程。操控板由对话框、滑出面板、信息区和控制区组成。以旋转特征工具为例，单击特征工具栏中的按钮后，出现旋转特征工具的操控板，如图 1-8 所示。在操控板上可以设置实体旋转和曲面旋转。操控板包括放置、选项和属性 3 个选项卡，用于执行添加草绘参照、更改旋转方法等高级建模操作。操控板右侧是控制区，用于实现暂停、恢复暂停以及激活动态预览的功能，同时按钮表示应用并保存在工具中所做的更改并关闭工具操控板，按钮表示取消特征创建。

草绘
360.0
放置
选项
属性
草绘
选取 1 个项目
定义...
轴
内部 CL
FRONT
PRT_CSYS_DEF
在此插入
旋转 1
TOP
FRONT

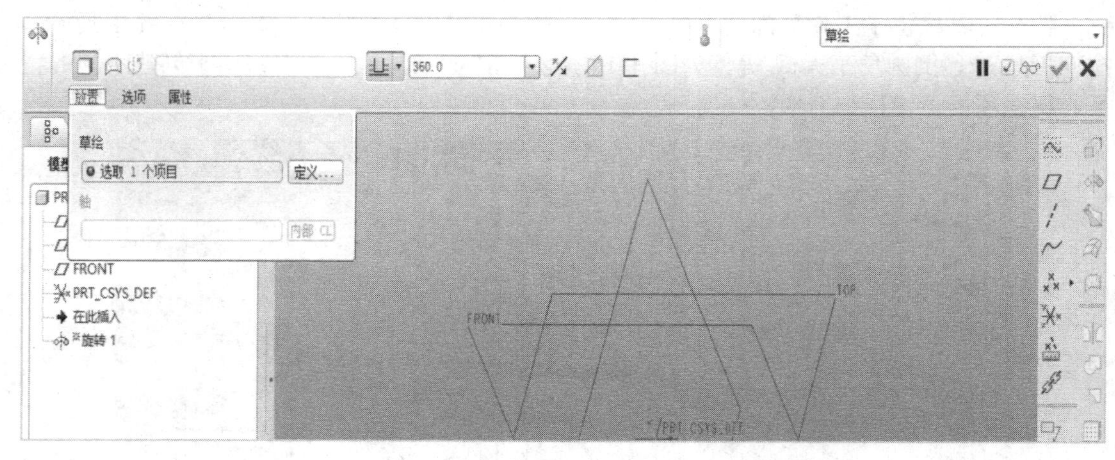

图 1-18　旋转特征工具的操控板

6. 过滤器

过滤器列表框位于状态栏中，该列表框提供了用于辅助选择项目的各种过滤器选项。每个过滤器选项能够缩小可选项目类型的范围。过滤器可以根据环境的不同，提供符合几何环境或满足特征工具要求的选项供用户选择。图 1-19 所示为拉伸特征工具下草绘参照选择时的过滤器选项内容。

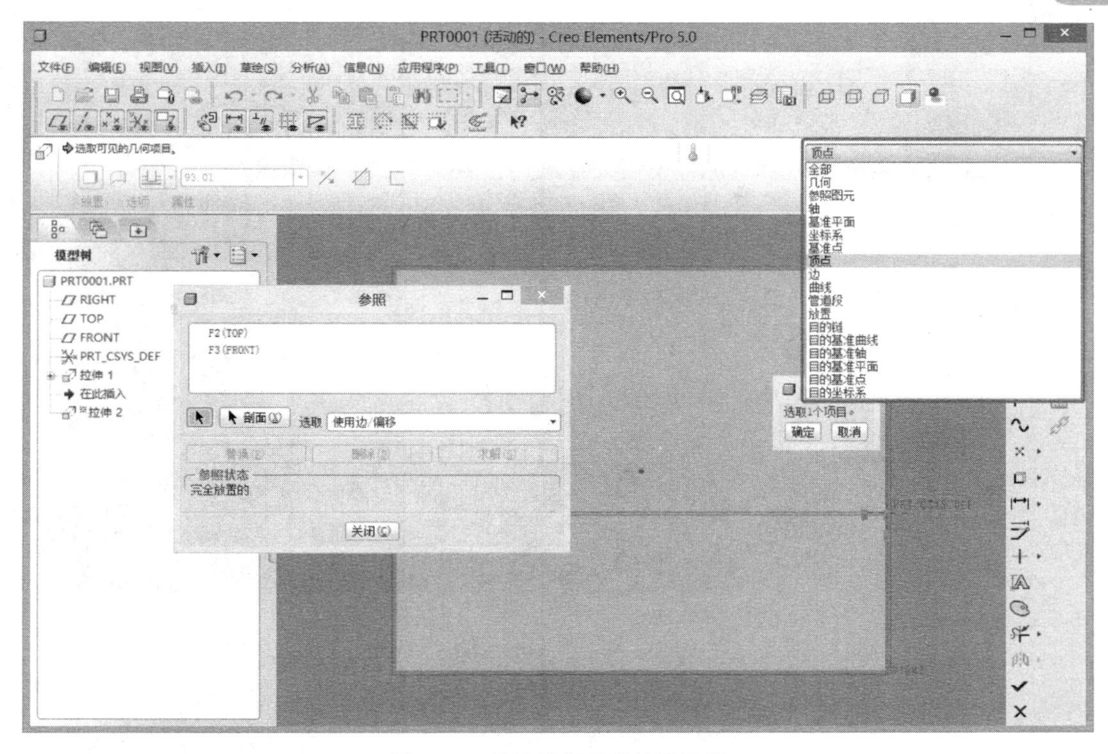

图 1-19　拉伸特征工具的操控板

7．绘图区

绘图区是界面中提供二维、三维建模和模型颜色渲染的“画板”，用户可根据喜好选择背景颜色，图 1-12 中模型所在的区域即为绘图区。

1.4　文件基本操作

1.4.1　设置工作目录

Creo 5.0 的工作目录指的是文件的存储区域。为了方便文件的管理，建议在打开 Creo 5.0 软件，建立模型之前进行工作目录的设置。

操作任务 2——设置工作目录

操作步骤：

(1) 在菜单栏中选择【文件】|【设置工作目录】，系统弹出如图 1-20 所示的【选取工作目录】对话框。

(2) 查找对应文件路径，选取所需要的工作目录，单击【确定】按钮。

(3) 也可在对话框空白处右键单击【新建文件夹】，出现【新建文件夹】对话框，输入目录名，单击【确定】按钮，则新建文件夹就是模型文件保存的区域，如图 1-21 所示。

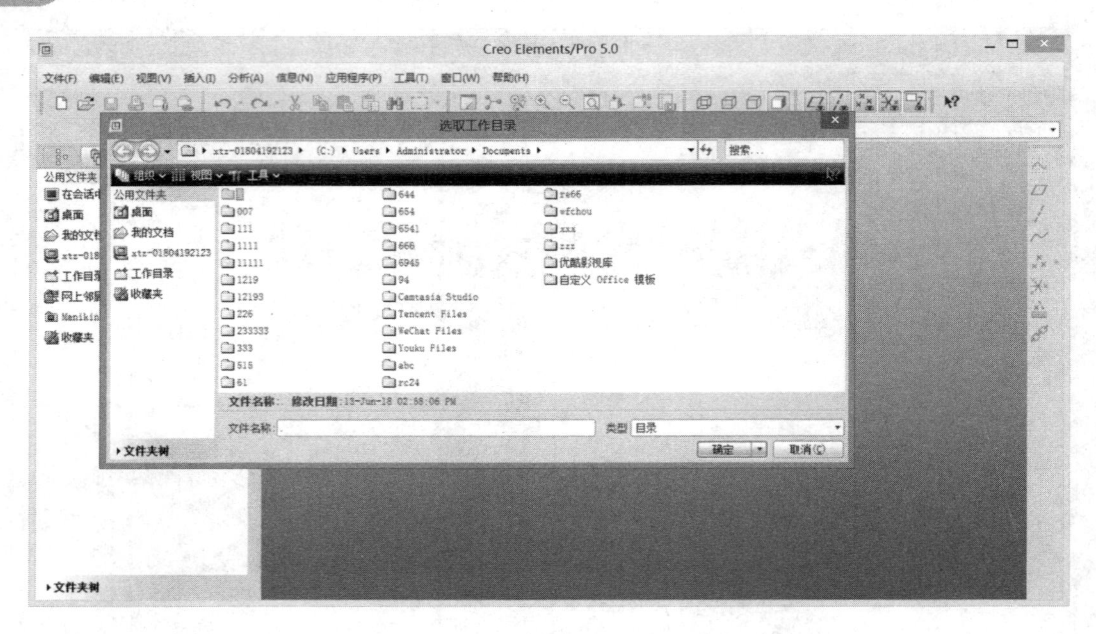

图 1-20　【选取工作目录】对话框

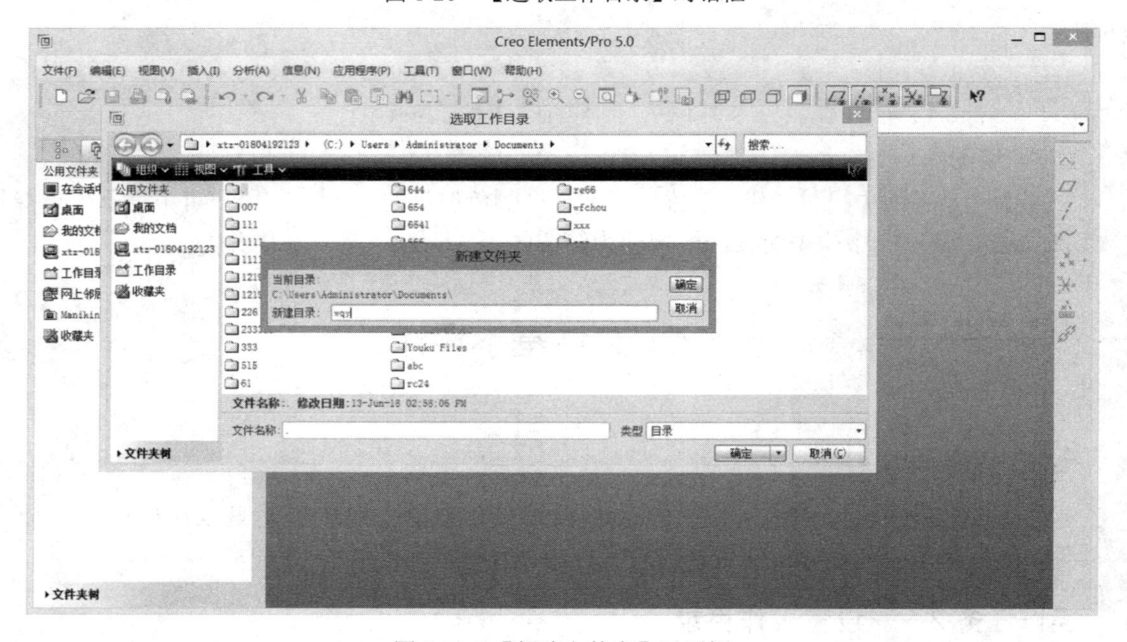

图 1-21　【新建文件夹】对话框

技术要点

在进行装配图设计或工程图设计时，其所需的零件图模型文件最好与装配图或工程图在同一个工作目录下，以避免在重新打开装配图或工程图时发生模型文件丢失的情况。若是发现模型文件丢失，则重新找到零部件所在位置，进行重新生成操作即可。

1.4.2　文件管理

1. 新建文件

单击菜单栏中的【文件】|【新建】，或者单击工具栏上的□按钮，就会弹出如图 1-22 所示的【新建】对话框。新建文件类型有草绘、零件、组件、制造、绘图、格式、报告等共 10 种，每一种类型下还有多种子类型供选择。例如，零件类型又分为实体(Solid)、复合、钣金件、主体、线束 5 种子类型。文件名称可以选择默认文件名，也可自行拟定。模板可以选择使用缺省模板，也可根据实际需要选择合适的模板。

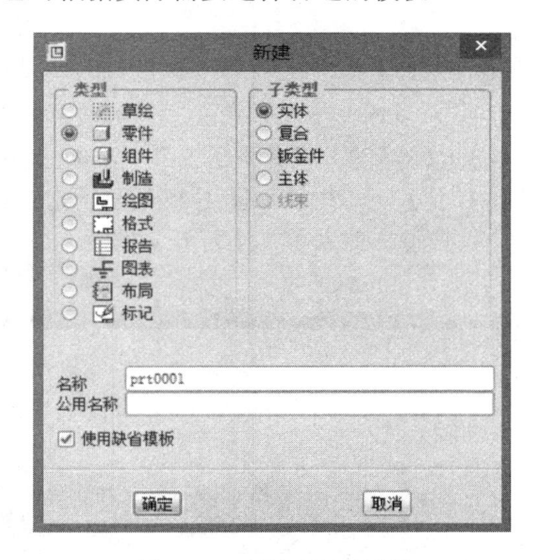

图 1-22　【新建】对话框

技术要点

新文件名称最长不能超过 31 个字符。文件名中第一个字符只能是字母或数字，第二个字符开始可以使用连字符和下划线。文件名中不能出现( )、[ ]、{ } 及空格、标点符号。

操作任务 3——新建文件

操作步骤：

(1) 在菜单栏中选择【文件】|【新建】，或者按快捷键 Ctrl+N，弹出【新建】对话框。

(2) 在“类型”选项组中选择“零件”，在“子类型”选项组中选择“实体”，在“名称”文本框输入 XL_1，如图 1-23 所示。

(3) 取消“使用缺省模版”，单击【确定】，弹出图 1-24 所示的【新文件选项】对话框，选择 mmns_part_solid 模板。

(4) 单击【确定】按钮，进入零件设计界面。

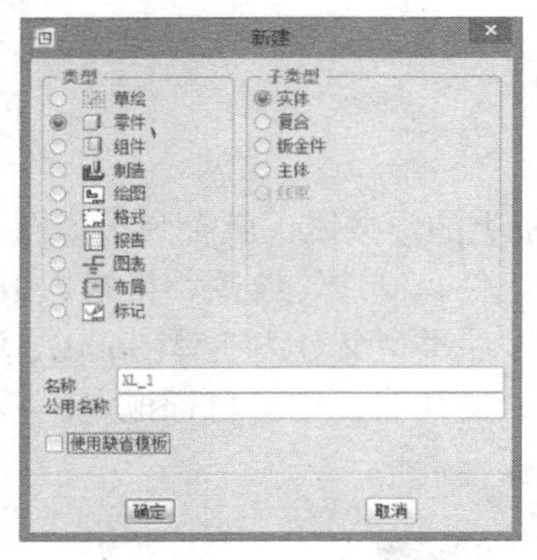

图 1-23 【新建】对话框

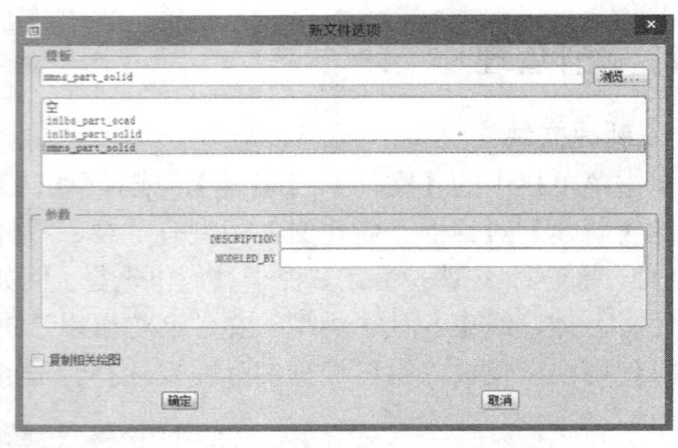

图 1-24 【新文件选项】对话框

2. 打开文件

单击菜单栏中的【文件】|【打开】，或者单击工具栏上的图标按钮，或者直接按下 Ctrl+O 快捷键，弹出【文件打开】对话框，如图 1-25 所示。选中目标文件，单击【预览】按钮可以预览将要打开的文件模型，然后单击【打开】按钮。

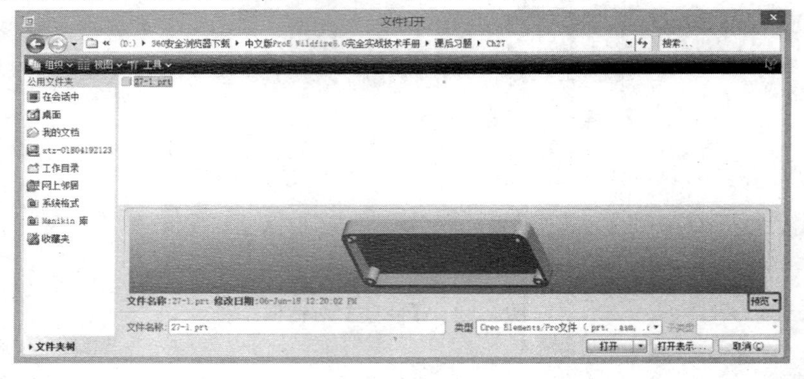

图 1-25 【文件打开】对话框

3. 保存文件

选择菜单栏【文件】|【保存】，或者单击工具栏保存按钮，或者直接按下 Ctrl+S 快捷键，弹出【保存对象】对话框。当第一次点击保存时，可以更改保存文件的路径；当第二次及以后再保存时，则不可以更改存储路径，如图 1-26 所示。

(a) 第一次保存文件

(b) 第二次及以后保存文件

图 1-26 【保存对象】对话框

技术要点

每次保存文件不会覆盖之前的文件，因为每次保存的文件会在扩展名后面增加版本编号，以便记录更改过程文件。例如，第一次保存的文件名称为 PRT00(1).PRT.1，第二次保存的文件名称为 PRT00(1).PRT.2，依此类推。

执行【文件】|【保存副本】命令，可以更改副本模型文件的名称，更换存储路径，并转化输出文件为其他格式，如 IGES、SET、VDA、STEP 等格式，如图 1-27 所示。

图 1-27　【保存副本】对话框

4. 备份文件

备份文件的操作相对简单，打开【文件】|【备份】菜单，弹出【备份】对话框，选择要备份的目录，模型名称不可更改，单击【确定】完成备份文件操作，如图 1-28 所示。

图 1-28　【备份】对话框

技术要点

保存副本和备份的区别：保存副本的文件和源文件不相关，副本更改，源文件不会变动，所以在保存副本时可以更改文件类型和名称；备份文件时不能更改文件名称，并且当源文件更改后，备份文件也会发生相应变化。

5. 拭除文件

执行【文件】|【拭除】命令，即可将文件从进程内存中拭除，但是并不删除保存在磁盘上的文件。【拭除】|【当前】指的是从会话中移除活动窗口中的对象；【拭除】|【不显示】指的是从会话中移除所有不在窗口中的对象，但不拭除当前显示的对象及其参照对象，如图 1-29 所示。

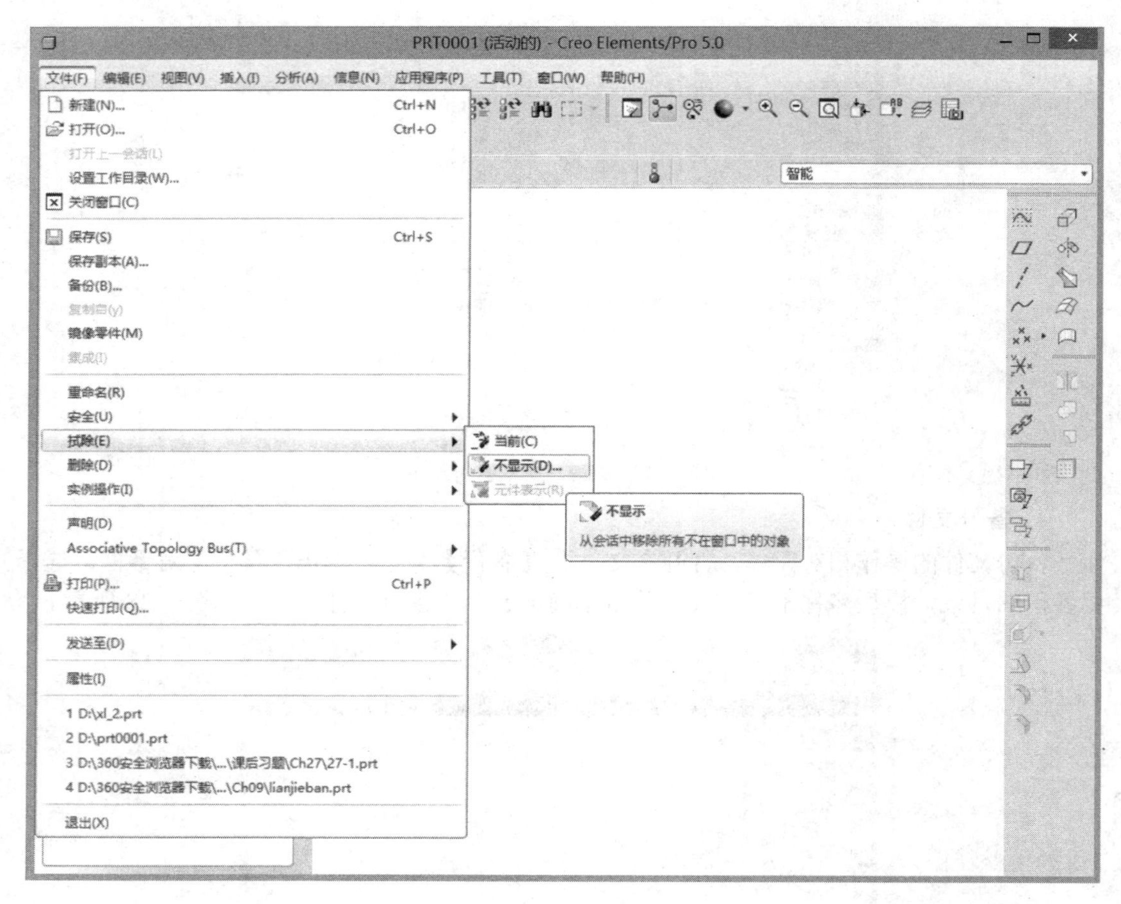

图 1-29　拭除文件

6. 删除文件

执行【文件】|【删除】命令，即可将文件从磁盘中删除。【删除】|【旧版本】指的是删除指定对象除最高版本以外的所有版本；【删除】|【所有版本】指的是从磁盘删除指定对象的所有版本，如图 1-30 所示。

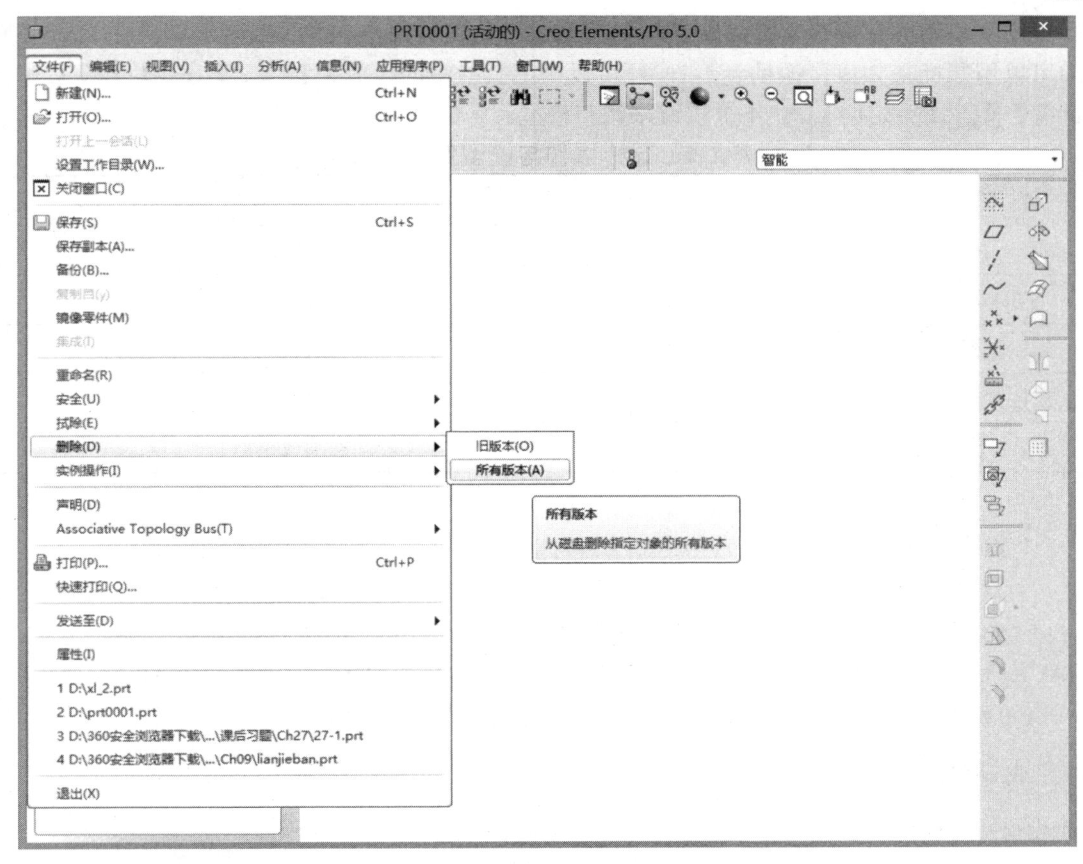

图 1-30 删除文件

1.5 模型显示的基本操作

1.5.1 模型的显示

在 Creo 5.0 中，模型的显示方式有 4 种，可以点击菜单栏【视图】|【显示设置】|【模型显示】，在弹出的【模型显示】对话框中进行设置。也可以点击工具栏中的、、、4 个按钮来实现不同显示方式的切换。不同显示方式的模型如图 1-31 所示。

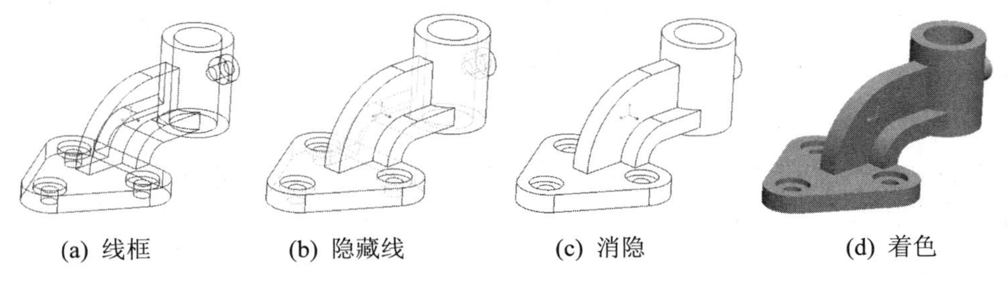

(a) 线框　(b) 隐藏线　(c) 消隐　(d) 着色

图 1-31 不同显示方式的模型

为了从不同角度观察模型，需要对局部进行放大、缩小、平移或者旋转。在 Creo 5.0 中可以用鼠标来完成，详见表 1-1。还可以用工具栏中的【放大】、【缩小】、【重新调整】、【重定向】4 个按钮来调整模型。

表 1-1　鼠标操作与模型变化的关系

鼠标操作	模型变化
按住鼠标中键+移动鼠标	旋转模型
按住鼠标中键+Shift 键+移动鼠标	平移模型
按住鼠标中键+Ctrl 键+垂直移动鼠标	缩放模型
按住鼠标中键+Ctrl 键+水平移动鼠标	翻转模型
转动滚轮	动态缩放模型

1.5.2　模型视图的定向

在模型设计过程中，很多时候需要以不同视图显示模型。若以常用视角显示模型，则可以先点击工具栏上的已命名的视图列表按钮，然后选择标准方向、缺省方向、BACK(后视图)、BOTTOM(仰视图)、FRONT(前视图)、LEFT(左视图)、RIGHT(右视图)、TOP(俯视图)来定位视图方向。当然，用户也可以重新定向视图。

实战训练

定向视图

完成图 1-32 所示的零件视图的定向。完成该设计将用到视图定向、新建基准平面等知识点。下面讲解具体的设计步骤。

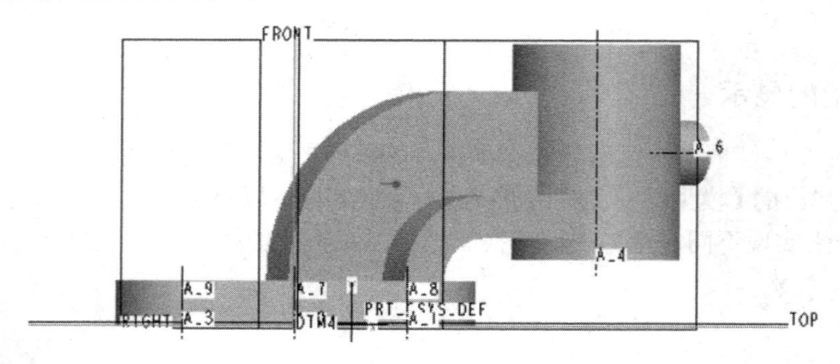

图 1-32　零件定向视图

(1) 打开范例文件 dixiangst.prt，单击平面按钮，弹出【基准平面】对话框，选择 A_7 基准轴和曲面 F5 作为参照，选择与选定参照的约束类型，如图 1-33 所示。单击【确定】按钮创建基准平面 DTM4。

(2) 单击工具栏中重定向按钮，弹出图 1-34 所示的【方向】和【选取】对话框。

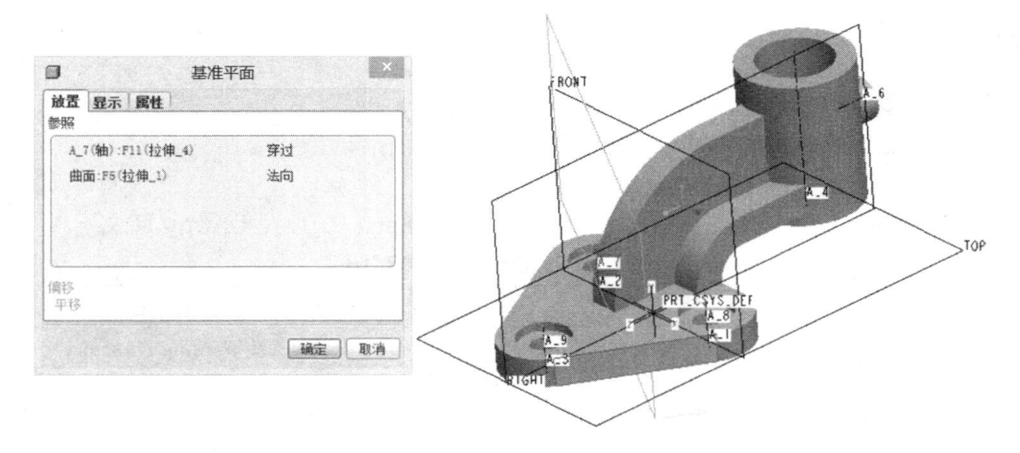

图 1-33　新建基准平面

图 1-34　【方向】和【选取】对话框

(3) 选取参照 1 为曲面 F5，参照 2 为 DTM4，单击“保存的视图”选项卡，在“名称”文本框中输入 view，单击【保存】，再单击【确定】，如图 1-35 所示。

(4) 单击工具栏中的已命名的视图列表按钮，可以发现多了刚才新建的 VIEW 视图，如图 1-36 所示。点击【VIEW】，模型显示如图 1-32 所示。

图 1-35　选取参照

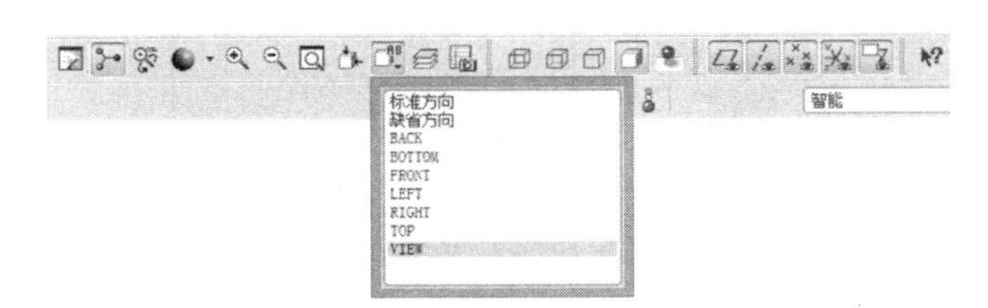

图 1-36　自定义的 VIEW 视图方向

练习题

1. 关闭窗口和拭除文件有什么区别？
2. 保存文件和备份文件哪个可以修改文件名和保存位置？
3. 如何定向模型视图？
4. 新建一个零件实体类型文件，文件名为 renzhi.prt，保存在 D:\wqy 目录下。

项目一　核心词汇中英文对照表

序号	中　文	英　文
1	设置工作目录	Set Working Directory
2	备份	Backup
3	拭除	Erase
4	草绘	Sketch
5	零件	Part
6	组件	Assembly
7	绘图	Drawing
8	实体	Solid
9	线框	Wireframe
10	隐藏线	Hidden line
11	消隐	No hidden
12	着色	Shading
13	放大	Zoom in
14	缩小	Zoom out
15	重新调整	Refit
16	重定向	Reorient
17	基准平面	Datum Plane
18	旧版本	Old Versions
19	保存副本	Save a Copy
20	所有版本	All Versions

项目二　二维草图绘制

二维平面草图是三维零件模型创建的基础，三维建模离不开二维图形绘制。Creo 5.0 提供了强大的二维草绘功能。本项目主要介绍 Creo 5.0 中二维草图的绘制，包括草绘器基本知识、绘制基本二维图形、草图诊断基础等，使读者掌握 Creo 5.0 的草图绘制基本方法。

学习目标

- ◆ 二维草绘的基本知识
- ◆ 掌握直线、圆、圆弧、矩形、圆角、样条曲线的绘制
- ◆ 会使用边创建图元
- ◆ 文本的创建
- ◆ 掌握草绘器调色板及草绘器诊断工具的使用

知识准备

2.1　二维草绘的基本知识

2.1.1　进入二维草绘环境的方法

在 Creo 5.0 中，二维草绘的环境称为草绘器，进入草绘环境有两种方式。

(1) 由草绘模块直接进入草绘环境。创建新文件时，在如图 2-1 所示的【新建】对话框中的“类型”选项组内选择“草绘”，并在“名称”编辑框中输入文件名称后，可直接进入草绘环境。在此环境下可直接绘制二维草图，并以扩展名.sec 保存文件。此类文件可以导入零件模块的草绘环境中，作为实体造型的二维截面；也可导入工程图模块作为二维平面图元。

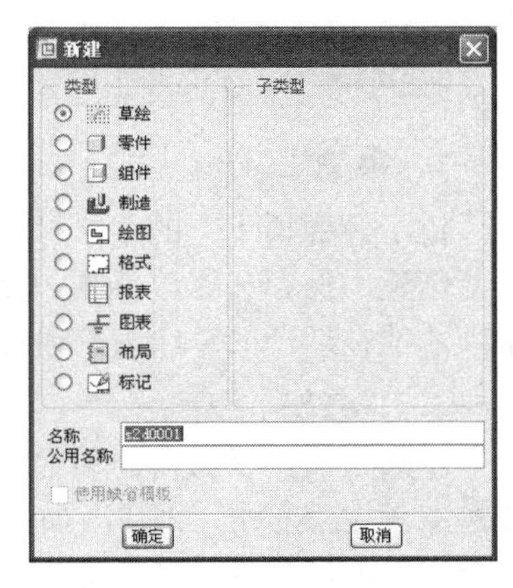

图 2-1　在【新建】对话框中选择“草绘”

(2) 由零件模块进入草绘环境。创建新文件时，在【新建】对话框中的“类型”选项组内选择“零件”，进入零件建模环境，在此环境下，通过选择基准工具栏

中的草绘工具图标按钮，即可进入草绘环境。绘制的二维截面可以供实体造型时选用。或是在创建某个三维特征时，系统提示“选取一个草绘”时，进入草绘环境，此时所绘制的二维截面属于所创建的特征。用户也可以将零件模块的草绘环境下绘制的二维截面保存为副本，以扩展名.sec 保存为单独的文件，以供创建其他特征时使用。

本项目除第 2.7 节采用第二种方式外，其余均采用第一种方式，即直接进入草绘环境绘制二维草图。

2.1.2 草绘工作界面介绍

进入二维草绘环境后，将显示如图 2-2 所示的工作界面。该界面是典型的 Windows 应用程序窗口，主要包括标题栏、导航区、菜单栏、工具栏、草绘区、信息区等。

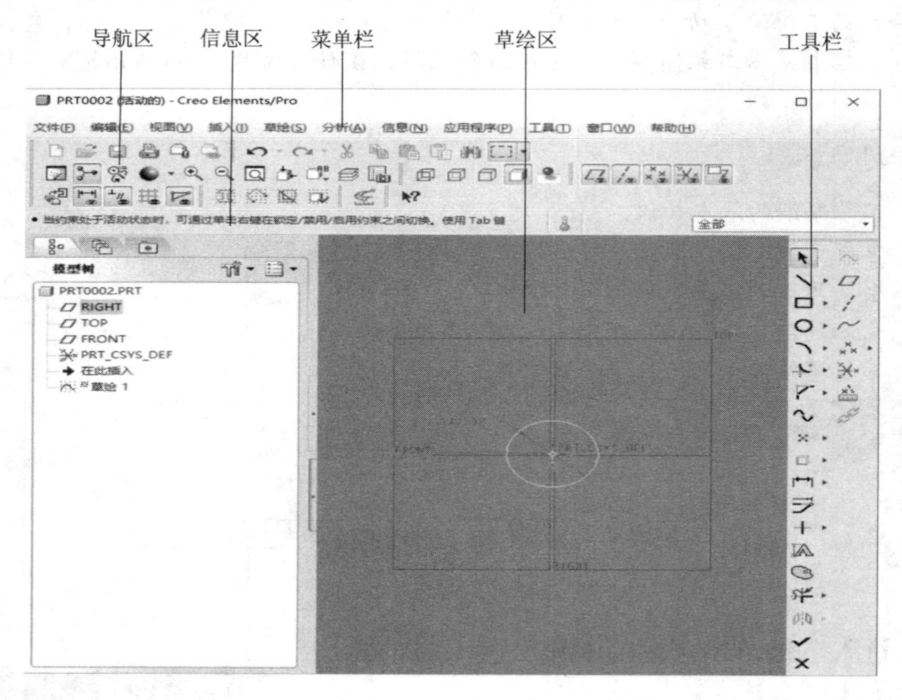

图 2-2 草绘工作界面

1. 菜单栏

位于标题栏下方的菜单栏共有 11 个菜单项，显示了二维草绘环境所提供的命令菜单，包括创建、保存和修改草图的命令以及设置 Creo 5.0 环境和配置选项的命令。仅亮显的菜单项才能在活动的草绘窗口内使用。

2. 工具栏

工具栏可位于窗口的顶部、右侧和左侧，采用拖动的方式可以改变工具栏的位置。在任一工具栏上右击，将弹出如图 2-3 所示的快捷菜单，选择需要显示或隐藏的某一工具栏，可控制其显示与否。当选择“工具栏”选项时，将打开【定制】对话框的“工具栏”选项卡，在其中也可以设置工具栏的显示与否及其位置，如图 2-4 所示。在绘制二维草图时，应显示“草绘器”(图 2-5)和“草绘器工具”(图 2-6)工具栏。

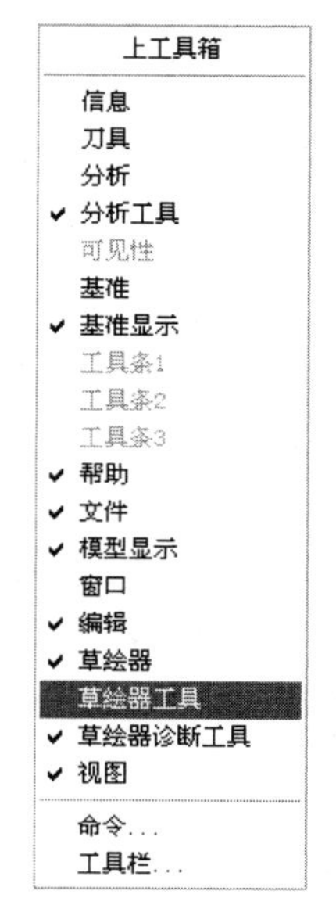

图 2-3　设置工具栏的快捷菜单

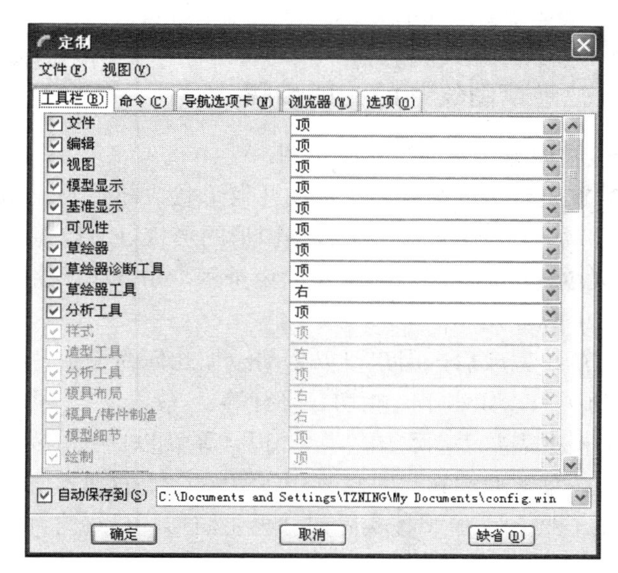

图 2-4　在【定制】对话框中设置工具栏

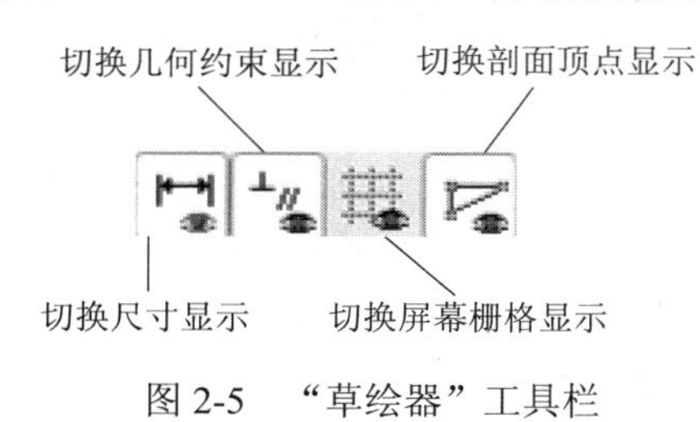

图 2-5　“草绘器”工具栏

图 2-6　“草绘器工具”工具栏

“草绘器”工具栏控制尺寸、几何约束、屏幕栅格、剖面顶点的显示或隐藏。默认设置下，除了“屏幕栅格”功能关闭外，其余 3 个功能均为打开状态，系统显示几何约束符号和尺寸，如图 2-7(a)所示。当打开“屏幕栅格”后，草绘区显示栅格，如图 2-7(b)所示。

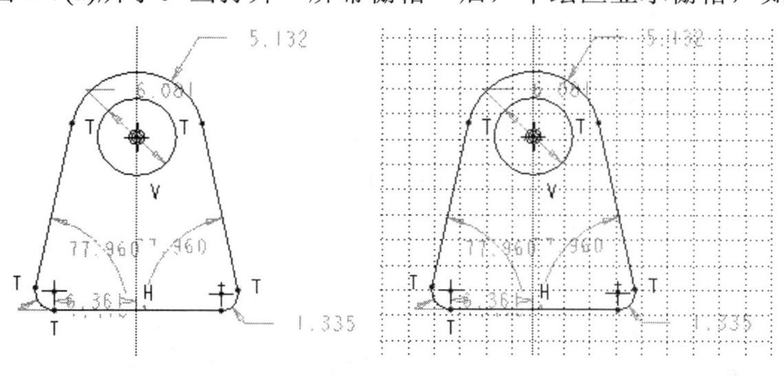

图 2-7　“草绘器”工具栏中各按钮的控制效果

“草绘器工具”工具栏提供了绘制二维草图时几何图元的创建与编辑命令。

2.1.3 二维草图绘制的一般步骤

一般按如下步骤绘制二维草图：

(1) 首先粗略地绘制出图形的几何形状，即草绘。如果使用系统默认设置，在创建几何图元移动鼠标时，草绘器会根据图形的形状自动捕捉几何约束，并以红色显示约束条件。几何图元创建之后，系统将保留约束符号，并自动标注草绘图元，添加“弱尺寸”，以灰色显示，如图 2-7 所示。

(2) 草绘完成后，用户可以手动添加几何约束条件、控制图元的几何条件以及图元之间的几何关系，如水平、相切、平行等。

(3) 根据需要手动添加“强尺寸”，系统以白色显示。

(4) 按草图的实际尺寸修改几何图元的尺寸(包括强尺寸和弱尺寸)，精确控制几何图元的大小、位置，系统将按实际尺寸再生图形，最终得到精确的二维草图。

2.2 直线的绘制

Creo 5.0 中的直线图元包括普通直线、与两个图元相切的直线以及中心线。

利用【线】命令可以通过两点创建普通直线图元，此为绘制直线的默认方式。

调用命令的方式如下：

菜单：执行【草绘】|【线】|【线】命令。

图标：单击“草绘器工具”工具栏中的╲图标按钮。

快捷菜单：在草绘窗口内右击，系统将显示快捷菜单，在快捷菜单中选取“线”。

操作任务 1——普通直线的绘制

操作步骤：

(1) 在草绘器中单击图标按钮╲，启动【线】命令。

(2) 在草绘区内单击，确定直线的起点。

(3) 移动鼠标，草绘区会显示一条“橡皮筋”线，在适当位置单击，确定直线段的端点，系统将在起点与终点之间创建一条直线段。

(4) 移动鼠标，草绘区接着上一段线又显示一条“橡皮筋”线，再次单击，创建另一条首尾相接的直线段，连续操作，直至单击鼠标中键完成绘图。

(5) 重复上述第(2)步～第(4)步，重新确定新的起点，绘制直线段；或单击鼠标中键结束命令。

如图 2-8 所示，为绘制平行四边形的操作过程。其中，约束符号 H 表示水平线、$//_1$ 表示绘制两条平行线，L_1 表示两线长度相等，◈表示创建相同点。图 2-8(e)所示为最终的草图。

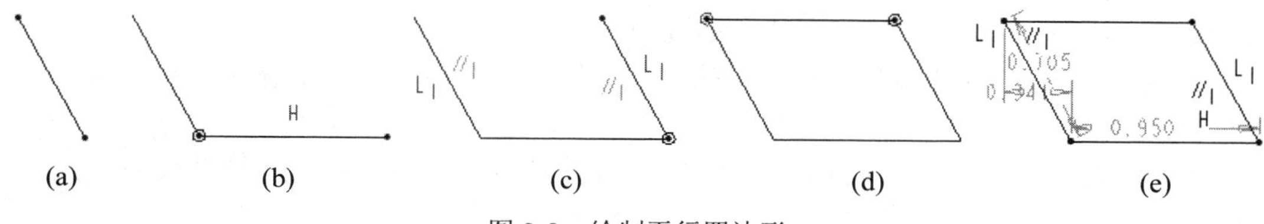

图 2-8　绘制平行四边形

操作任务 2——与两图元相切直线的绘制

利用【直线相切】命令可以创建与两个圆或圆弧相切的公切线。

调用命令的方式如下：

菜单：执行【草绘】|【线】|【直线相切】命令。

图标：单击“草绘器工具”工具栏的图标右侧的箭头，在展开的二级工具栏中单击图标按钮。

操作步骤：

(1) 在草绘器中单击图标按钮，启动【直线相切】命令。

(2) 系统弹出【选取】对话框，如图 2-9 所示。当系统提示“在弧或圆上选取起始位置”时，在圆或圆弧的适当位置单击，确定直线的起始位点。

(3) 系统提示“在弧或圆上选取结束位置”时，移动鼠标，在另一个圆或圆弧适当位置单击，系统将自动捕捉切点，创建一条公切线，如图 2-10 所示。

图 2-9　【选取】对话框

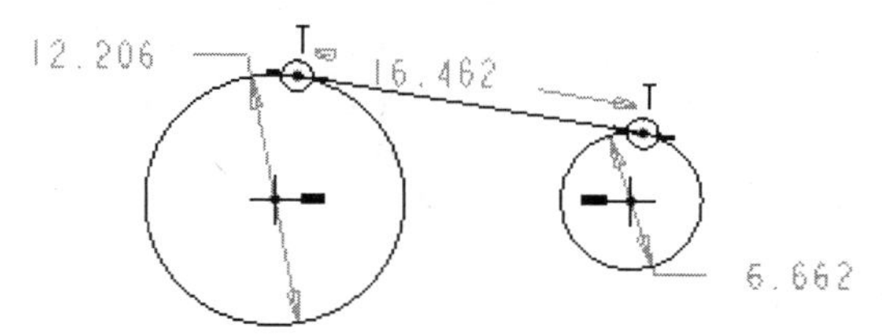

图 2-10　绘制与两图元相切的直线

(4) 系统再次显示【选取】对话框，当提示“在弧或圆上选取起始位置”时，重复上述第(2)步～第(3)步，或单击鼠标中键结束命令。

操作任务 3——中心线的绘制

中心线不能用于创建三维特征，而是用作辅助线，主要用于定义旋转特征的旋转轴、对称图元的对称线，以及构造直线等。利用【中心线】命令可以定义两点绘制无限长的中心线。

调用命令的方式如下：

菜单：执行【草绘】|【线】|【中心线】命令。

图标：单击“草绘器工具”工具栏的图标右侧的箭头，在展开的二级工具栏中单击图标按钮。

快捷菜单：在草绘窗口内右击，系统将显示快捷菜单，在快捷菜单中选取【构造中心线】。

操作步骤：

(1) 在草绘器中单击图标按钮，启动【中心线】命令。

(2) 在草绘区内单击，确定中心线通过的一点。

(3) 移动鼠标，在适当位置单击，确定中心线通过的另一点，系统通过两点创建一条中心线。

(4) 重复上述第(2)步～第(3)步，绘制另一条中心线；或单击鼠标中键结束命令。

2.3 圆的绘制

Creo 5.0 创建圆的方法有 4 种：指定圆心和半径绘制圆、同心圆的绘制、指定三点绘制圆、指定与 3 个图元相切的圆的绘制，如图 2-11 所示。

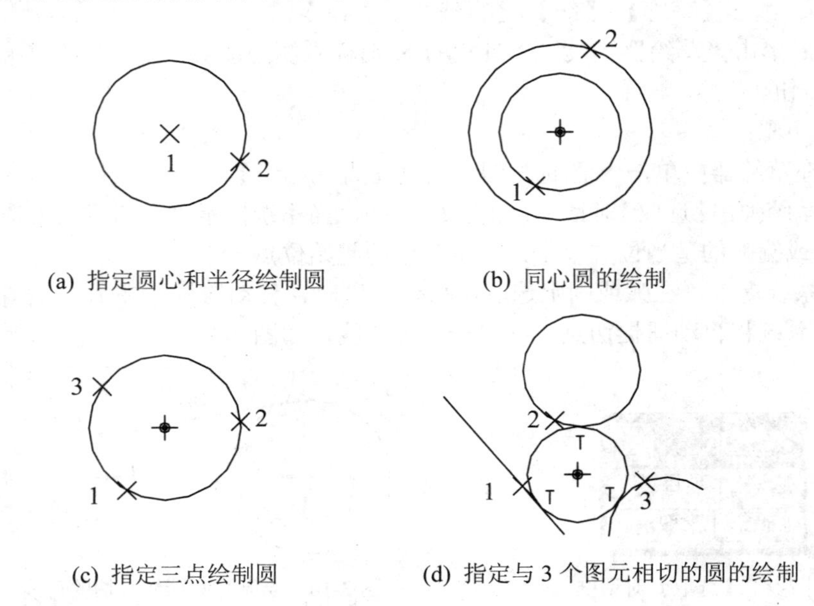

(a) 指定圆心和半径绘制圆　　(b) 同心圆的绘制

(c) 指定三点绘制圆　　(d) 指定与 3 个图元相切的圆的绘制

图 2-11　绘制圆的方法

操作任务 4——指定圆心和半径绘制圆

利用【圆心和点】命令可以指定圆心和圆上一点创建圆，即指定圆心和半径绘制圆，该方式是默认画圆的方式，如图 2-11(a)所示。

调用命令的方式如下：

菜单：执行【草绘】|【圆】|【圆心和点】命令。

图标：单击“草绘器工具”工具栏中的○图标按钮。

快捷菜单：在草绘窗口内右击，在显示的快捷菜单中选取【圆】。

操作步骤：

(1) 在草绘器中单击○图标按钮，启动【圆】命令。

(2) 在草绘区合适位置单击，确定圆的圆心位置，如图 2-11(a)所示的点 1。

(3) 移动鼠标，在适当位置单击，指定圆上的一点，如图 2-11(a)所示的点 2。系统则以指定的圆心，以及圆心与圆上一点的距离为半径绘制圆。

(4) 重复上述第(2)步～第(3)步，绘制另一个圆；或单击鼠标中键结束命令。

操作任务 5——同心圆的绘制

利用圆的【同心】命令可以创建与指定圆或圆弧同心的圆，如图 2-11(b)所示。

调用命令的方式如下：

菜单：执行【草绘】|【圆】|【同心】命令。

图标：单击“草绘器工具”工具栏的○图标右侧的箭头，在展开的二级工具栏中单击◎图标按钮。

操作步骤：

(1) 在草绘器中单击◎图标按钮，启动圆的【同心】命令。

(2) 系统弹出【选取】对话框，当提示“选取一弧(去定义中心)”时，选取一个圆弧或圆。如图 2-11(b)所示，在小圆的点 1 处单击。

(3) 移动鼠标，在适当位置单击，指定圆上的一点，如图 2-11(b)所示的点 2。系统创建与指定圆同心的圆。

(4) 移动鼠标，再次单击，创建另一个同心圆。或单击鼠标中键停止创建。

(5) 系统再次弹出【选取】对话框，并提示“选取一弧(去定义中心)”时，可重新选取另一个圆弧或圆；或单击鼠标中键结束命令。

操作任务 6——指定三点绘制圆

利用圆的【3 点】命令可以通过指定三点创建一个圆，如图 2-11(c)所示。

调用命令的方式如下：

菜单：执行【草绘】|【圆】|【3 点】命令。

图标：单击“草绘器工具”工具栏的【圆】弹出式工具栏中的○图标按钮。

操作步骤：

(1) 在草绘器中单击○图标按钮，启动圆的【3 点】命令。

(2) 分别在草绘区的适当位置单击，确定圆上的第 1，2，3 点，系统通过指定的三点绘制圆，如图 2-11(c)所示。

(3) 重复上述第(2)步，再创建另一个圆。直至单击鼠标中键结束命令。

操作任务 7——指定与 3 个图元相切的圆的绘制

利用圆的【3 相切】命令可以创建与 3 个已知图元相切的圆。已知图元可以是圆弧、圆、直线，如图 2-11(d)所示。

调用命令的方式如下：

菜单：执行【草绘】|【圆】|【3 相切】命令。

图标：单击“草绘器工具”工具栏的【圆】弹出式工具栏中的○图标按钮。

操作步骤：

(1) 在草绘器中单击○图标按钮，启动圆的【3 相切】命令。

(2) 系统弹出【选取】对话框，并提示“在弧、圆或直线上选取起始位置”时，选取一个圆弧或圆或直线。如图 2-11(d)所示，在直线点 1 处单击。

(3) 系统提示“在弧、圆或直线上选取结束位置”时，选取第 2 个圆弧或圆或直线，如图 2-11(d)所示，在上面圆的点 2 处单击。

(4) 系统提示“在弧、圆或直线上选取第三个位置”时，选取第 3 个圆弧或圆或直线，如图 2-11(d)所示，在右侧圆弧的点 3 处单击。

(5) 系统再次提示“在弧、圆或直线上选取起始位置”时，重复上述第(2)步～第(4)步，再创建另一个圆。直至单击鼠标中键结束命令。

2.4 圆弧的绘制

操作任务 8——指定三点绘制圆弧

利用【3 点/相切端】命令可以指定三点创建圆弧，该方式是默认画圆弧的方式。

调用命令的方式如下：

菜单：执行【草绘】|【弧】|【3 点/相切端】命令。

图标：单击“草绘器工具”工具栏中的图标按钮。

快捷菜单：在草绘窗口内右击，在显示的快捷菜单中选取【3 点/相切端】。

操作步骤：

(1) 在草绘器中单击图标按钮，启动【3 点/相切端】命令。

(2) 在草绘区的合适位置单击，确定圆弧的起始点，如图 2-12 所示的点 1。

(3) 移动鼠标，在适当位置单击，指定圆弧的终点，如图 2-12 所示的点 2。

(4) 移动鼠标，在适当位置单击，如图 2-12 所示的点 3，确定圆弧的半径。

(5) 重复上述第(2)步～第(4)步，创建另一个圆弧；或单击鼠标中键结束命令。

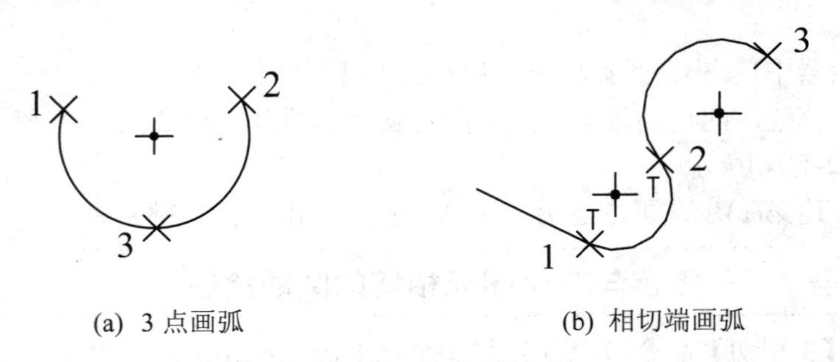

(a) 3 点画弧　　(b) 相切端画弧

图 2-12　三点绘制圆弧

操作任务 9——同心圆弧的绘制

利用弧的【同心】命令可以创建与指定圆或圆弧同心的圆弧。

调用命令的方式如下：

菜单：执行【草绘】|【弧】|【同心】命令。

图标：单击“草绘器工具”工具栏的【弧】弹出式工具栏中的图标按钮。

操作步骤：

(1) 在草绘器中单击图标按钮，启动弧的【同心】命令。

(2) 系统提示“选取一弧(去定义中心)”时，选取一个圆弧或圆。如图 2-13 所示，在已知圆弧上点 1 处单击。

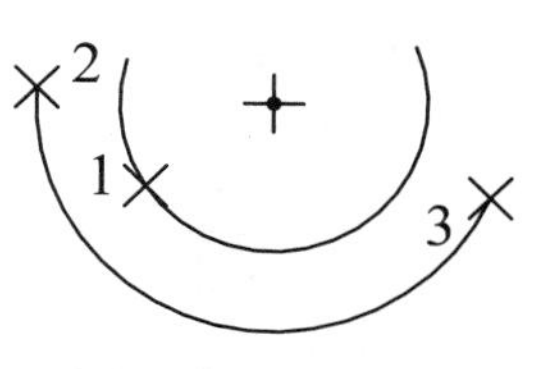

图 2-13　同心圆弧

(3) 移动鼠标，在适当位置单击，指定圆弧的起点，如图 2-13 所示点 2。

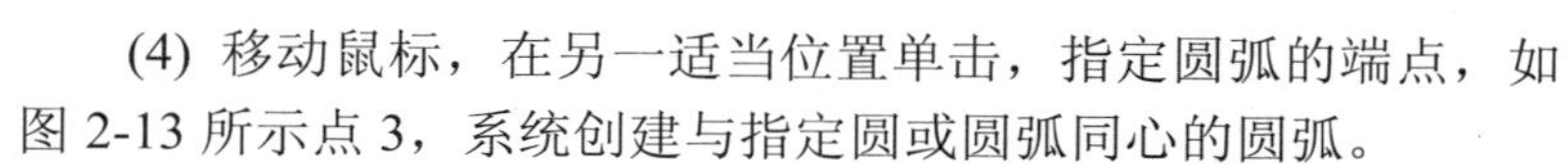

(4) 移动鼠标，在另一适当位置单击，指定圆弧的端点，如图 2-13 所示点 3，系统创建与指定圆或圆弧同心的圆弧。

(5) 重复上述第(3)步～第(4)步，再创建选定圆或圆弧的同心圆弧；或单击鼠标中键结束命令。

操作任务 10——指定圆心和端点绘制圆弧

利用弧的【圆心和端点】命令可以通过指定圆弧的圆心点和端点创建圆弧。

调用命令的方式如下：

菜单：执行【草绘】|【弧】|【圆心和端点】命令。

图标：单击“草绘器工具”工具栏的【弧】弹出式工具栏中的图标按钮。

操作步骤：

(1) 在草绘器中单击图标按钮，启动圆弧的【圆心和端点】命令。

(2) 移动鼠标，在适当位置单击，指定圆弧的圆心，如图 2-14 所示点 1。

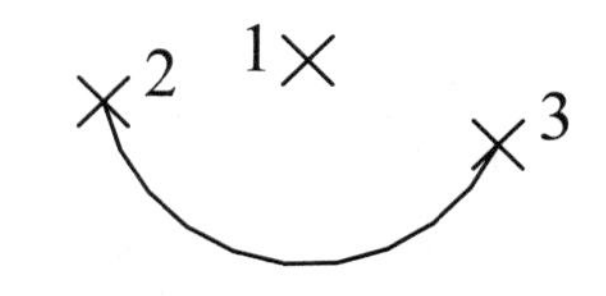

图 2-14　指定圆心和端点绘制圆弧

(3) 移动鼠标，在适当位置单击，指定圆弧的起始点，如图 2-14 所示点 2。

(4) 移动鼠标，在适当位置单击，指定圆弧的端点，如图 2-14 所示点 3。

(5) 重复上述第(2)步～第(4)步，再创建另一个圆弧。直至单击鼠标中键结束命令。

操作任务 11——指定与 3 个图元相切圆弧的绘制

利用弧的【3 相切】命令可以创建与 3 个已知图元相切的圆弧，操作方法与【3 相切】画圆方法类似。

调用命令的方式如下：

菜单：执行【草绘】|【弧】|【3 相切】命令。

图标：单击“草绘器工具”工具栏的【弧】弹出式工具栏中的图标按钮。

操作步骤：

(1) 在草绘器中单击图标按钮，启动弧的【3 相切】命令。

(2) 系统弹出【选取】对话框，当提示“在弧、圆或直线上选取起始位置”时，选取一个弧、圆或直线。如图 2-11(d)所示，在直线点 1 处单击。

(3) 当系统提示“在弧、圆或直线上选取结束位置”时，选取第 2 个弧、圆或直线，如图 2-11(d)所示，在上面圆的点 2 处单击。

(4) 当系统提示“在弧、圆或直线上选取第 3 个位置”时，选取第 3 个弧、圆或直线，如图 2-11(d)所示，在右侧圆弧的点 2 处单击。

(5) 在系统再次提示“在弧、圆或直线上选取起始位置”时，重复上述第(2)步～第(4)步，再创建另一个圆。直至单击鼠标中键结束命令。

操作任务 12——用【直线】、【圆】、【圆弧】命令绘制草图

用【直线】、【圆】、【圆弧】命令绘制如图 2-15 所示的草图。

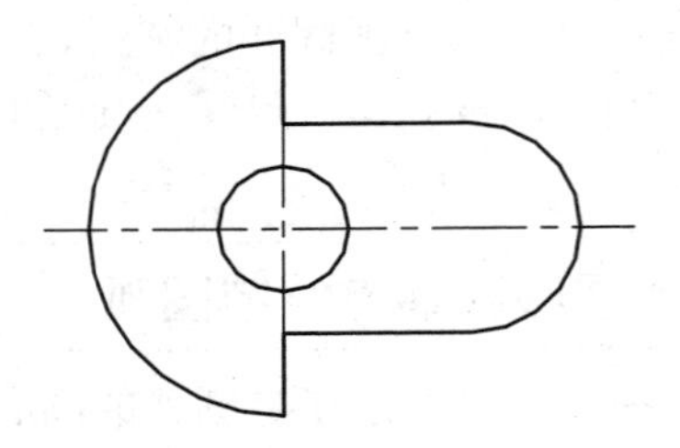

图 2-15　绘制二维草图(一)

1) 创建新文件

(1) 单击下拉菜单【文件】|【新建】，弹出如图 2-1 所示的【新建】对话框。

(2) 在“类型”选项组内选择“草绘”。

(3) 在“名称”编辑框中输入文件名称，单击【确定】按钮进入草绘环境。

2) 创建中心线

(1) 单击“草绘器工具”工具栏的图标右侧的箭头，在展开的二级工具栏中单击图标按钮，启动【中心线】命令。

(2) 在草绘区内单击，确定中心线通过的一点。

(3) 移动鼠标，出现垂直约束符号“V”，单击鼠标绘制垂直中心线。

(4) 在草绘区内单击，确定中心线通过的一点。

(5) 移动鼠标，出现水平约束符号“H”，单击鼠标绘制水平中心线。

(6) 单击鼠标中键结束命令。

3) 绘制中间圆

(1) 单击“草绘器工具”工具栏中的图标按钮，启动【圆】命令。

(2) 移动鼠标，在两条中心线交点处单击，确定圆的圆心位置，如图 2-16(a)所示的点 1。

(3) 移动鼠标，在适当位置单击，指定圆上的一点，绘制圆。

(4) 单击鼠标中键结束命令。

4) 绘制左半圆弧

(1) 单击“草绘器工具”的图标右侧的箭头，在展开的二级工具栏中单击图标按钮，启动弧的【同心】命令。

(2) 当系统提示“选取一弧(去定义中心)”时，选取中间圆。

(3) 移动鼠标，在垂直中心线的适当位置单击，指定圆弧的起点，如图 2-16(b)所示的点 2。

(4) 移动鼠标，出现如图 2-16(c)所示的界面单击，指定圆弧的端点 3，保证圆弧上下对称。

(5) 连续单击鼠标中键两次结束命令。

5) 绘制上半部分两条直线段

(1) 单击“草绘器工具”工具栏中的＼图标按钮，启动【线】命令。

(2) 单击圆弧的上端点，确定直线段的起点。

(3) 向下移动鼠标，在垂直中心线的适当位置单击，确定直线段的端点，绘制一段垂直线段。

(4) 向右移动鼠标，出现水平约束符号“H”，单击，绘制水平直线段，如图 2-16(d)所示。

(5) 单击鼠标中键结束命令。

6) 绘制右半圆弧

(1) 单击“草绘器工具”工具栏中的⌒图标按钮，启动【3 点/相切端】命令。

(2) 在水平线段的右端点单击，确定圆弧的起始点，如图 2-16(e)所示。

(3) 移动鼠标，出现图 2-16(e)所示的约束条件时单击，指定圆弧的终点。

(4) 单击鼠标中键结束命令。

7) 绘制下半部分两条直线段

操作过程略。结果如图 2-16(f)所示。

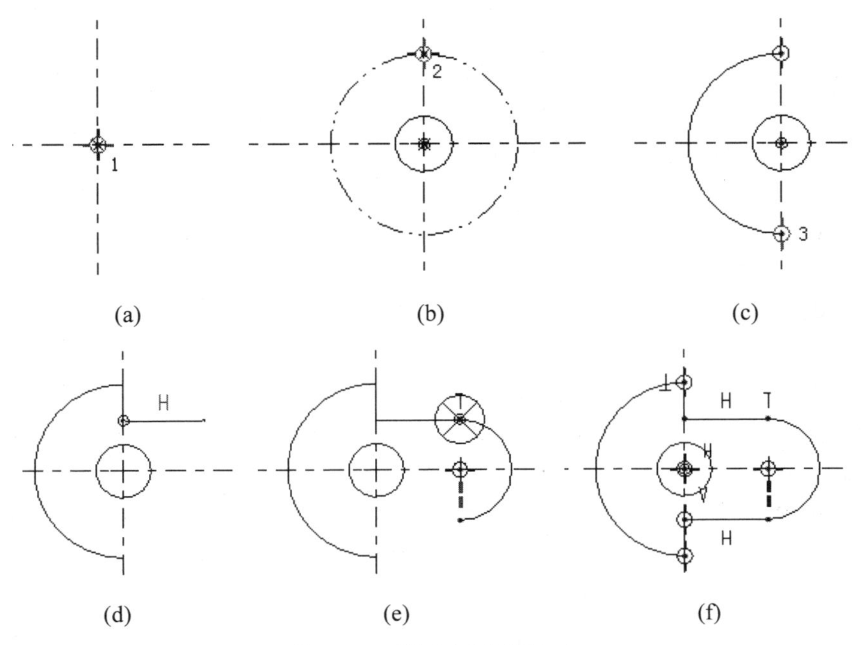

图 2-16　草图绘制过程(一)

2.5　矩形的绘制

Creo 5.0 通过指定矩形的两个对角点创建矩形。

操作任务 13——矩形的绘制

调用命令的方式如下：

菜单：执行【草绘】|【矩形】命令。

图标：单击“草绘器工具”工具栏中的□图标按钮。

快捷菜单：在草绘窗口内右击，在显示的快捷菜单中选取【矩形】。

操作步骤：

(1) 在草绘器中单击□图标按钮，启动【矩形】命令。

(2) 在草绘区的合适位置单击，确定矩形的一个顶点，如图 2-17 所示的点 1；再移动鼠标，在另一位置单击，确定矩形的另一对角点，如图 2-17 所示的点 2，矩形绘制完成。

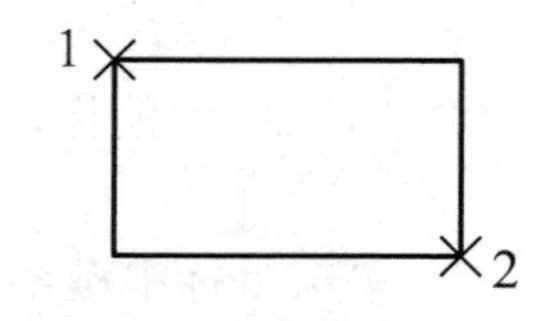

图 2-17 绘制矩形

(3) 重复上述第(2)步，继续指定另一矩形的两个对角点，绘制另一矩形。直至单击鼠标中键结束命令。

2.6 圆角的绘制

利用“圆角”命令可以在选取的两个图元之间自动创建圆角过渡，这两个图元可以是直线、圆和样条曲线。圆角的半径和位置取决于选取两个图元时的位置，系统选取距离两线段交点最近的点创建圆角，如图 2-18(a)所示。

调用命令的方式如下：

菜单：执行【草绘】|【圆角】|【圆形】命令。

图标：单击“草绘器工具”工具栏中的图标按钮。

快捷菜单：在草绘窗口内右击，在显示的快捷菜单中选取【圆角】。

操作步骤：

(1) 在草绘器中单击图标按钮，启动【圆角】命令。

(2) 系统弹出【选取】对话框，当提示“选取两个图元”时，分别在两个图元上单击，如图 2-18(a)所示的点 1、点 2，系统自动创建圆角。

(3) 当系统再次提示“选取两个图元”时，继续选取两个图元，如图 2-18(a)所示的点 3、点 4，创建另一个圆角。直至单击鼠标中键结束命令。

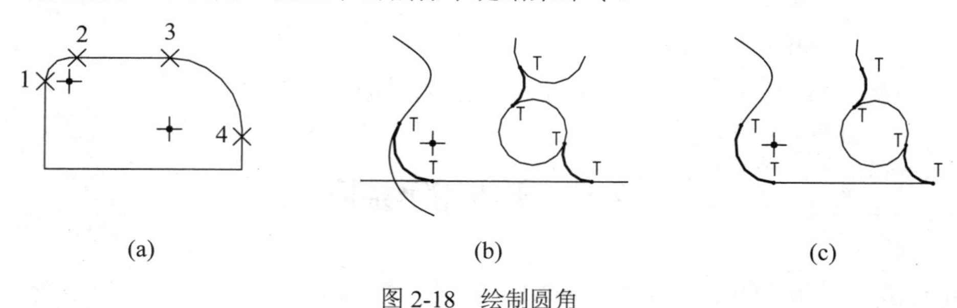

图 2-18 绘制圆角

技术要点

(1) 倒圆角时不能选择中心线，且不能在两条平行线之间倒圆角。

(2) 如果在两条非平行的直线之间倒圆角，则为修剪模式，即两直线从切点到交点之间的线段被修剪掉，如图 2-18(a)所示。如果被倒圆角的两个图元中存在非直线图元，则系统自动在圆角的切点处将两个图元分割，如图 2-18(b)所示，粗实线圆弧表示绘制的圆角。用户可以删除多余的线段，如图 2-18(c)所示。

操作任务 14——用【直线】、【圆】、【圆弧】、【圆角】命令绘制草图

用【直线】、【圆】、【圆弧】、【圆角】命令绘制如图 2-19 所示的草图。

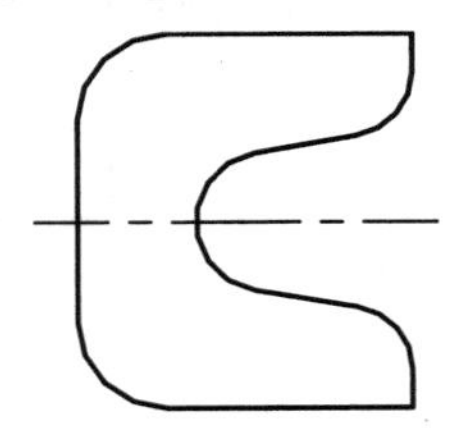

图 2-19　绘制二维草图(二)

1) 创建新文件

操作过程略。

2) 绘制水平中心线

操作过程略。

3) 绘制矩形

(1) 单击“草绘器工具”工具栏中的□图标按钮，启动【矩形】命令。

(2) 在合适位置单击，确定矩形的一个顶点；再移动鼠标，出现如图 2-20(a)所示的界面，单击，确定矩形的另一对角点，绘制矩形。

(3) 单击鼠标中键结束命令。

4) 绘制上段斜线

斜线起始点在矩形右侧边上，如图 2-20(b)所示。操作过程略。

5) 绘制中间圆弧

用【3 点 / 相切端】命令画圆弧，保证该圆弧与斜线相切，如图 2-20(c)所示。操作过程略。

6) 绘制下段斜线

如图 2-20(d)所示。操作过程略。

7) 绘制圆角

(1) 单击“草绘器工具”工具栏中的图标按钮，启动【圆角】命令。

(2) 当系统弹出【选取】对话框，并提示“选取两个图元”时，分别在矩形左侧边与

顶边单击。

(3) 当系统再次提示“选取两个图元”时，继续在矩形左侧边与底边单击，创建另一个圆角。创建的圆角如图 2-20(e)所示。

(4) 当系统再次提示“选取两个图元”时，分别选择矩形右侧边上端与上段斜线，创建的圆角如图 2-20(f)所示。单击鼠标中键结束命令。

8) 绘制右下端铅垂线

如图 2-20(g)所示。操作过程略。

9) 绘制右下端圆角

操作过程略。结果如图 2-20(h)所示。

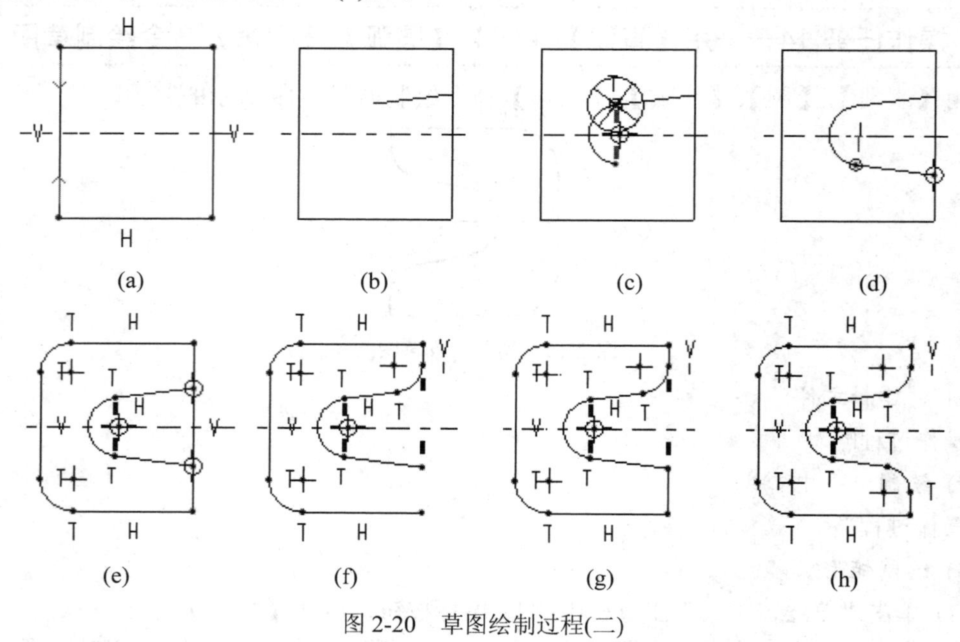

图 2-20 草图绘制过程(二)

2.7 使用边界图元

在零件模式下进入草绘环境。如果【草绘】菜单中“边”选项以及【草绘】工具栏上边图标按钮均亮显，则用户可以使用边界图元。即将实体特征的边投影到草绘平面创建几何图元或偏移图元，系统在创建的图元上添加“～”约束符号。

操作任务 15——使用边界图元

利用边的【使用】命令可以创建与已存在的实体特征的边相重合的几何图元。

调用命令的方式如下：

菜单：执行【草绘】|【边】|【使用】命令。

图标：单击“草绘器工具”工具栏中【边】的二级工具栏中的 □ 图标按钮。

如图 2-21 和图 2-22 所示的模型，均以其顶面作为草绘平面，进入草绘环境，利用边的【使用】命令，创建几何图元。

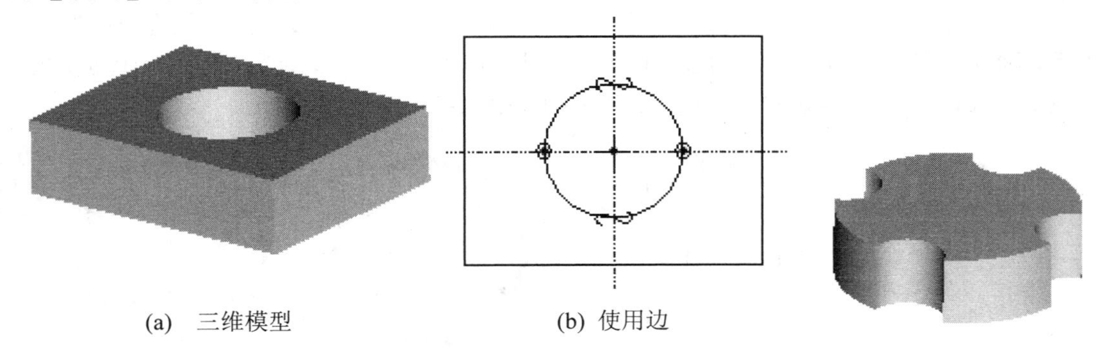

(a)　三维模型　　(b) 使用边

图 2-21　创建单个边界图元　　图 2-22　三维模型

操作步骤：

(1) 在草绘器中单击□图标按钮，启动边的【使用】命令。

(2) 系统同时弹出如图 2-23 所示的边【类型】对话框和【选取】对话框。当系统提示“选取要使用的边”时，移动鼠标，在实体特征(图 2-21(a))的某条边上单击，选取上半圆边界，系统自动创建与所选边重合的图元，即具有约束符号“～”的边，如图 2-21(a)所示。

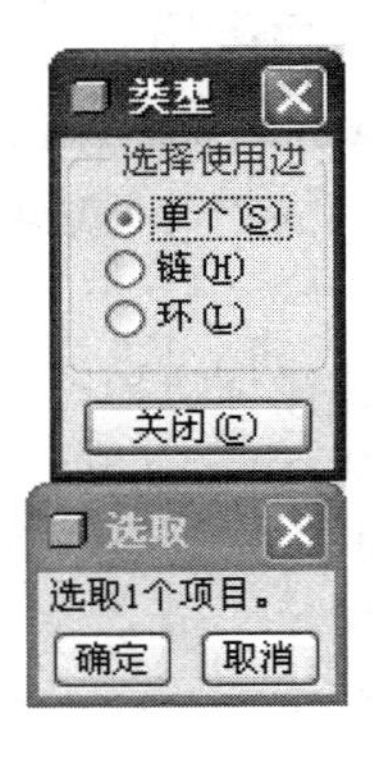

图 2-23　边【类型】对话框和【选取】对话框

(3) 当系统再次提示“选取要使用的边”时，可移动鼠标，在实体特征的另一条边上单击，选取下半圆边界，系统再创建与所选边重合的图元，最后单击“类型”对话框中的“关闭”按钮。

下面介绍单个(S)、链(H)及环(L)三种图元的创建方法。

1. 单个(S)

选定实体特征上单一的边创建草绘图元。该类型为默认的边类型，操作步骤如上述步骤所示。

2. 链(H)

选定实体特征上的两条边，创建连续的边界。如图 2-22 所示的模型，进入草绘环境，使用“链”边类型。当系统提示“通过选取曲面的两条边或曲线的两个实体指定一个链”时，选取实体特征上的一条边，如图 2-24(a)所示的顶端大圆弧，再按住 Ctrl 键选取另一条边，如图 2-24(a)所示的右侧大圆弧，系统将这两条边之间的所有边以红色粗实线显示。随即弹出如图 2-25 所示的【菜单管理器】对话框，当直接选择“接受”，关闭【类型】对话框后，则创建如图 2-24(b)所示的边界图元。如果选择“下一个”，则另一侧连续边被选中，如图 2-24(c)所示。若再选择“接受”，则创建如图 2-24(d)所示的图元。

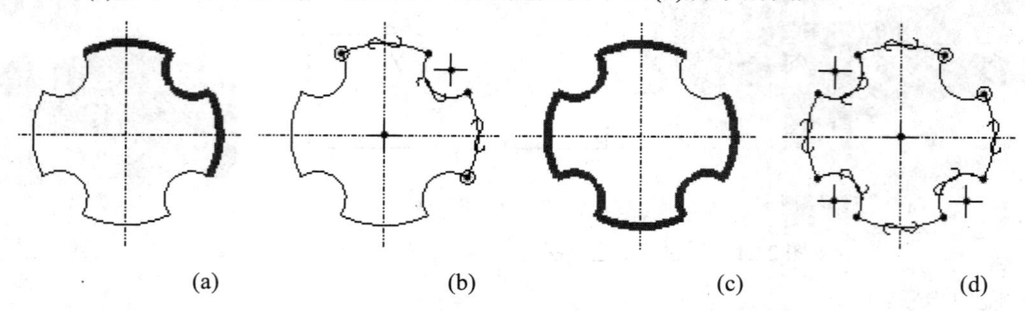

(a)　(b)　(c)　(d)

图 2-24　使用“链”边类型创建图元

图 2-25　“链”边类型菜单管理器

3．环(L)

从实体特征上图元的一个环来创建循环边界图元。当系统提示“选取指定图元环的图元或选取指定围线的曲面”时，选取实体特征的面。如果所选面上只有一个环，则系统直接创建循环的边界图元，如图 2-26(a)所示。如果所选面上含有多个环，如图 2-26(b)所示，则提示“选择所需围线”，并弹出如图 2-27 所示的菜单管理器。用户选择其中的一个环，单击菜单管理器上的“接受”；或持续单击“下一个”，再单击“接受”创建所需要的环。

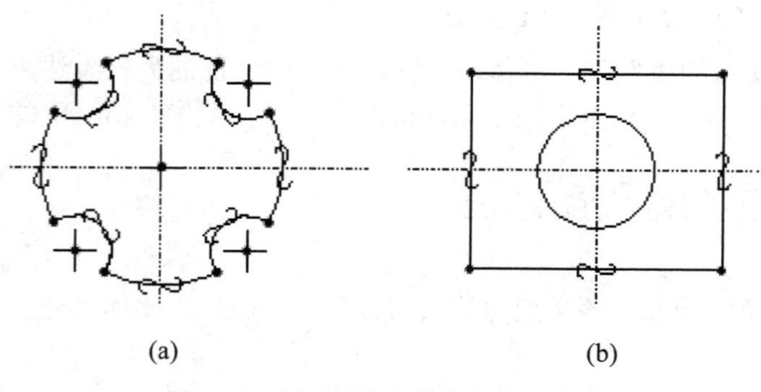

(a)　(b)

图 2-26　使用“链”边类型创建图元

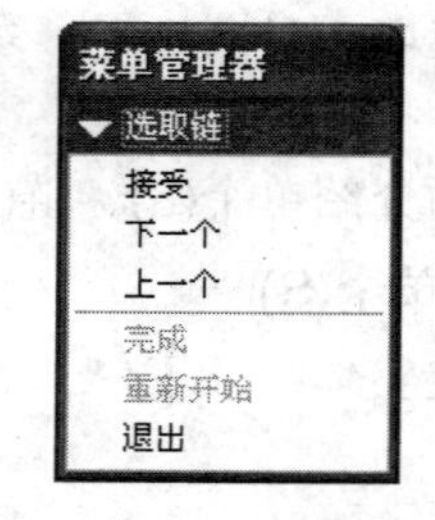

图 2-27　“环”边类型菜单管理器

操作任务 16——使用偏移边创建图元

利用边的【偏移】命令可以创建与已存在的实体特征的边偏移一定距离的几何图元。

调用命令的方式如下：

菜单：执行【草绘】|【边】|【偏移】命令。

图标：单击“草绘器工具”工具栏中边的二级工具栏的图标按钮。

图 2-28　选择偏距边类型

操作步骤：

(1) 在草绘器中单击图标按钮，启动边的【偏移】命令。

(2) 系统同时弹出如图 2-28 所示的选择偏距边【类型】对话框和【选取】对话框。当系统提示“选取要偏置的边”时，移动鼠标，在实体特征的某条边上单击，如图 2-29(a)所示，选取顶部的一条弧。

(3) 系统显示“于箭头方向输入偏距[退出]”文本框，并在草绘区显示偏移方向的箭头(如图 2-29(a)所示)，用户在该文本框中输入偏距。

(4) 系统再次提示“选取要偏置的边”时，重复上述第(2)步～第(3)步，直至单击【类型】对话框中的【关闭】按钮。

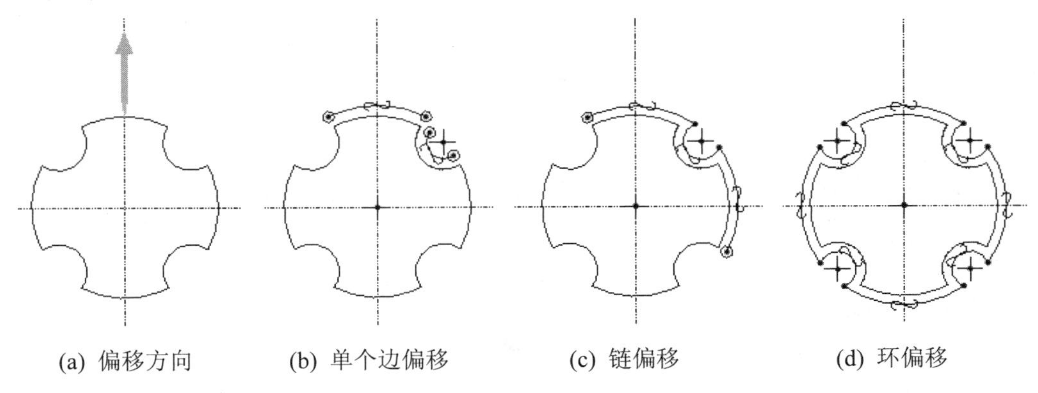

(a) 偏移方向　(b) 单个边偏移　(c) 链偏移　(d) 环偏移

图 2-29　选择偏距边类型创建的图元

技术要点：

(1) 若偏距值为正，则沿箭头方向偏移边；若偏距值为负，则沿箭头的反方向偏移边。

(2) 上述步骤为偏距边类型的默认选项“单个”。偏距边类型选项意义与“使用边”类型相同，创建的图元如图 2-29 所示。由如图 2-29(d)所示的环偏移生成的图元，经拉伸造型后生成的实体特征如图 2-30 所示。

(3) 当偏移边被删除时，系统将保留其参照图元，如图 2-31 所示。如果在二维截面中不使用这些参照，当退出“草绘器”时，系统则将参照图元删除。

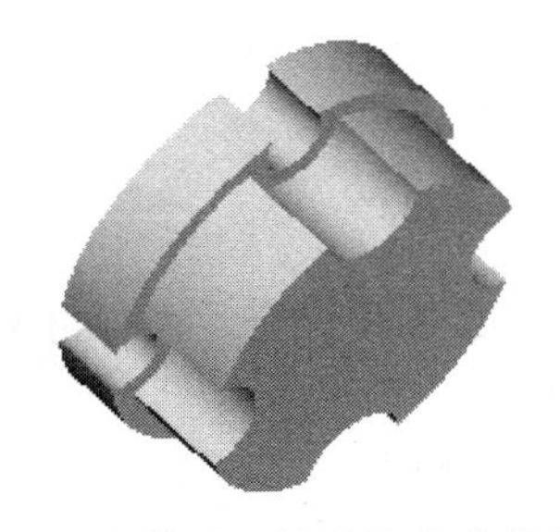
图 2-30　使用环偏移边生成的实体

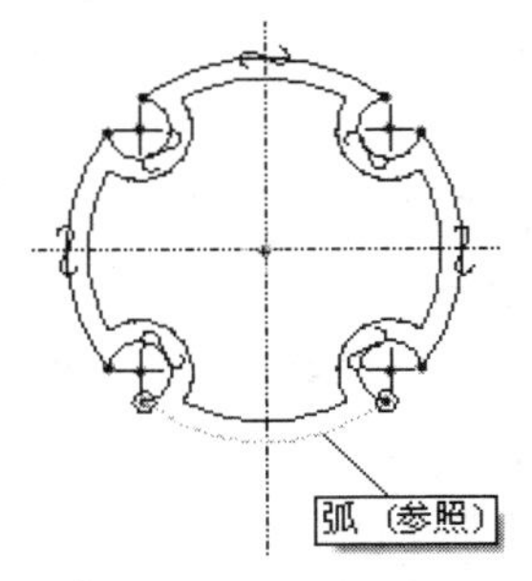

图 2-31　偏移边删除后的参照图元

2.8 样条曲线的绘制

样条曲线是通过一系列指定点的平滑曲线，为三阶或三阶以上多项式形成的曲线。

调用命令的方式如下：

菜单：执行【草绘】|【样条】命令。

图标：单击“草绘器工具”工具栏中的图标按钮。

操作步骤：

(1) 在草绘器中单击图标按钮，启动【样条】命令。

(2) 移动鼠标，依次单击，确定样条曲线所通过的点，直至单击鼠标中键终止该曲线的绘制。

(3) 重复上述第(2)步，绘制另一条曲线；单击鼠标中键结束命令。

2.9 文本的创建

利用【文本】命令可以创建文字图形，在 Creo 5.0 中文字也是剖面，可以用【拉伸】命令对文字进行操作。

调用命令的方式如下：

菜单：执行【草绘】|【文本】命令。

图标：单击“草绘器工具”工具栏中的图标按钮。

操作步骤：

(1) 在草绘器中，单击图标按钮，启动【文本】命令。

(2) 系统提示“选择行的起始点，确定文本高度和方向”时，移动鼠标，单击，确定文本行的起点。

(3) 系统提示“选取行的第二点，确定文本高度和方向”时，移动鼠标，在适当位置单击，确定文本行的第二点。系统在起点与第二点之间显示一条直线(构建线)，并弹出【文本】对话框，如图 2-32(a)所示。

(4) 在【文本】对话框中的“文本行”选项组中输入文字，最多可输入 79 个字符，且输入的文字动态显示于草绘区。

(5) 在【文本】对话框中的“字体”选项组内，可以设置字体、文本行的对齐方式、长宽比、斜角等。

(6) 单击【确定】按钮关闭对话框，系统创建单行文本。

操作及说明：

(1) 选择“手工输入文本”时，如有必要，则可单击【文本】对话框中的【文本符号】按钮，弹出如图 2-33 所示的对话框，从中选取要插入的符号。

(2) 若由“零件”模式进入草绘环境，则【文本】对话框如图 2-32(b)所示。系统允许用户选择“使用参数”单选按钮，单击【选取参数】按钮，从【选取参数】对话框中选择已定义的参数，显示其参数值。如果选取了未赋值的参数，则文字中将显示“***”。

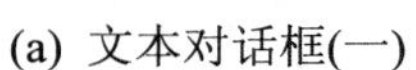
(a) 文本对话框(一)

(b) 文本对话框(二)

图 2-32　【文本】对话框

图 2-33　【文本符号】对话框

(3) “字体”下拉列表中显示了系统提供的字体文件名。列表中有两类字体，其中 PTC 字体为 Creo 5.0 系统提供的字体，True Type 字体是由 Windows 系统提供的已注册的字体，在字体文件名前分别用“回”、“T”前缀区别。

(4) 在“位置”选项区，选取水平和垂直位置的组合，确定文本字符串相对于起始点的对齐方式。其中水平定义文字沿文本行方向(即垂直于构建线方向)的对齐方式，有左边、中心、右边 3 个选项(“左边”为默认设置)，其设置效果如图 2-34 所示。垂直定义文字沿垂直于文本行(即构建线方向)的对齐方式，有底部、中间、顶部三个选项(底部为默认设置)，其设置效果如图 2-35 所示。“△”表示文本行的起始点。

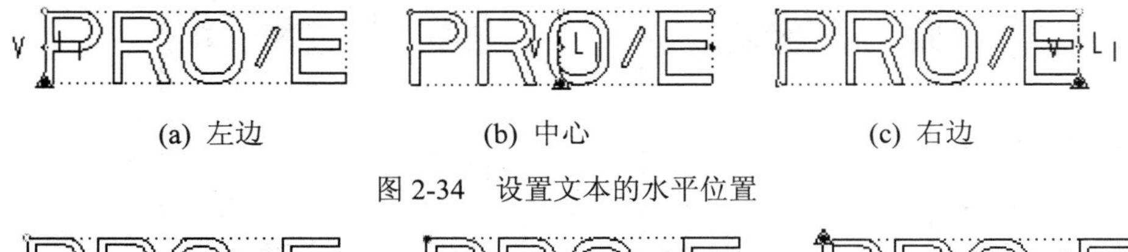

(a) 左边　(b) 中心　(c) 右边

图 2-34　设置文本的水平位置

(a) 左边　(b) 中心　(c) 右边

图 2-35　设置文本的垂直位置

(5) 在“长宽比”文本框中输入文字宽度与高度的比例因子，或使用滑动条设置文本的长宽比。

(6) 在“斜角”文本框中输入文本的倾斜角度，或使用滑动条设置文本的斜角。

(7) 选中“沿曲线放置”复选框，设置将文本沿一条曲线放置，接着选取要在其上放置文本的曲线。如图 2-36 所示。

图 2-36　沿曲线放置文本

(8) 选中“字符间距处理”复选框，将启用文本字符串的字体字符间距处理功能，以控制某些字符对之间的空格，设置文本的外观。

2.10 草绘器调色板

草绘器调色板是一个具有若干个选项卡的几何图形库。系统含有 4 个预定义的选项卡：多边形、轮廓、形状、星形，每个选项卡包含若干同一类别的截面形状。用户可以向调色板添加选项卡，将截面形状按类别放入选项卡内，并随时使用调色板中的形状。

利用“调色板”命令可以方便快捷地选定调色板中的几何形状，将其输入到当前草绘中，并且可以对选定的形状调整大小，进行平移和旋转操作。

调用命令的方式如下：

菜单：执行【草绘】|【数据来自文件】|【调色板】命令。

图标：单击“草绘器工具”工具栏中的图标按钮。

操作任务 17——使用调色板

操作步骤：

(1) 在草绘器中，单击图标按钮，启动【调色板】命令，系统弹出如图 2-37(a)所示的【草绘器调色板】对话框。

(2) 当系统提示“将调色板中的外部数据插入到活动对象”时，选择所需的选项卡，显示选定选项卡中形状的缩略图和标签。若选择某一截面，则在预览区显示相对应的截面形状，如图 2-37(b)所示。

(3) 双击选定形状的缩略图或标签，光标变成。

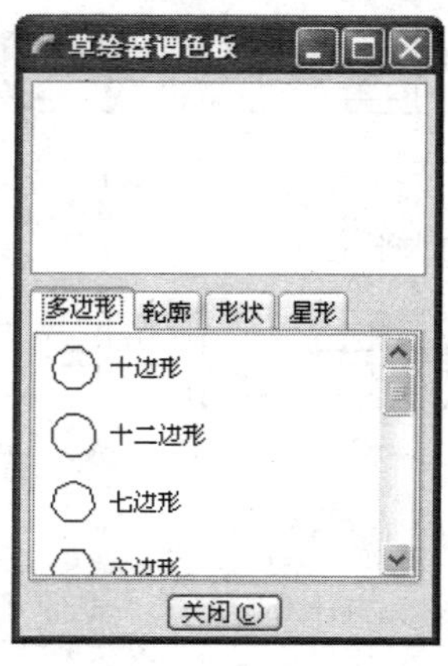

(a) 调色板选项卡

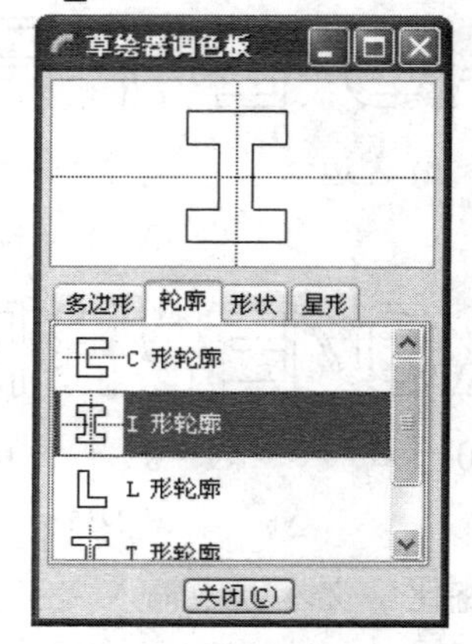

(b) 选定形状并预览

图 2-37 【草绘器调色板】对话框

(4) 单击，确定放置形状的位置，系统弹出如图 2-38(a)所示的【移动和调整大小】对话框，同时被输入的形状位于带有句柄(控制滑块)的虚线方框内。平移控制滑块，使之与选定的位置重合，如图 2-38(b)所示。

(5) 在【移动和调整大小】对话框中输入缩放比例以及旋转角度。

(6) 单击✓图标按钮，关闭【移动和调整大小】对话框。

(7) 单击【关闭】按钮，关闭【草绘器调色板】对话框。

(8) 单击【关闭】按钮，结束命令。

操作及说明：

(1) 拖动平移控制滑块⊗，可移动所选图元；拖动旋转控制滑块，可旋转所选图元；拖动缩放控制滑块，可修改所选图元的比例。

(2) 在上述第(4)步，单击并按住鼠标左键拖动，输入的形状将从非常小的尺寸逐渐增大，同时“缩放旋转”对话框内的比例值随之变化，直至松开左键。

(3) 默认情况下，平移控制滑块位于形状的中心，在⊗上单击鼠标右键，并将其拖动到所需的捕捉点上，如图 2-38(c)所示。

(a) 【移动和调整大小】对话框

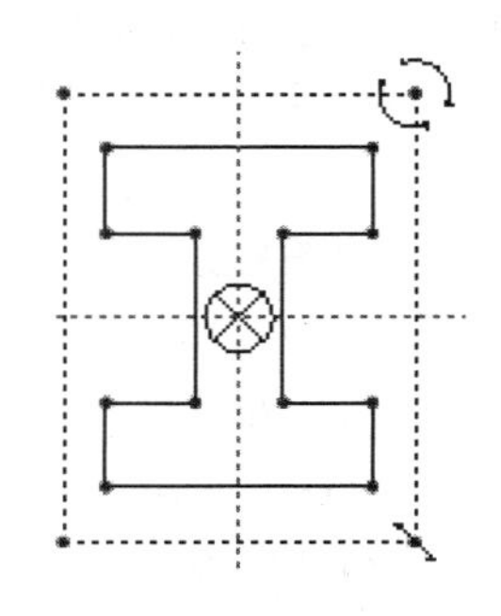

(b) 输入选定形状

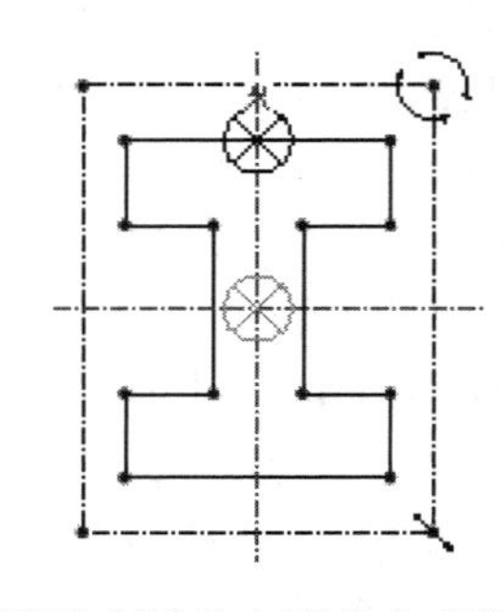

(c) 平移控制滑块在形状上重新定位

图 2-38　输入调色板形状

操作任务 18——创建“自定义形状”选项卡

用户可以预先创建自定义形状的草绘文件(.sec 文件)，置于当前工作目录下，则在【草绘器调色板】对话框中会出现一个(仅出现一个)与工作目录同名的选项卡，且工作目录下的草绘文件中的截面形状将作为可用的形状出现该选项卡中，如图 2-39 所示。

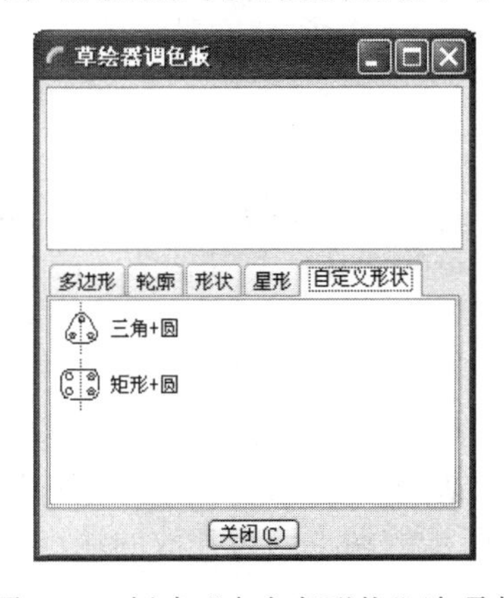

图 2-39　创建“自定义形状”选项卡

2.11　草绘器诊断

草绘器诊断提供了与创建基于草绘的特征和再生失败相关的信息，可以帮助用户实时了解草绘中出现的问题。

2.11.1　着色的封闭环

利用“着色的封闭环”诊断工具，系统将以预定义颜色填充形成封闭环的图元所包围的区域，以此来检测几何图元是否形成封闭环。

调用命令的方式如下：

菜单：执行【草绘】|【诊断】|【着色的封闭环】命令。

图标：单击“草绘器诊断工具”工具栏中的图标按钮。

执行该命令后，系统将着色当前草绘中所有的几何封闭环，如图 2-40(a)所示。

注意：

(1) 只有“草绘器工具”工具栏上的图标按钮下凹时，即处于“选取项目”状态，才显示封闭环的着色填充。

(2) 如果封闭环内包含封闭环，则从最外层环起，奇数环被着色，如图 2-40(b)所示。

(3) 当该诊断模式打开，进行草绘时，若形成封闭环，则封闭环将被着色。

(4) 封闭环必须是首尾相接，自然封闭。不允许有图元重合，或出现多余图元。如图 2-40(c)所示的三角形内不被着色。

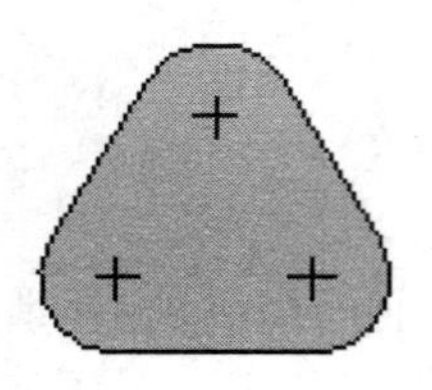

(a) 单层封闭环

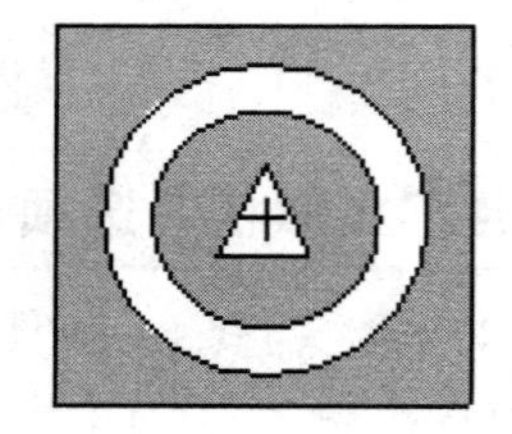

(b) 多层封闭环

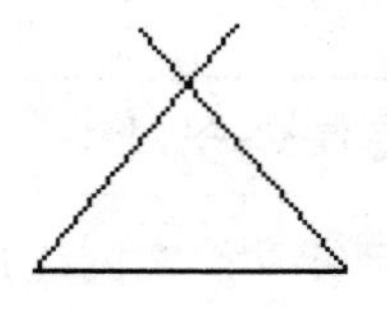

(c) 未构成封闭环

图 2-40　着色封闭环

2.11.2　加亮开放端点

利用“加亮开放端点”诊断工具，系统将加亮属于单个图元的端点，即不为多个图元所共有的端点，以此来检测活动草绘中任何与其他图元的终点不重合的图元的端点。

调用命令的方式如下：

菜单：执行【草绘】|【诊断】|【加亮开放端点】命令。

图标：单击“草绘器诊断工具”工具栏中的图标按钮。

执行该命令后，系统将以默认的红色圆加亮显示当前草绘中所有开放的端点，如图 2-41 所示的端点均为开放的端点。

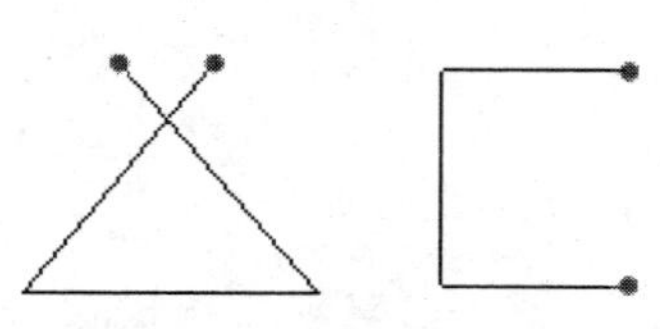

图 2-41　加亮开放的端点

2.11.3　重叠几何

利用“重叠几何”诊断工具，系统将加亮重叠图元，以此来检测活动草绘中任何与其他图元相重叠的几何。

调用命令的方式如下：

菜单：执行【草绘】|【诊断】|【重叠几何】命令。

图标：单击“草绘器诊断工具”工具栏中的图标按钮。

执行该命令后，系统将以默认的颜色加亮显示当前草绘中相重叠的几何边，如图 2-42 所示的灰色几何边。

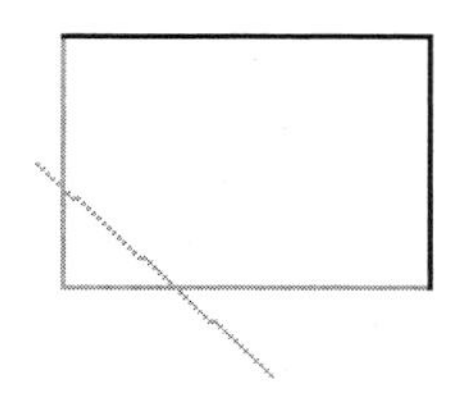
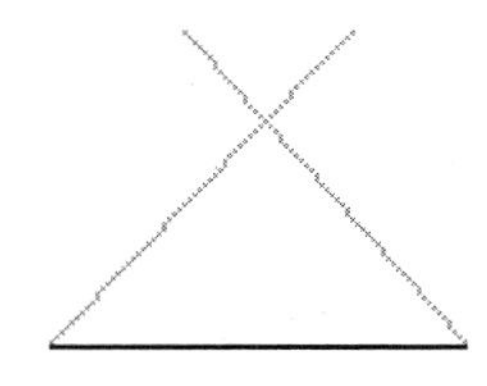
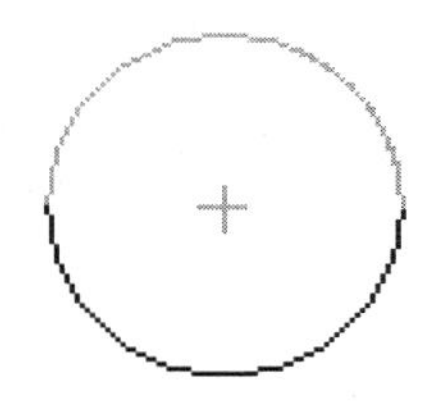

图 2-42　显示重叠几何

2.11.4　特征要求

在“3D 草绘器”中，利用“特征要求”诊断工具，可以分析判断草绘是否满足其定义的当前特征类型的要求。

调用命令的方式如下：

菜单：执行【草绘】|【诊断】|【特征要求】命令。

图标：单击“草绘器诊断工具”工具栏中的图标按钮。

执行该命令后，系统将弹出【特征要求】对话框，该对话框显示当前草绘是否适合当前特征的消息，并列出了对当前特征的草绘要求及其状态，如图 2-43 所示。在状态列中用以下状态符号表示是否满足要求的状态：

(1) ✔ 图标表示满足要求。

(2) △ 图标表示满足要求，但不稳定。表示对草绘的简单更改可能无法满足要求。

(3) ❶ 图标表示不满足要求。

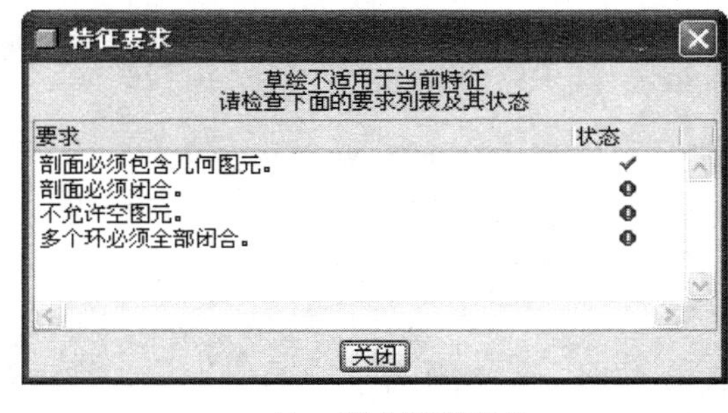

(a)　不合适的草绘

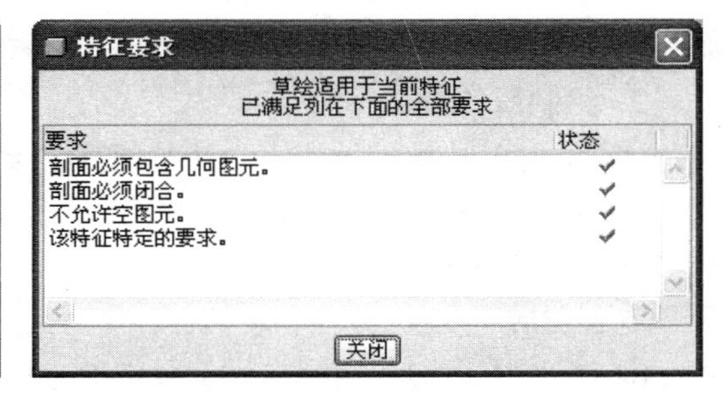

(b) 合适的草绘

图 2-43　【特征要求】对话框

实战训练

泵体截面的绘制

完成如图所示 2-44 所示的泵体截面轮廓的绘制。完成本训练时将会应用到圆、直线、尺寸标注和镜像等草绘知识点。下面讲解具体的设计步骤。

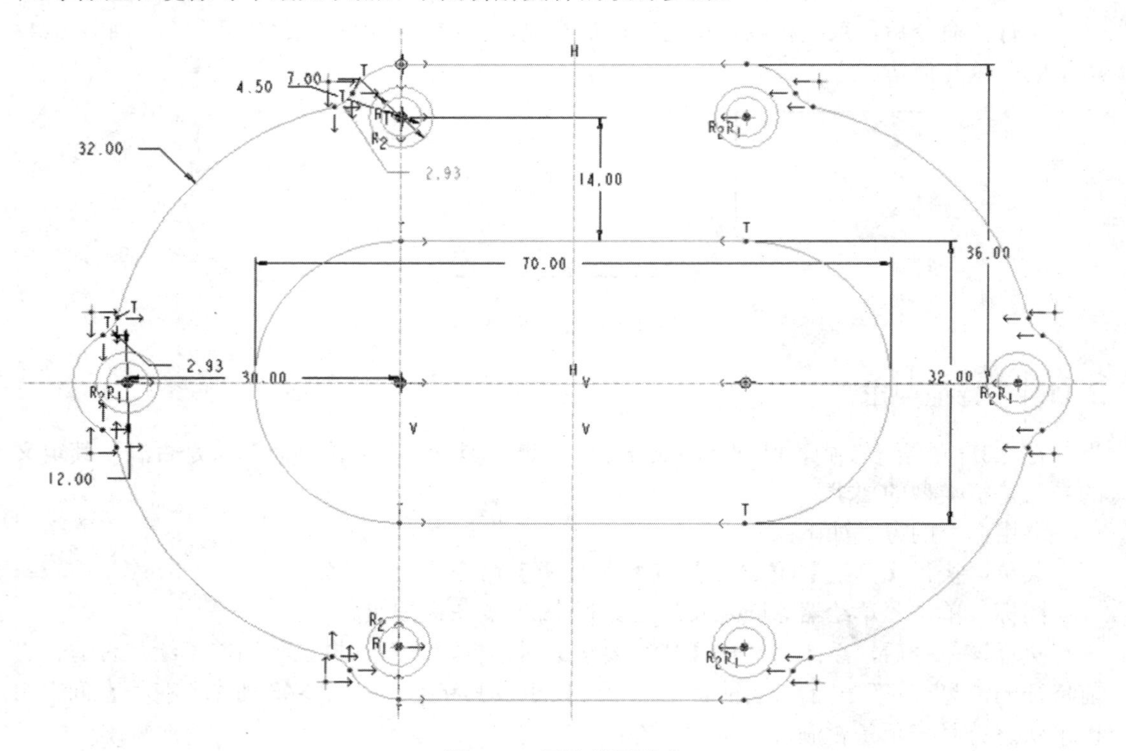

图 2-44　泵体截面轮廓

1. 新建草绘类型文件

在菜单栏中选择【文件】|【新建】命令，弹出【新建】对话框，在“类型”选项组中选择“草绘”，输入文件名称为 btch.sec，单击【确定】，进入草绘设计界面。

2. 绘制草绘截面

(1) 单击工具栏的创建中心线按钮 ¦，绘制水平和竖直方向的两条中心线。

(2) 单击工具栏的调色板图标，弹出【草绘器调色板】对话框，如图 2-45 所示。选择“形状”选项卡中的“跑道形”选项，双击轮廓，并移动鼠标到绘图区域，单击鼠标左键，放置轮廓。

(3) 弹出【移动和调整大小】对话框，如图 2-46 所示。按住界面中的符号⊗，拖动轮廓使得轮廓中心点与中心线交点重合，单击接受更改并关闭对话框按钮，结果如图 2-47 所示。

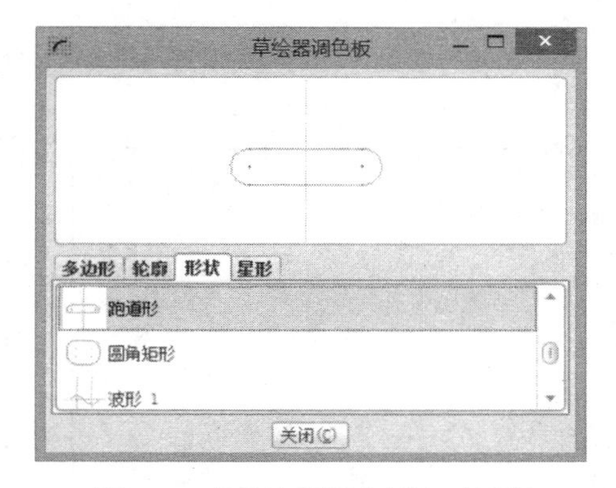

图 2-45 【草绘器调色板】对话框

图 2-46 【移动和调整大小】对话框

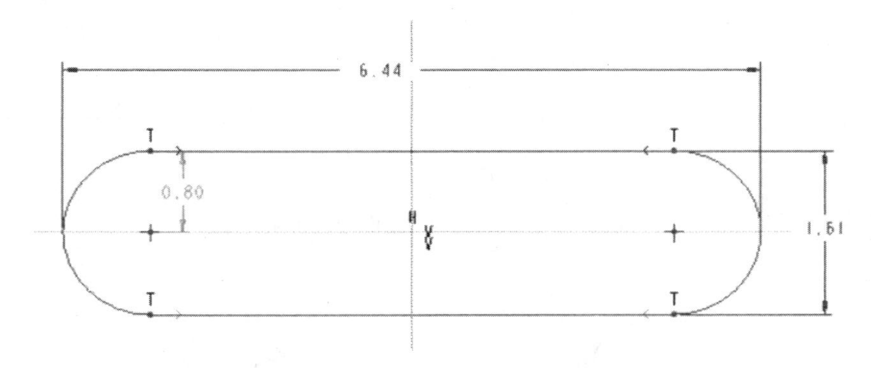

图 2-47 插入跑道形轮廓

(4) 单击“草绘器工具”工具栏中的“约束”图标，在展开的二极工具栏中单击重合约束按钮，选择轮廓右侧中心点和水平中心线，使得中心点在中心线上，更改轮廓尺寸，如图 2-48 所示。

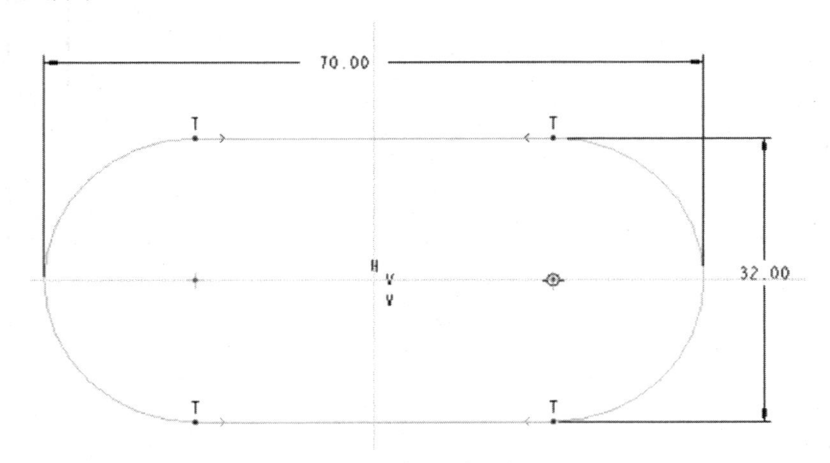

图 2-48 更改尺寸后的跑道形轮廓

(5) 在左侧中心点处绘制中心线，单击绘制圆按钮，绘制两个直径为 7 mm 的圆，两个直径为 4.5 mm 的圆，位置如图 2-49 所示。

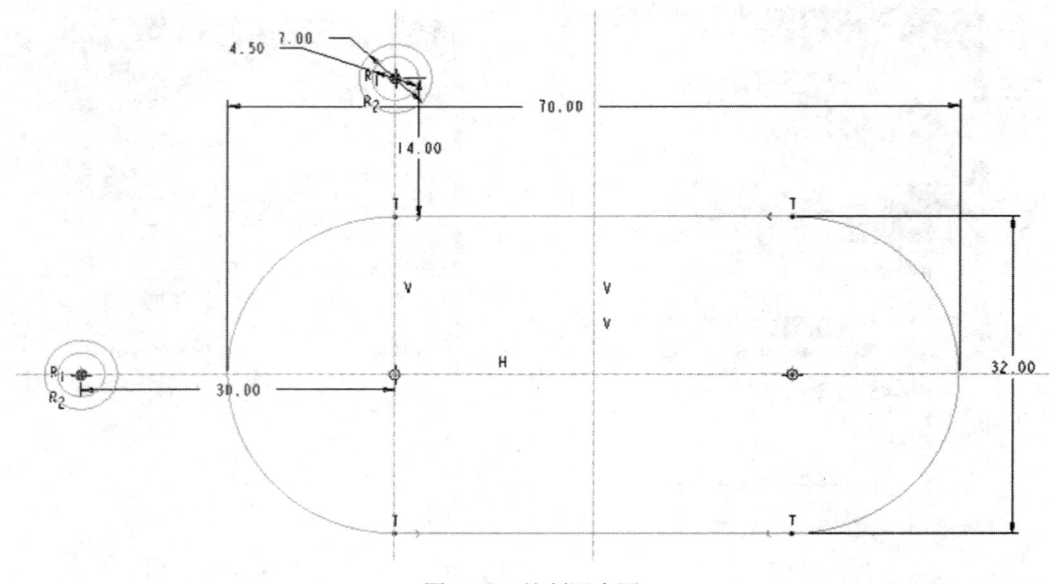

图 2-49 绘制四个圆

(6) 点击镜像按钮，镜像创建圆，结果如图 2-50 所示。

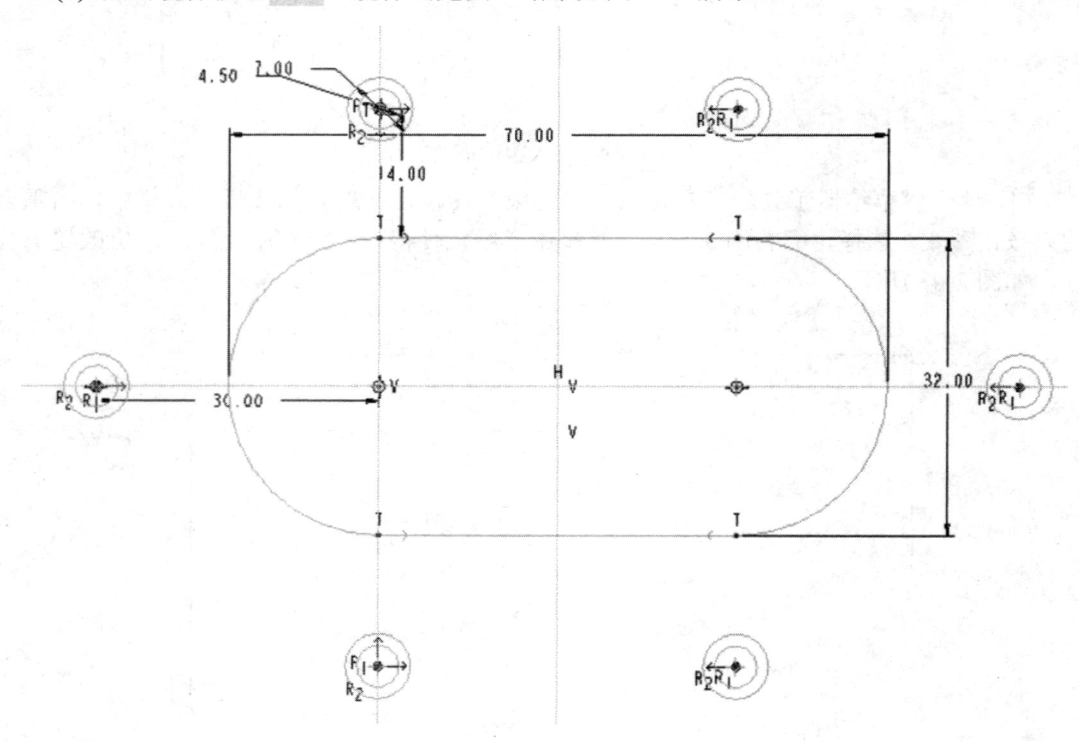

图 2-50 镜像创建圆

(7) 应用绘制圆弧、绘制直线段以及镜像等功能绘制最外侧的轮廓，完成泵体截面轮廓，最终结果如图 2-51 所示。

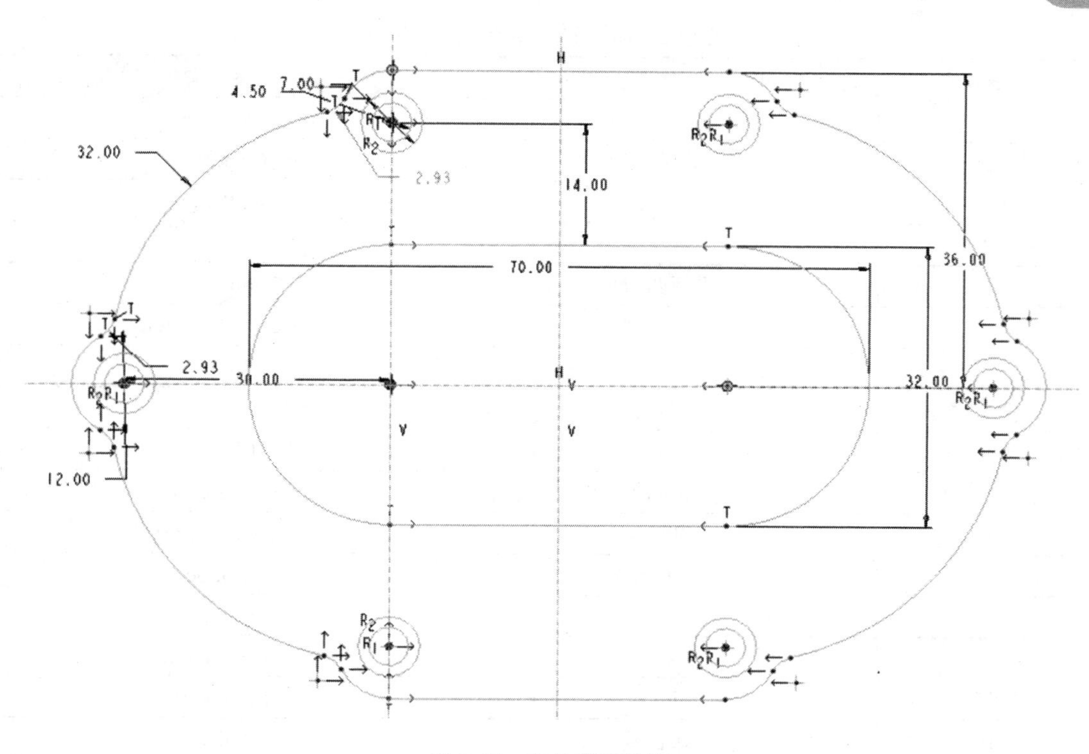

图 2-51　泵体截面轮廓

练习题

1．如何使用调色板？

2．标注尺寸时显示冲突的问题怎么解决？

3．绘制如图 2-52 所示的轮廓图，尺寸自定。

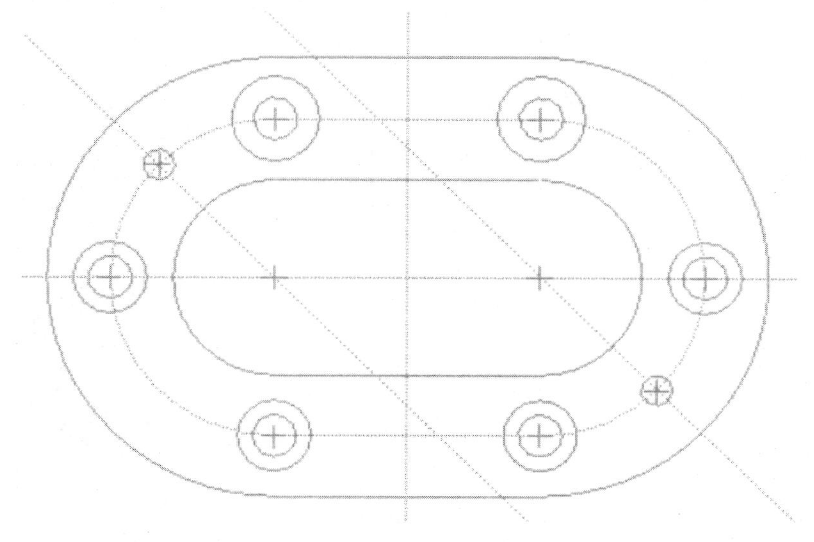

图 2-52　轮廓图

项目二核心词汇中英文对照表

序号	中　文	英　文
1	相切	Tangent
2	中心线	Centerline
3	矩形	Rectangle
4	斜矩形	Stant Rectangle
5	平行四边形	Parallelogram
6	同心圆	Concentic Circle
7	椭圆	Ellipse
8	圆锥	Conic
9	圆形	Circular
10	椭圆形	Elliptical
11	倒角	Chamfer
12	样条曲线	Spline
13	垂直	Perpendicular
14	重合	Coincident
15	镜像	Symmetric
16	调色板	Palette
17	删除段	Delete Segment
18	多边形	Polygons
19	水平	Horizontal
20	竖直	Vertical

项目三　简单零件设计

本项目主要介绍 Creo 5.0 三维零件模型的设计。在 Creo 5.0 中，在草绘平面内绘制的二维图形称为草绘截面。在此基础上再使用拉伸、旋转、扫描等方法创建基础特征，然后在基础特征上创建孔、拔模、倒角等工程特征，最终生成理想的三维模型。在零件设计过程中，特征是实体建模的基本单位，而一个零件往往是多种基础特征、高级特征、工程特征的混合。此外，还可以对特征进行复制、粘贴、镜像、阵列等操作，使得设计更加简便、灵活。

学习目标

- ◆ 理解 Creo 5.0 零件建模的一般思路
- ◆ 掌握基准特征的创建和使用方法
- ◆ 了解基础形状特征的特点及其创建方法
- ◆ 掌握工程特征的特点及其创建方法
- ◆ 能够在实践中设计简单零件

知识准备

3.1　基础特征的创建

3.1.1　拉伸特征

拉伸特征是定义三维模型的一种基本方法。可以通过将二维截面延伸到垂直于草绘平面的指定距离处来实现拉伸特征的创建。拉伸工具可以创建实体，也可创建加厚体、曲面等。下面介绍应用拉伸工具设计工字型铝型材，具体步骤如下：

(1) 单击菜单栏【文件】|【新建】，弹出【新建】对话框，在“类型”选项组中选择“零件”，在“子类型”选项组中选择“实体”，在“名称”文本框输入 tz_1，选择公制模板 mmns_part_solid，点击【确定】，进入零件设计模式。

(2) 单击右侧特征工具栏中拉伸按钮，打开拉伸工具操控板(如图 3-1)，默认情况下操控板实体按钮被选中，操控板中其他命令功能如下：

：创建曲面拉伸特征。

：选择不同的拉伸深度。

216.51：拉伸深度值输入框，从草绘平面开始以该值为指定深度拉伸。

：改变拉伸方向。

：切除材料。

：按指定厚度加厚草绘，用来形成薄壁拉伸特征。

(3) 单击“放置”选项卡，打开滑出面板，单击【定义】按钮，弹出【草绘】对话框，选择“FRONT”平面为草绘平面，“RIGHT”平面为右方向参照(如图 3-2)，单击【草绘】按钮，进入二维草绘模式。

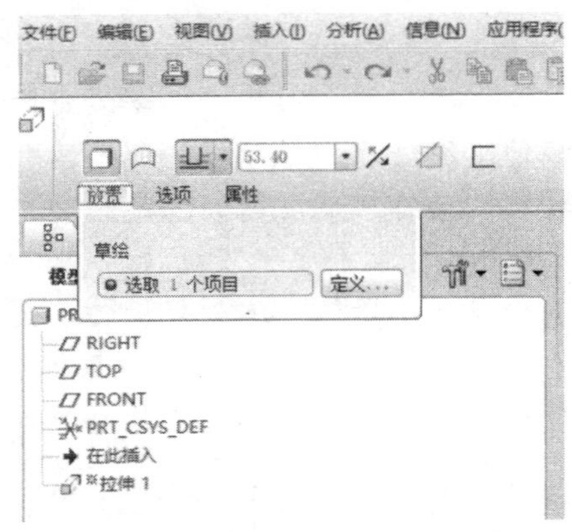

图 3-1　【拉伸】工具操控板

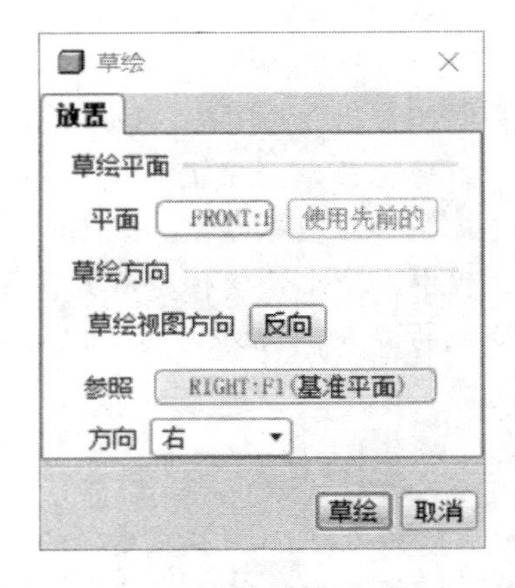

图 3-2　指定草绘平面

(4) 单击调色板按钮，打开【草绘器调色板】对话框，选中“轮廓”选项卡中的“I 形轮廓”，并拖入绘图区域，弹出【移动和调整大小】对话框，更改缩放比例为 30，单击，如图 3-3 所示。

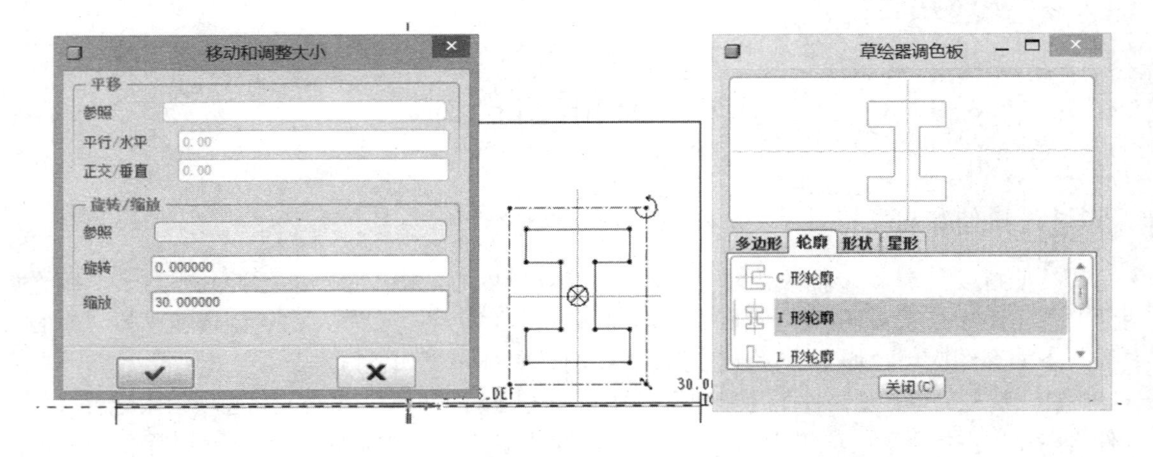

图 3-3　通过【草绘器调色板】插入草图

(5) 单击完成按钮，退出草绘界面，在“拉伸深度”输入框输入 150，按下 Enter 键，模型拉伸深度发生变化，如图 3-4 所示。单击完成按钮，形成实体零件模型，如图 3-5 所示。

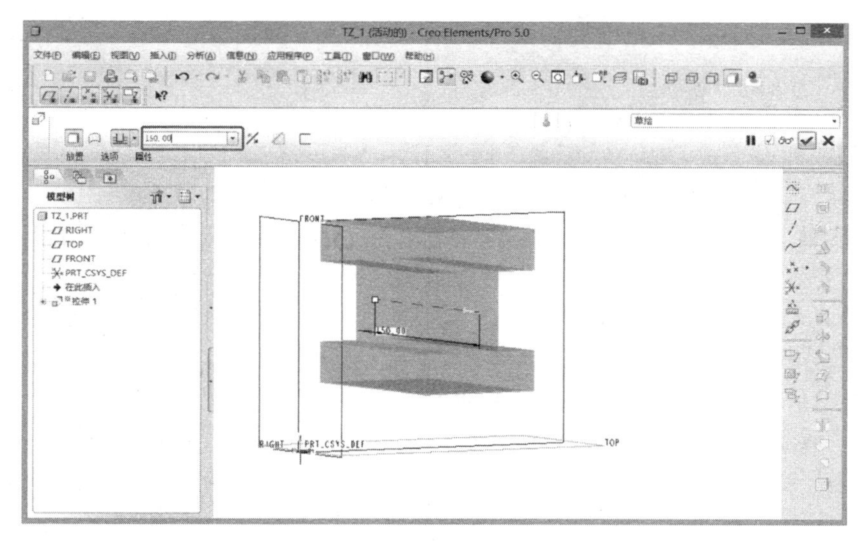

图 3-4　输入拉伸深度

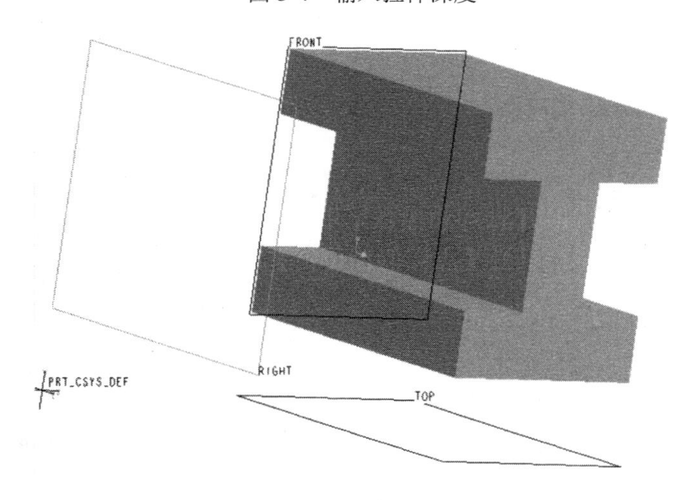

图 3-5　I 字型铝型材模型

3.1.2　旋转特征

旋转特征是将草绘截面绕中心线旋转一定角度后创建的实体特征。旋转特征经常用于具有回转体特征的模型生成上。在创建旋转特征时有以下注意事项：

(1) 创建旋转实体时，草绘截面必须是封闭的，且图元之间不能交叉。

(2) 当草绘截面中有多条中心线时，默认第一条为旋转中心线。

(3) 草绘截面必须位于旋转中心线的单侧。

下面应用旋转工具设计阶梯轴，具体步骤如下：

(1) 单击菜单栏【文件】|【新建】，弹出【新建】对话框，在“类型”选项组中选择“零件”，在“子类型”选项组中选择“实体”，在“名称”文本框输入 tz_2，选择公制模板 mmns_part_solid，点击【确定】，进入零件设计模式。

(2) 单击旋转按钮，弹出旋转操控板，默认情况下操控板实体按钮被选中，操控板中其他命令功能如下：

：创建实体形式的旋转特征。

：创建曲面形式的旋转特征。

：旋转轴收集器，用来选取旋转轴。

：旋转方式选择，有从草绘平面以指定角度值旋转、在草绘平面两个方向上以指定角度值一半旋转、旋转至选定的图元等方式供选择。

：更改旋转角度的方向。

：去除材料，用来旋转切除已有材料。

：加厚草绘按钮，用来创建薄壁特征实体。

(3) 单击【放置】选项卡，再单击【定义】按钮，弹出【草绘】对话框，在绘图区域选择“FRONT”平面为草绘平面，默认“RIGHT”平面为右视参照面。单击【草绘】按钮，进入草绘截面绘制界面。

(4) 绘制草绘轮廓如图 3-6 所示。

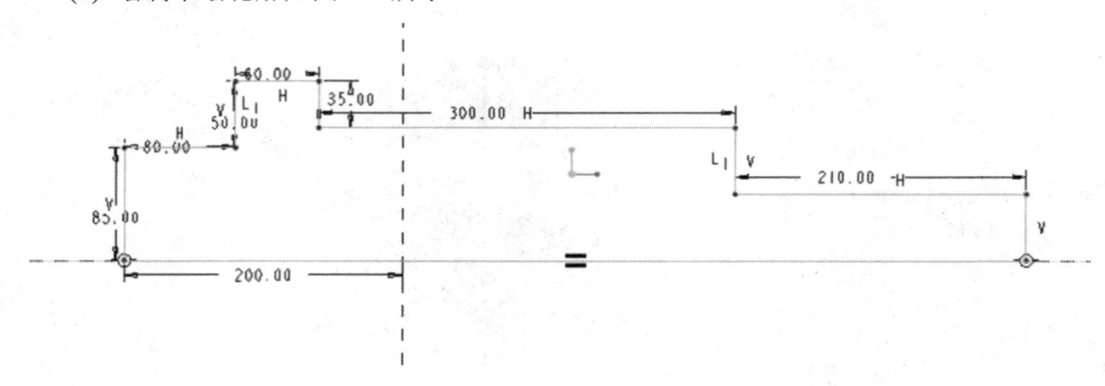

图 3-6　草绘截面轮廓

(5) 单击完成按钮，再单击旋转操控板上的【确定】按钮，形成零件模型，如图 3-7 所示。

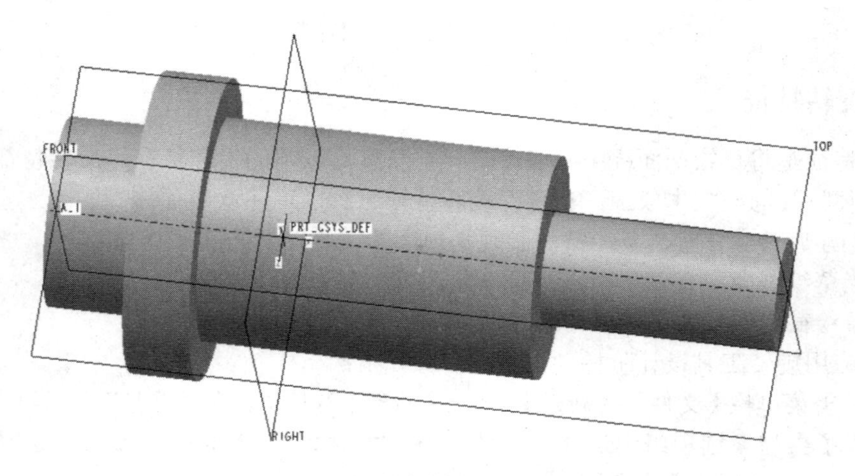

图 3-7　阶梯轴三维模型

技术要点

当草绘截面中有多个中心线时，默认绘制第一条中心线为旋转轴。如要更改，则选中想要设定为旋转轴的中心线，然后单击菜单栏【草绘】|【特征工具】|【旋转轴】即可。

3.1.3 扫描特征

扫描特征是将草绘截面沿着一定的扫描轨迹进行扫描生成的特征。扫描特征除了需要定义草绘截面以外，还需要定义扫描轨迹。定义扫描轨迹既可以选择已有图形作为扫描轨迹线，也可以草绘扫描轨迹线。

下面应用扫描特征工具设计恒截面管道，具体步骤如下：

(1) 单击菜单栏【文件】|【新建】，弹出【新建】对话框，在“类型”选项组选择“零件”，在“子类型”选项组选择“实体”，在“名称”文本框输入 tz_3，选择公制模板 mmns_part_solid，点击【确定】，进入零件设计模式。

(2) 单击菜单栏【插入】|【扫描】|【伸出项】，弹出【伸出项：扫描】对话框和【扫描轨迹】菜单管理器，如图 3-8 所示。

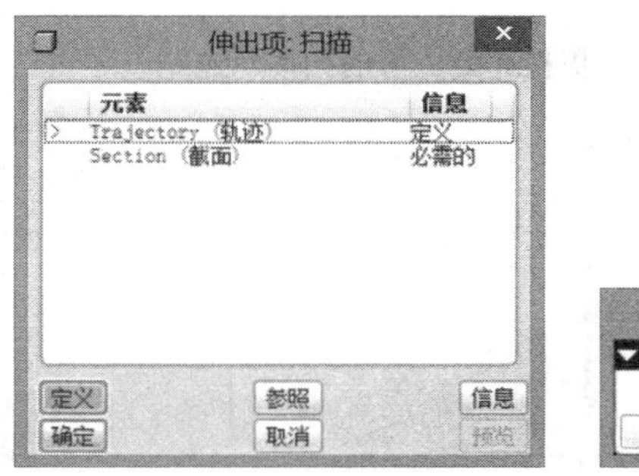

图 3-8　【伸出项：扫描】对话框和【菜单管理器】对话框

(3) 单击【扫描轨迹】中的“草绘轨迹”，再点击“新设置”，选择“设置平面”|“平面”，在绘图区选择“FRONT”为草绘平面。在【菜单管理器】中继续选择“方向”，点击【确定】，“草绘视图”选择“Default(缺省)”，如图 3-9 所示，进入草绘界面。

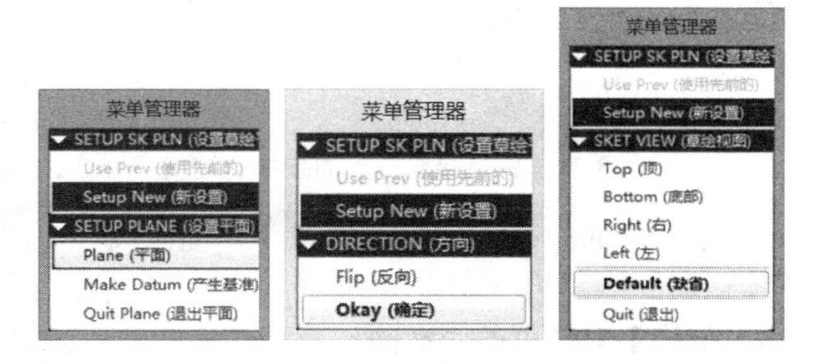

图 3-9　【菜单管理器】的“平面”、“方向”、“草绘视图”选项的设置

(4) 绘制扫描轨迹线如图 3-10 所示，此时可见代表扫描起始点的箭头并不在起点上，因此，需要选中起始点。点击菜单栏【草绘】|【特征工具】|【起点】，此时，箭头指示在扫描起始点，如图 3-11 所示。单击【完成】。

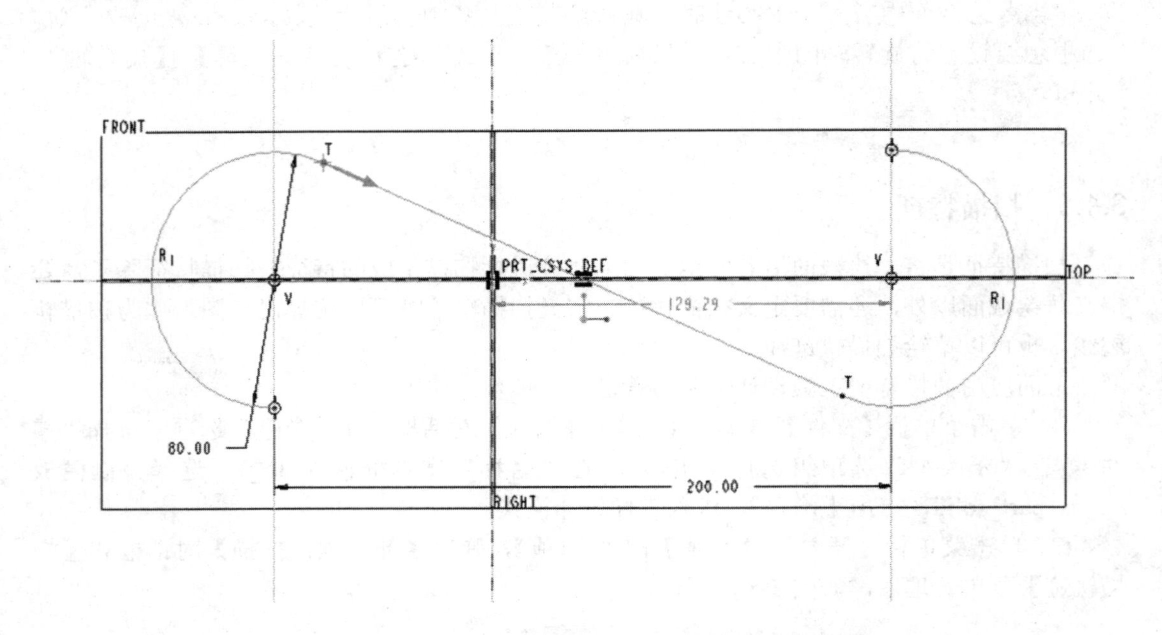

图 3-10 更换起始点前的扫描轨迹线

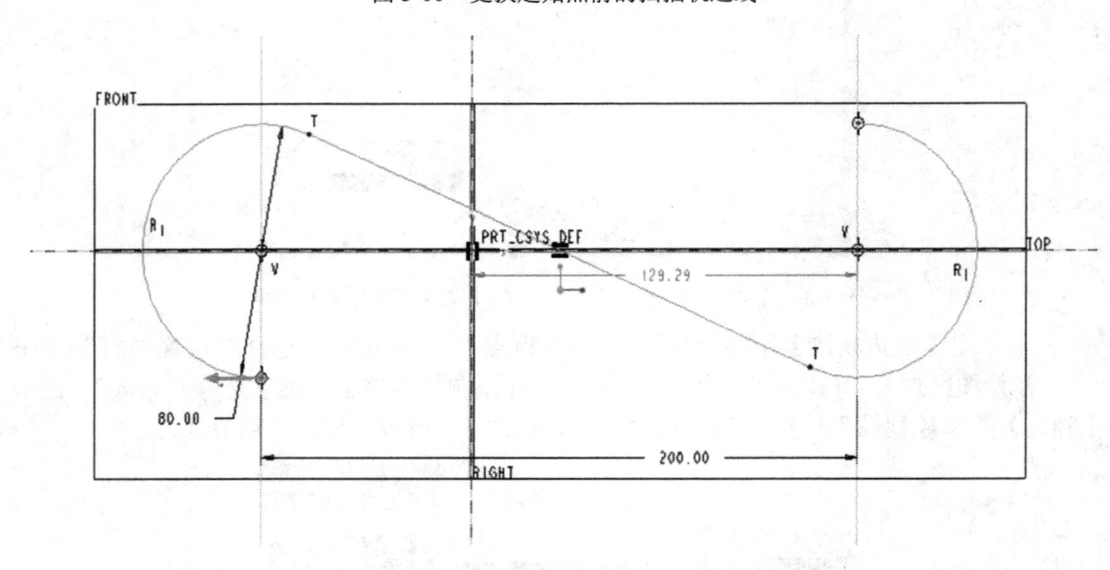

图 3-11 更换起始点后的扫描轨迹线

(5) 进入剖面设计，绘制剖面如图 3-12 所示，其中剖面圆圆心为两条中心线交点，单击【完成】。

(6) 此时【伸出项：扫描】对话框的“截面”元素的信息显示已定义，单击【预览】，管道模型如图 3-13 所示。

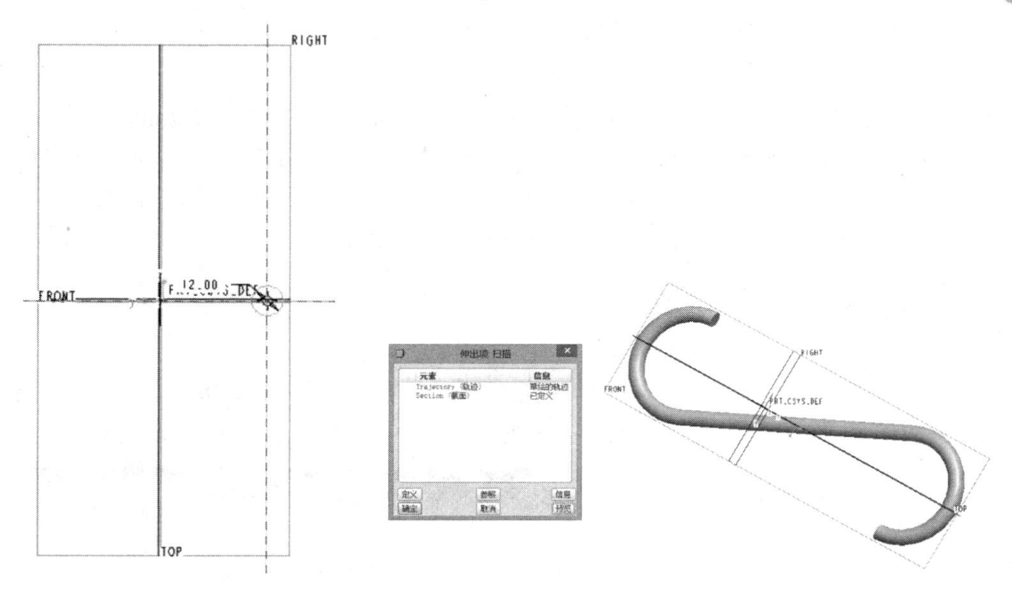

图 3-12　绘制剖面　　　　图 3-13　管道模型

应用扫描特征工具设计可变截面管道，具体步骤如下：

(1) 单击菜单栏【文件】|【新建】，弹出【新建】对话框，在“类型”选项组选择“零件”，在“子类型”选项组选择“实体”，在“名称”文本框输入 tz_4，选择公制模板 mmns_part_solid，点击【确定】，进入零件设计模式。

(2) 单击可变截面扫描按钮，或者单击菜单栏【插入】|【可变截面扫描】，弹出可变截面扫描操控板。

(3) 单击草绘按钮，选择“FRONT”平面为草绘平面，“RIGHT”平面为右视参照平面。单击【草绘】，进入草绘界面，绘制草绘图形如图 3-14 所示，单击【完成】。

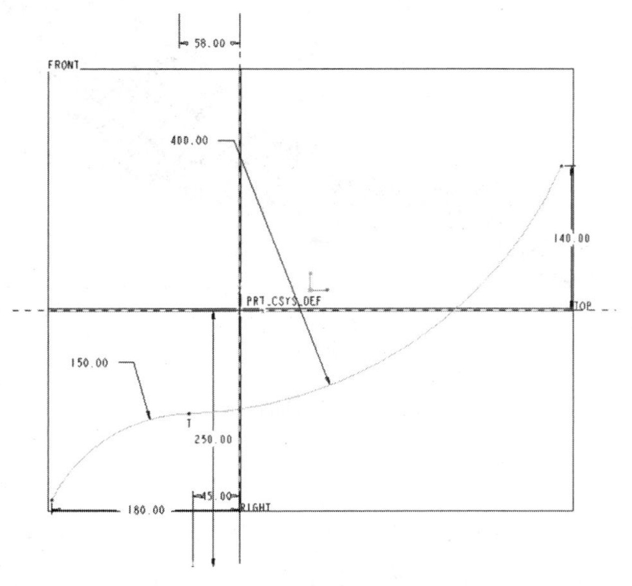

图 3-14　草绘图形

(4) 单击可变截面扫描操控板上的按钮▶退出暂停模式，单击创建扫描剖面按钮，绘制剖面如图 3-15 所示。

(5) 单击菜单栏【工具】|【关系】，输入圆尺寸与扫描位置比例参数 trajpar 之间的计算公式 sd3=30*(1.6+2.5*trajpar)，如图 3-16 所示，单击【确定】，单击【完成】。轨迹参数 trajpar 是 Creo 5.0 中可变扫描里专用的扫描位置比例参数，它表示在可变扫描过程中当前截面的相对比例值(从 0 到 1)，这个比例值是相对原始轨迹而言的。

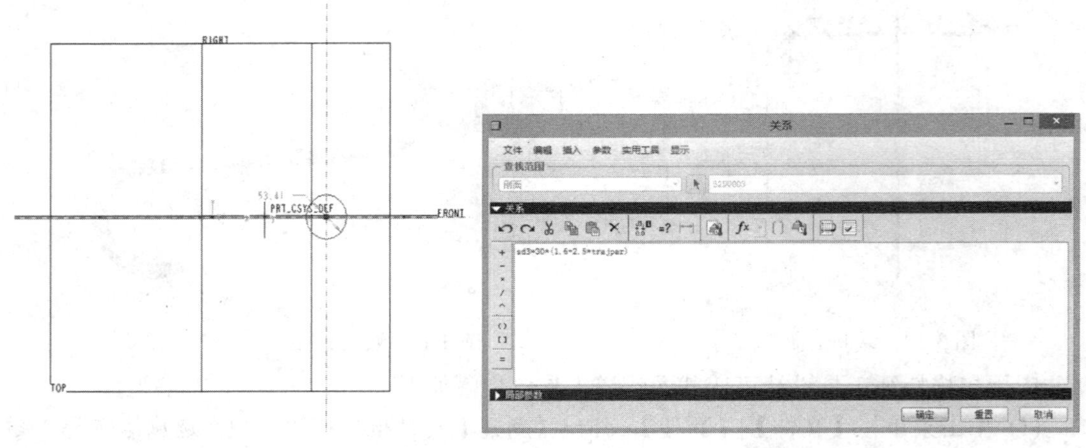

图 3-15 绘制剖面　　　　图 3-16 【关系】对话框

(6) 单击可变截面扫描操控板上的【完成】按钮，形成可变截面管道模型，如图 3-17 所示。

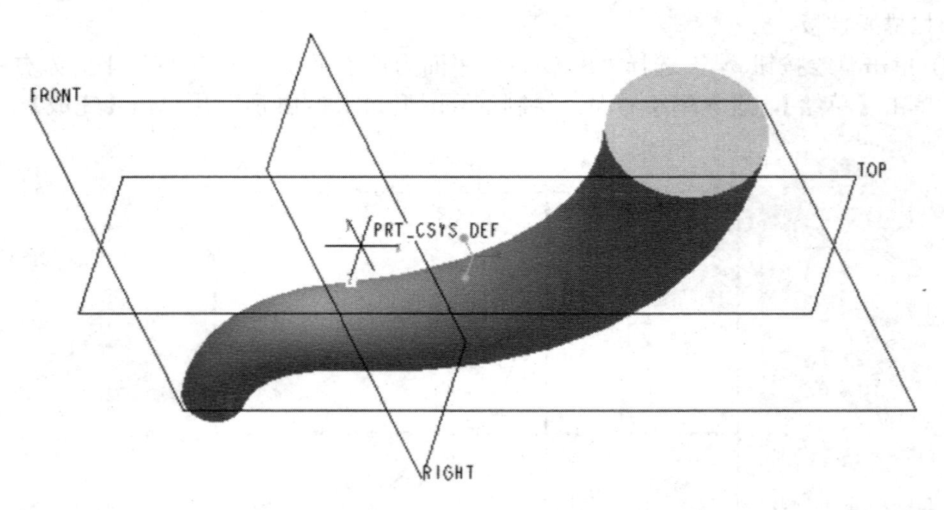

图 3-17 可变截面管道模型

3.1.4 混合特征

混合特征是将一组草绘截面的顶点顺次相连，进而形成的三维特征。混合特征类型分为平行混合特征、旋转混合特征、一般混合特征三种。三者之间的区别详见表 3-1。

表 3-1　不同类型混合特征

序号	混合特征类型	特　　点
1	平行混合特征	所有混合截面都位于草绘截面的多个平行平面上
2	旋转混合特征	混合截面绕 Y 轴旋转，最大角度可达 120°，每个截面都单独绘制，并通过截面坐标系对齐
3	一般混合特征	一般混合截面可以绕 X 轴、Y 轴、Z 轴旋转，也可以绕这 3 个轴平移。每个截面单独绘制，并通过截面坐标系对齐

应用混合特征设计陀螺造型，具体步骤如下：

(1) 单击菜单栏【文件】|【新建】弹出【新建】对话框，在“类型”选项组选择“零件”，在“子类型”选项组选择“实体”，在“名称”文本框输入 tz_5，选择公制模板 mmns_part_solid，点击【确定】，进入零件设计模式。

(2) 单击菜单栏【插入】|【混合】|【伸出项】，弹出【菜单管理器】。依次选择【平行】、【规则截面】、【草绘截面】，单击【完成】，弹出【伸出项：混合，平行，规则截面】对话框和【菜单管理器】。依次点击【菜单管理器】中的【光滑】、【完成】，弹出设置草绘平面的【菜单管理器】和【选取】对话框，单击绘图区域的“FRONT”为基准平面，点击【确定】，“草绘视图”选择“缺省”，这时可以看到【伸出项：混合，平行，规则截面】对话框“元素”中的箭头进入第二步“截面”，如图 3-18 所示。

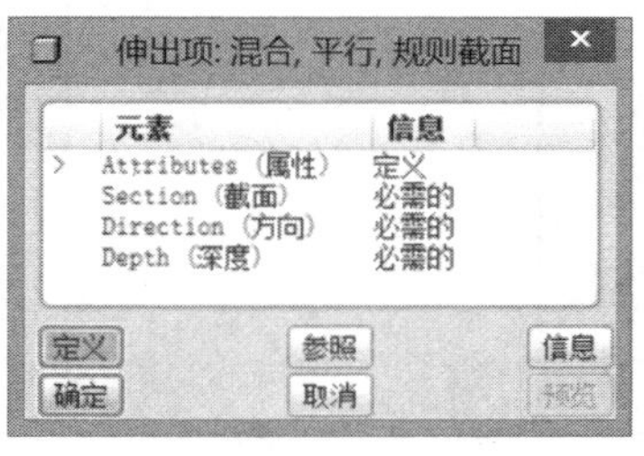

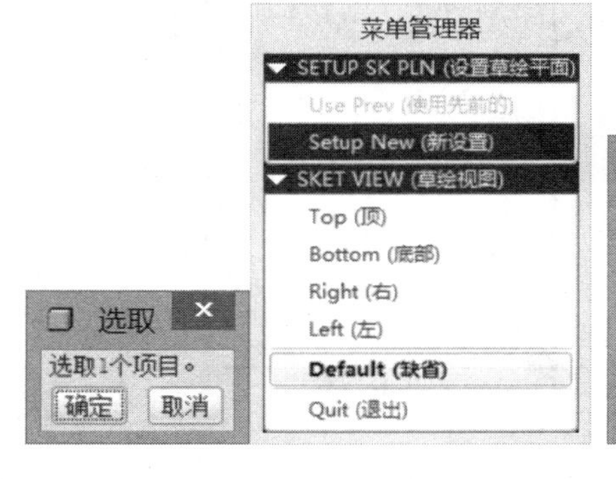

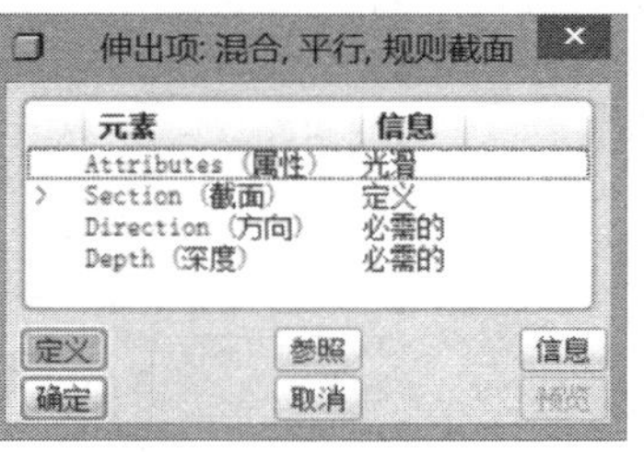

图 3-18　【伸出项：混合，平行，规则截面】对话框和【菜单管理器】

(3) 进入草绘模式后，绘制如图 3-19 所示的截面图形。

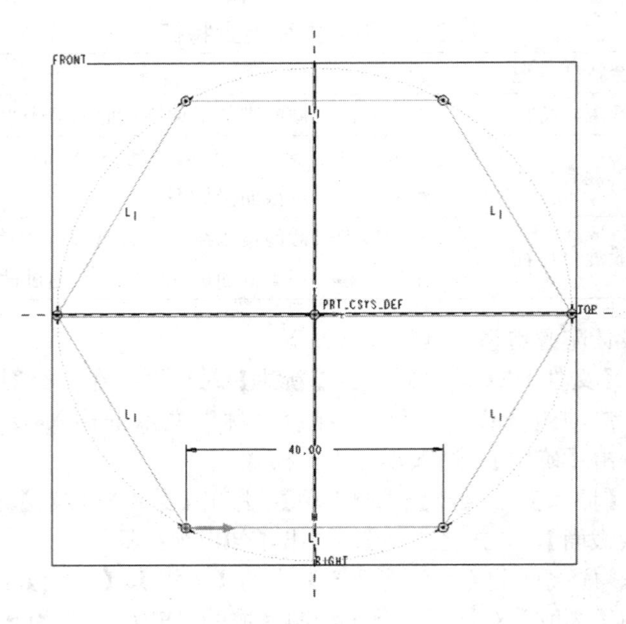

图 3-19 第一个截面图形

(4) 单击菜单栏【草绘】|【特征工具】|【切换截面】，绘制第二个截面图形，如图 3-20 所示。

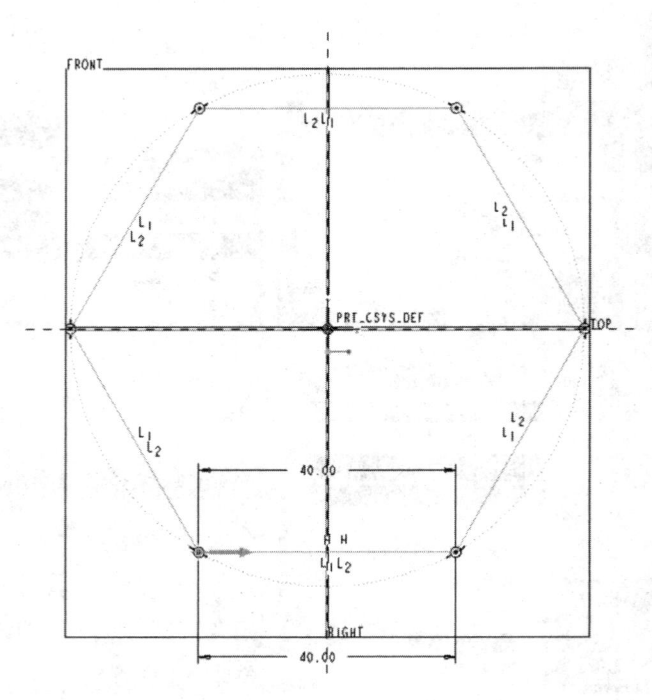

图 3-20 第二个截面图形

(5) 单击菜单栏【草绘】|【特征工具】|【切换截面】，绘制第三个截面图形，如图 3-21 所示。该截面只由一个点构成，即中心线交点。

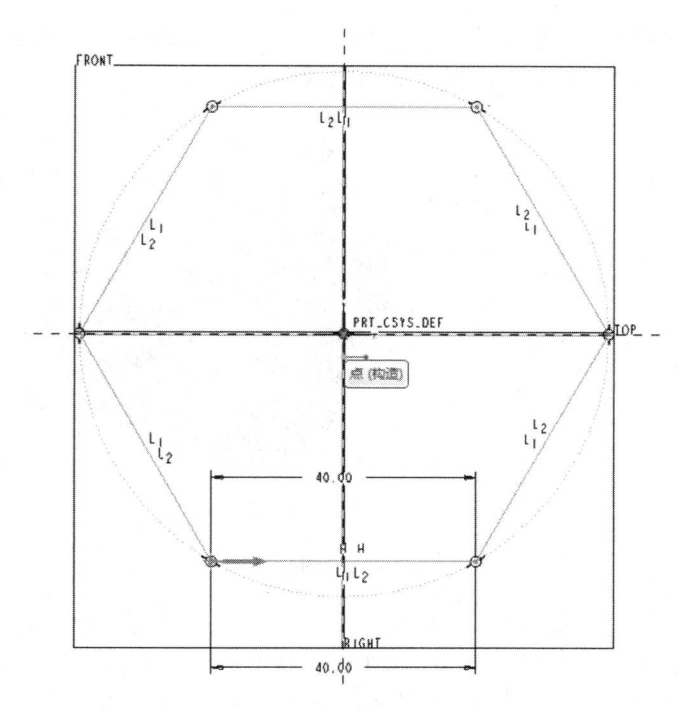

图 3-21　第三个截面图形

(6) 单击【完成】，在弹出的【菜单管理器】选择“盲孔(Blind)”，单击【Done(完成)】，如图 3-22 所示。

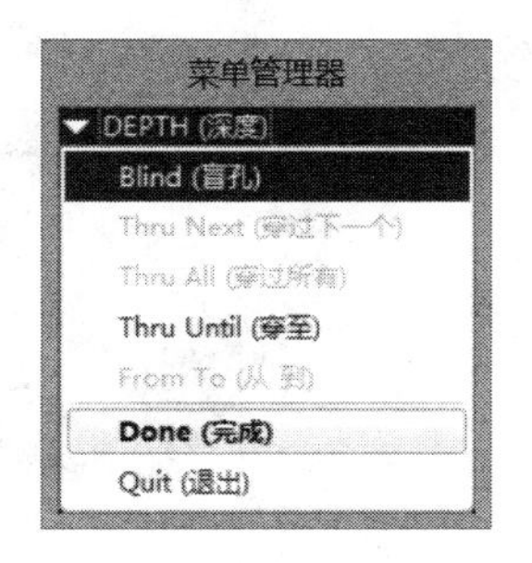

图 3-22　深度设置菜单管理器

(7) 在“输入截面 2 的深度”文本框里输入深度值 45，在“输入截面 3 的深度”文本框里输入深度值 30，如图 3-23 所示，单击接受值按钮 。

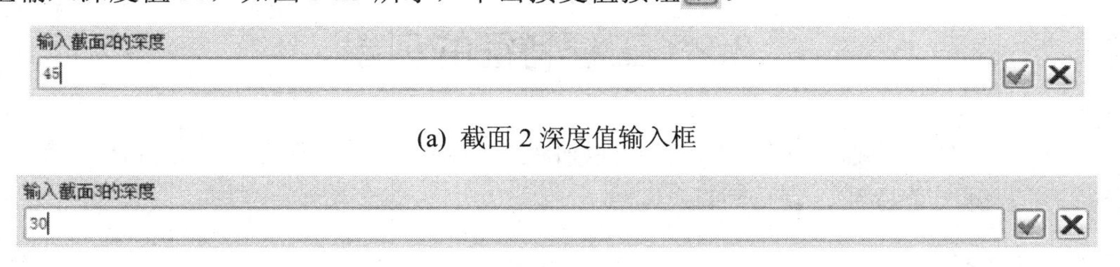

(a) 截面 2 深度值输入框

(b) 截面 3 深度值输入框

图 3-23　定义深度值

(8) 至此，【伸出项：混合，平行，规则截面】对话框的所有元素均已完成定义，单击【预览】，生成陀螺模型如图 3-24 所示。单击【确定】。

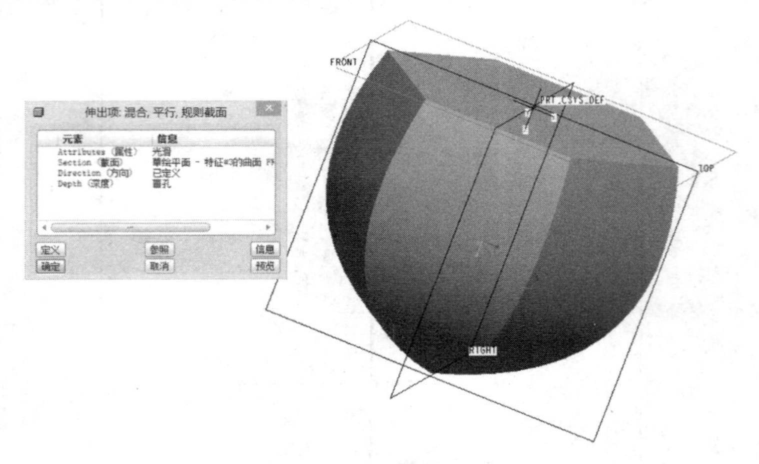

图 3-24　陀螺模型预览

(9) 当模型生成后，也可通过【伸出项：混合，平行，规则截面】对话框重新定义各个元素。例如单击【属性】|【定义】，在弹出的菜单管理器中把 Attributes【属性】设置为【直】，单击【完成】，再单击【伸出项：混合，平行，规则界面】对话框的【预览】按钮，重新生成模型，如图 3-25 所示。单击【确定】。

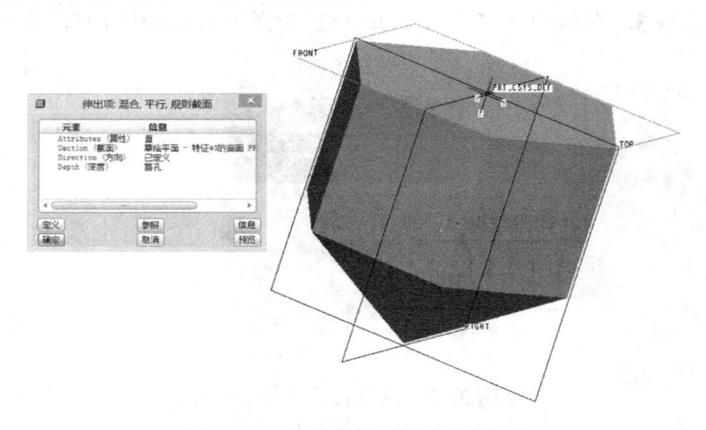

图 3-25　更改属性后的陀螺模型

3.2　工程特征的创建

工程特征是在基础特征等的基础上创建的。工程特征包括孔特征、壳特征、筋特征、拔模特征、倒圆角特征、倒角特征等。

3.2.1　孔特征

孔特征是最为常见的工程特征，它主要通过在基础特征基础上去除材料而形成。孔特征一般分为简单孔和标准孔两种类型。简单孔又可以根据孔的轮廓的不同分为使用预定义的矩形作为钻孔轮廓、使用草绘定义钻孔轮廓、使用标准孔轮廓作为钻孔轮廓。标准孔是基于符合工业标准规格的孔型创建的。

1．应用孔特征工具创建简单直孔

应用孔特征工具创建简单直孔，步骤如下：

(1) 单击菜单栏【文件】|【新建】，弹出【新建】对话框，在“类型”选项组选择“零件”，在“子类型”选项组选择“实体”，在“名称”文本框输入 ktz_1，选择公制模板 mmns_part_solid，点击【确定】，进入零件设计模式。

(2) 单击菜单栏【插入】|【拉伸】，弹出拉伸操控板，以“FRONT”为基准平面，绘制草绘截面，如图 3-26 所示。设置拉伸深度为 30，单击【完成】。

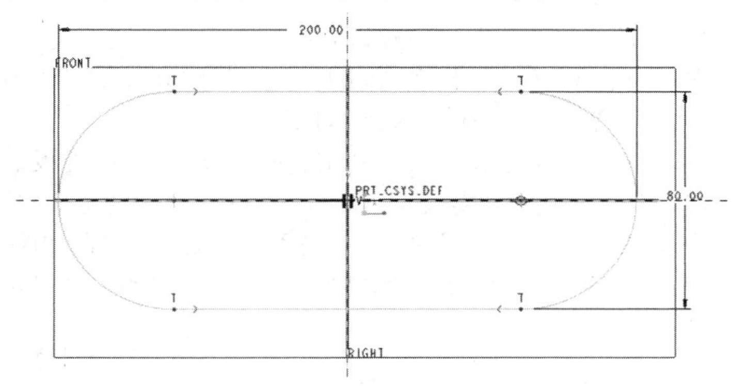

图 3-26　草绘截面

(3) 单击工具栏孔工具按钮，弹出孔工具操控板，单击操控板上的创建简单孔按钮，接着单击按钮，使用预定义矩形作为钻孔轮廓，在钻孔直径输入框输入 10，深度选项列表框中选择穿透选项。

(4) 单击操控板上的“放置”选项卡，单击“放置”收集器，在绘图区域选择实体表面作为孔轮廓的主放置参照。单击“偏移参照”收集器，选择“曲面：F5”和“RIGHT”为偏移参照，设置偏移距离分别为 10 和 60，放置类型默认为“线性”，如图 3-27 所示。

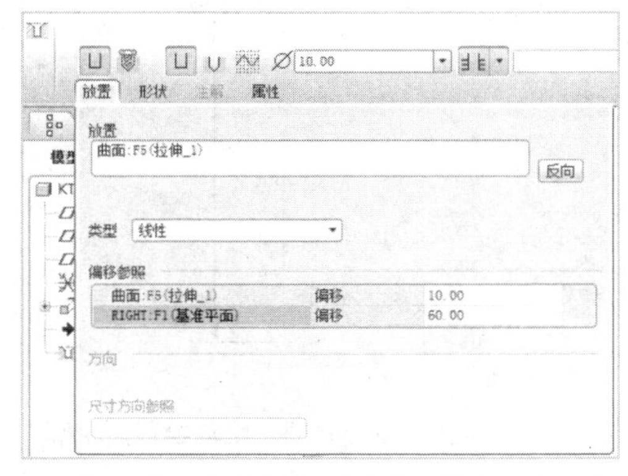

(a) 在“放置”选项卡里设置“放置”参照和“偏移参照”

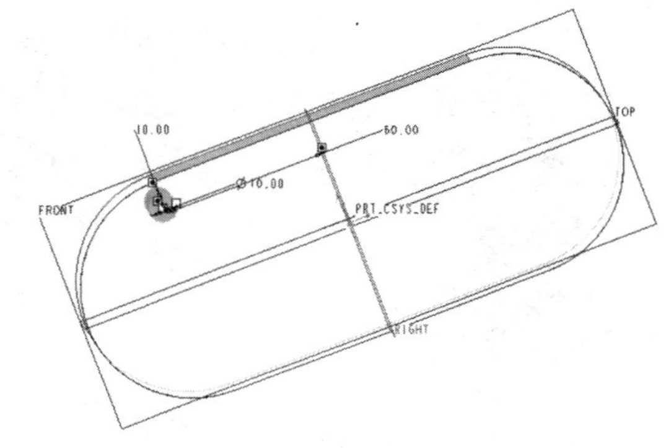

(b) 选择“曲面：F5”和“RIGHT”为偏移参照时的模型

图 3-27　“放置”选项卡的设置及模型

(5) 单击操控板上的✓按钮，创建的简单直孔如图 3-28 所示。

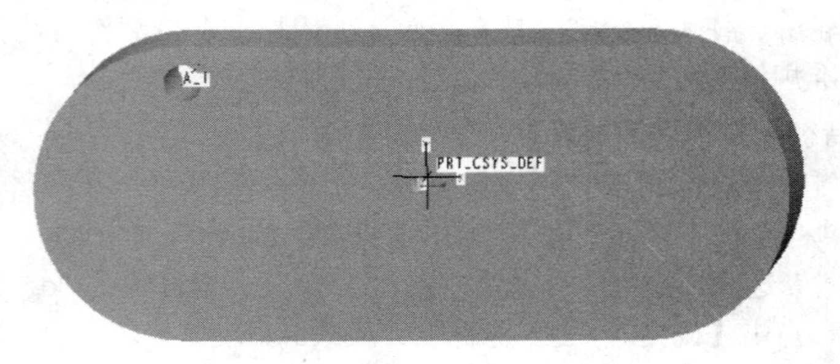

图 3-28 简单直孔

2．应用孔特征草绘孔的方式创建孔

应用孔特征草绘孔的方式创建孔，步骤如下：

(1) 单击菜单栏【文件】|【打开】，弹出【打开】对话框，选择范例中文件名为 ktz_1 的模型文件，点击【确定】，打开如图 3-29 所示模型。

(2) 单击工具栏的孔工具按钮，弹出孔工具操控板，单击操控板上的创建简单孔按钮，接着单击按钮，使用草绘定义钻孔轮廓。

(3) 单击按钮，激活草绘器以创建剖面，进入草绘模式。绘制如图 3-30 所示的草绘截面图形，单击完成按钮✓。注意，在绘制时需绘制一根中心线作为孔的轴线。

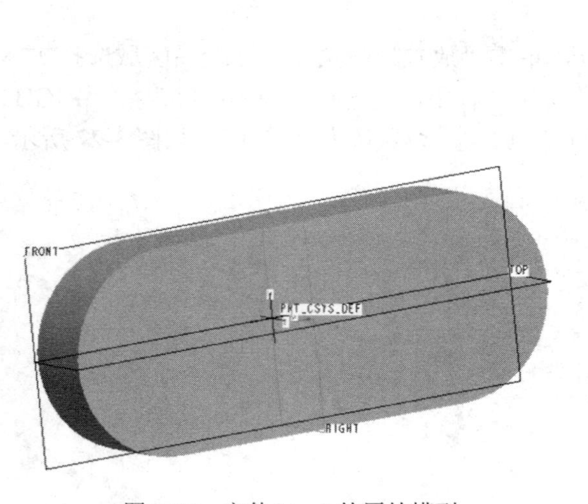

图 3-29 文件 ktz_1 的原始模型

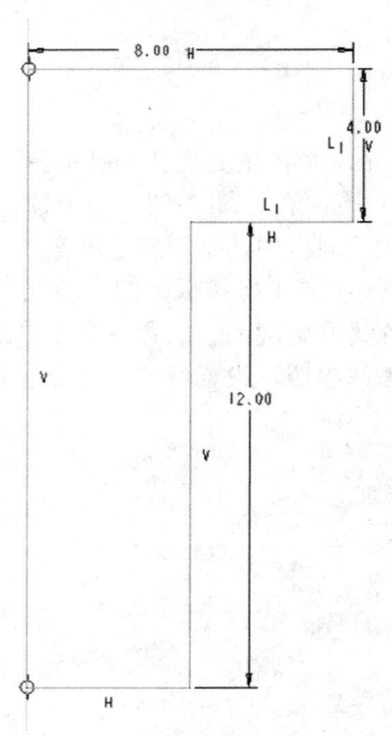

图 3-30 草绘孔的二维草绘截面轮廓

(4) 单击操控板上的“放置”选项卡，单击“放置”收集器，在绘图区域选择实体表面作为孔轮廓的主放置参照，单击“偏移参照”收集器，选择“RIGHT”和“曲面：F5”为偏移参照，设置偏移距离分别为 20 和 30，放置类型默认为“线性”，如图 3-31 所示。

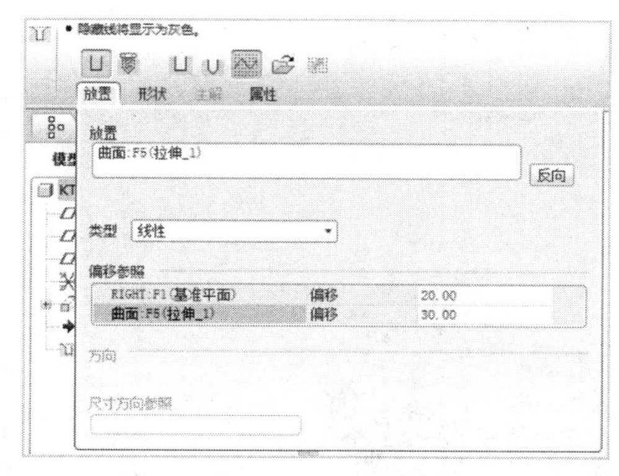

(a) 在“放置”选项卡里设置“放置”参照和“偏移”参照

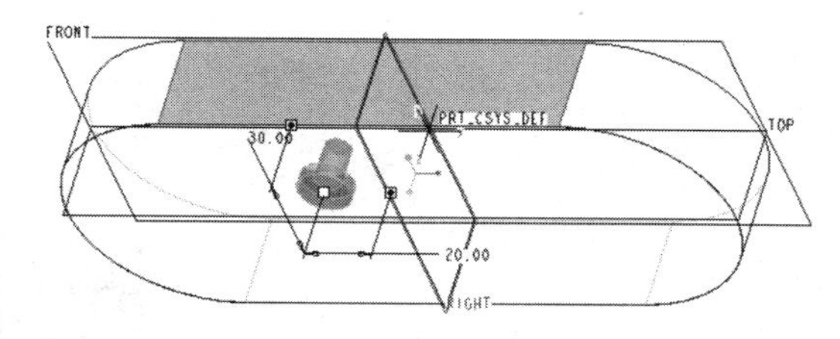

(b) 选择“曲面：F5”和“RIGHT”为偏移参照时的模型

图 3-31　“放置”选项卡的设置及模型

(5) 单击完成按钮，创建的草绘孔如图 3-32 所示。

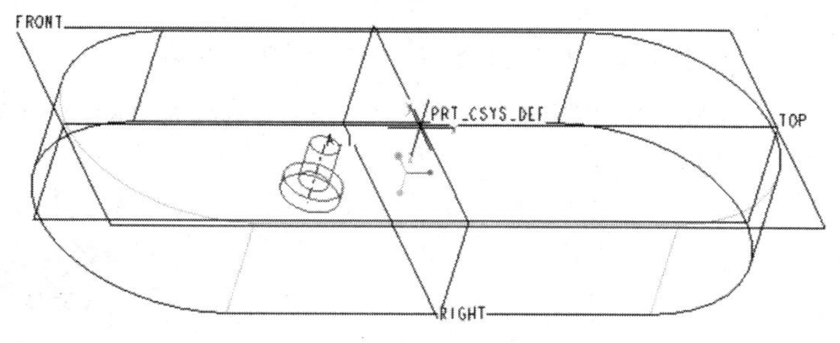

图 3-32　草绘孔

3．应用孔特征的标准孔方法创建孔

应用孔特征的标准孔方法创建标准孔，步骤如下：

(1) 单击菜单栏【文件】|【打开】，弹出【打开】对话框，选择范例中文件名为 ktz_2 的模型文件，点击【确定】，打开如图 3-33 所示模型。

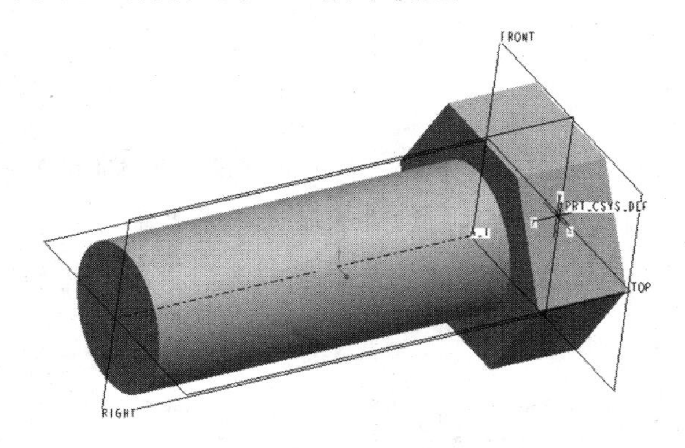

图 3-33　打开文件 ktz_2 的原始模型

(2) 单击工具栏中的孔工具按钮，弹出孔工具操控板，单击操控板上的创建标准孔按钮，单击添加攻丝按钮，在螺纹系列下拉选项里面选择 ISO，在螺钉尺寸下拉菜单中选择 M8 × 1，在钻孔深度值输入框输入 20，单击添加沉头孔按钮。单击操控板中

的“形状”选项卡，设置沉头孔直径、螺纹深度等，如图 3-34 所示。

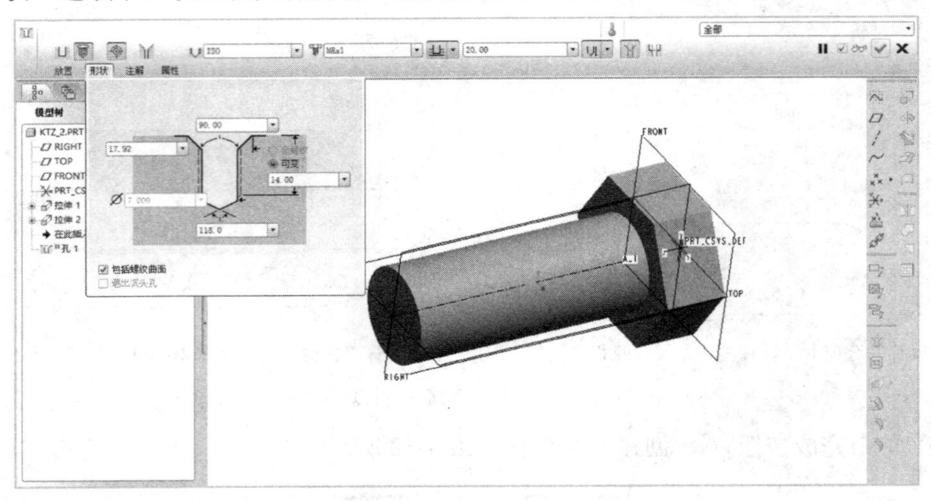

图 3-34 【孔工具】操控板和“形状”选项卡

(3) 单击孔工具操控板上的“放置”选项卡，选择六角端面“曲面：F5”和“A_1(轴)”作为放置参照，如图 3-35 所示。

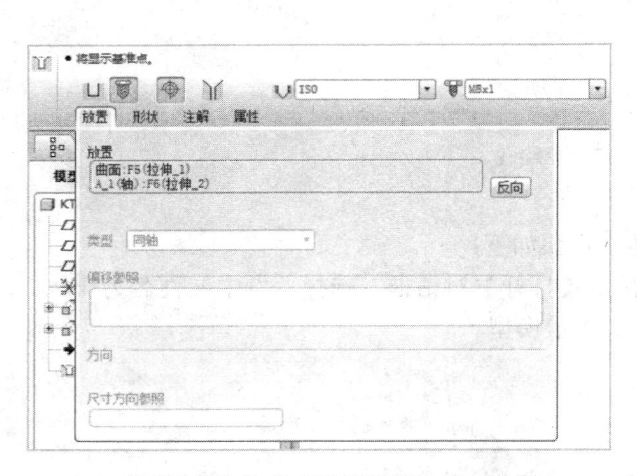

(a) 在“放置”选项卡里设置“放置”参照

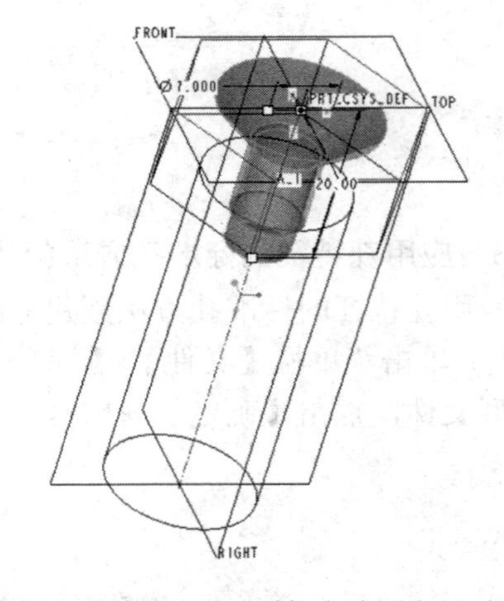

(b) 选择六角端面和 A_1(轴)为放置参照时的模型

图 3-35 “放置”选项卡的设置及模型

(4) 单击孔工具操控板上的“注解”选项卡，选中“添加注解”复选框，如图 3-36 所示。

图 3-36 “注解”选项卡

(5) 单击操控板上的完成按钮☑，创建标准螺纹孔，如图 3-37 所示。

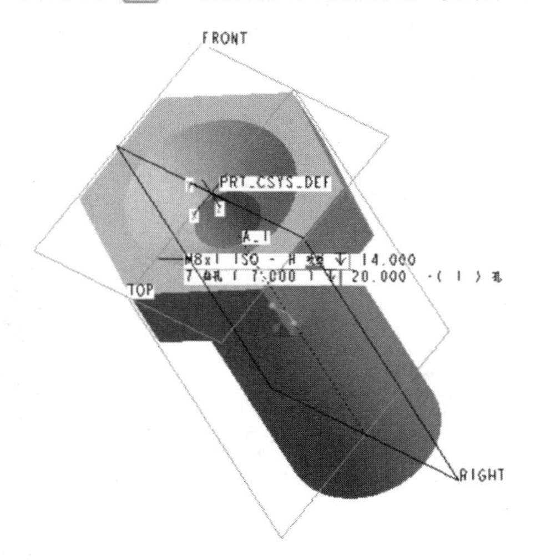

图 3-37　标准螺纹孔

技术要点

当收集器中需要设置多个参照时，需要按住 Ctrl 键再选择参照，方能同时收集多个参照。

3.2.2　壳特征

创建壳特征就是将实体内部掏空，而只留一个特定壁厚的壳。创建壳特征时，可以为其指定开口面，即指定要从壳移除的一个或多个曲面，不同曲面可以设定不同的厚度。下面介绍壳特征的创建步骤。

(1) 单击菜单栏【文件】|【打开】，弹出【打开】对话框，选择范例中文件名为 ketz_1 的模型文件，点击【确定】，打开如图 3-38 所示模型。

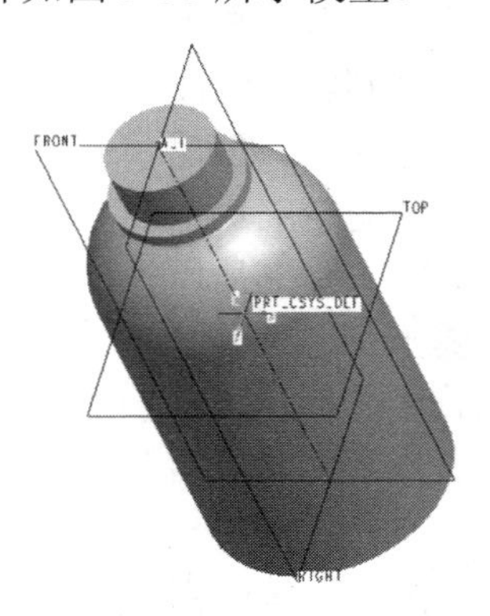

图 3-38　文件 ketz_1 的原始模型

(2) 单击工具栏中的壳工具按钮回，弹出壳工具操控板，在“厚度”输入框输入 2，单击“参照”选项卡，单击“移除的曲面”收集器，在绘图区域选择“曲面：F5”作为移除曲面，在“非缺省厚度”收集器选择“曲面：F5”，设置非缺省厚度值为 6，如图 3-39 所示。

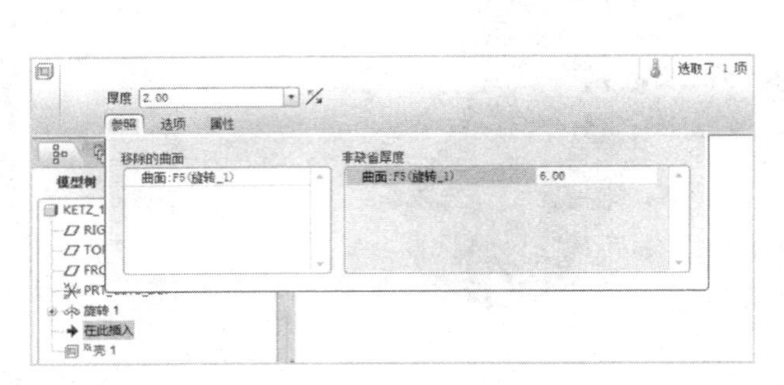

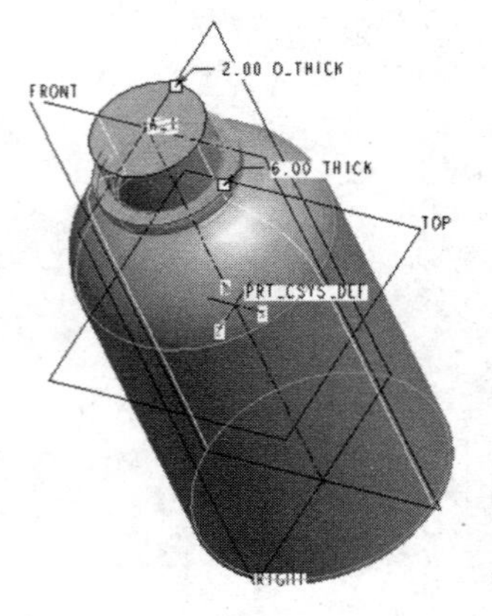

图 3-39　“参照”选项卡的设置及选定移除曲面时的模型

(3) 单击完成按钮，创建壳特征后的瓶子模型如图 3-40 所示。

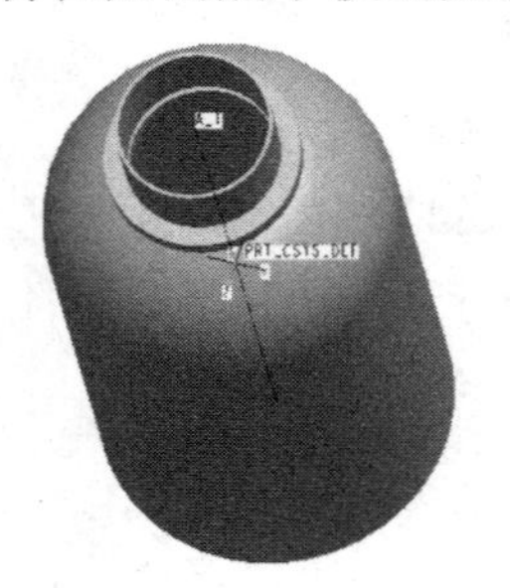

图 3-40　创建壳特征后的瓶子模型

3.2.3 筋特征

筋特征经常用在需要增加刚度或加固的零件上，分为轮廓筋和轨迹筋两种。轮廓筋有两种形式，分别为直筋和旋转筋。直筋连接到实体的面是平面，而旋转筋连接实体的部分是曲面。创建轮廓筋特征时，可以相对于父项特征的轮廓草绘筋的剖面，然后向草绘平面的一侧或者两侧加厚草绘。下面介绍筋特征的创建步骤。

(1) 单击菜单栏【文件】|【打开】，弹出【打开】对话框，选择范例中文件名为 Jtz_1 的模型文件，点击【确定】，打开如图 3-41 所示模型。

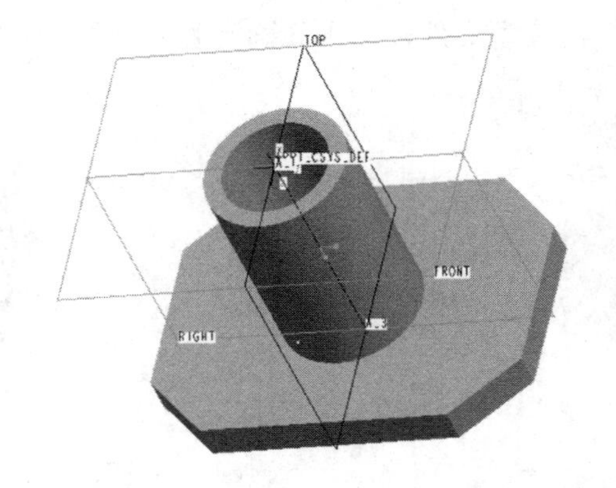

图 3-41　文件 Jtz_1 的原始模型

(2) 单击工具栏中的轮廓筋按钮，弹出轮廓筋操控板，单击“参照”选项卡，单击“定义”，弹出【草绘】对话框，在绘图区域选择“RIGHT”平面为草绘平面，选择“TOP”为右方向参照平面，如图 3-42 所示，单击【草绘】，进入草绘模式。

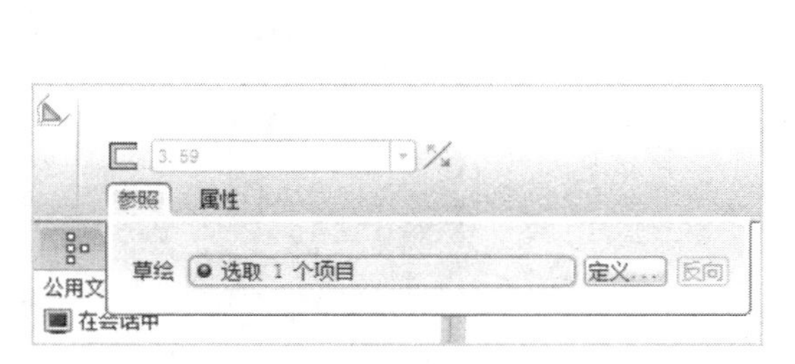

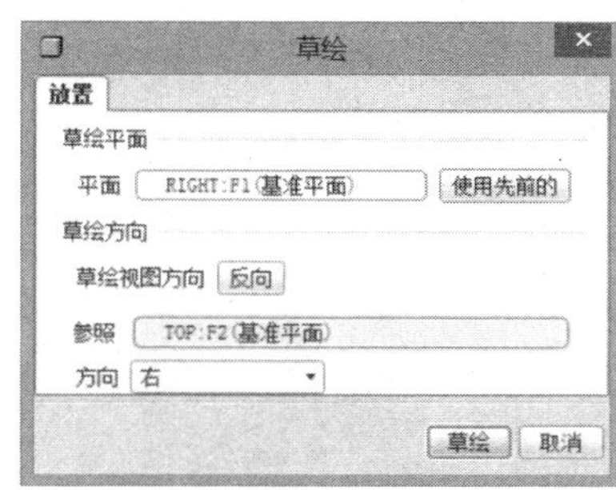

图 3-42　轮廓筋操控板的“参照”选项卡和【草绘】对话框

(3) 单击菜单栏【草绘】|【参照】，弹出【参照】对话框，选择实体边界面作为草绘参照，如图 3-43 所示。

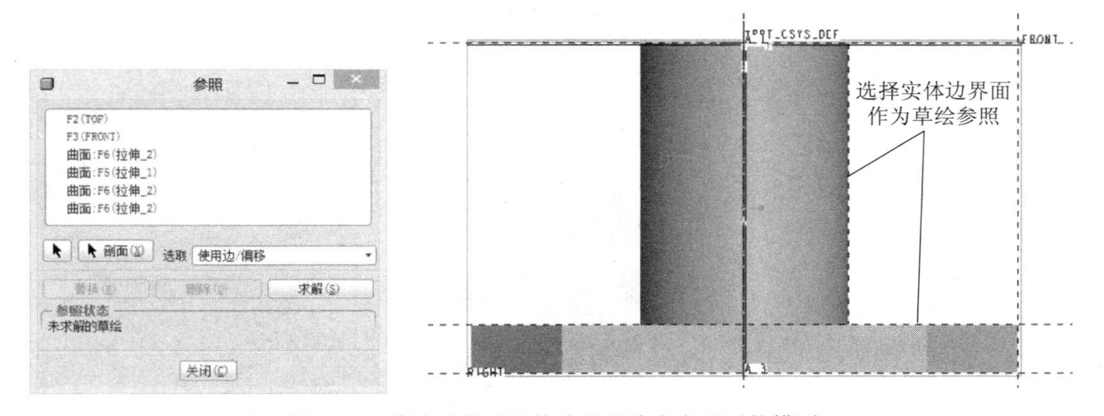

图 3-43　草绘“参照”的选择及选定参照后的模型

(4) 绘制如图 3-44 所示的线段，线段的两个端点分别连接到曲面和底座端面上，从而形成一个封闭的区域，单击完成按钮。

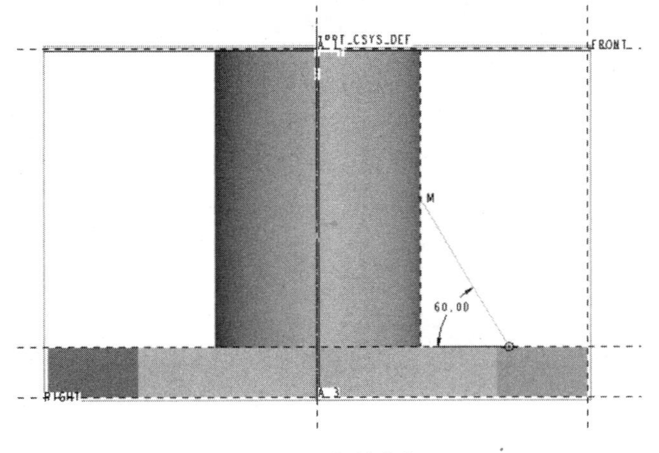

图 3-44　绘制线段

(5) 在筋厚度输入框输入 35，当出现筋形成箭头方向背离封闭区域时，可以在绘图区域单击箭头实现反向，如图 3-45 所示。

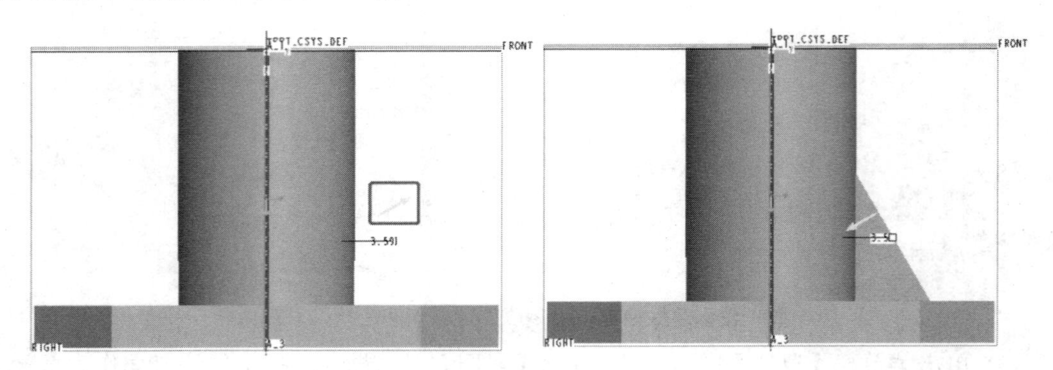

图 3-45　更改筋形成方向

(6) 在轮廓筋操控板上单击✔，形成轮廓筋如图 3-46 所示。

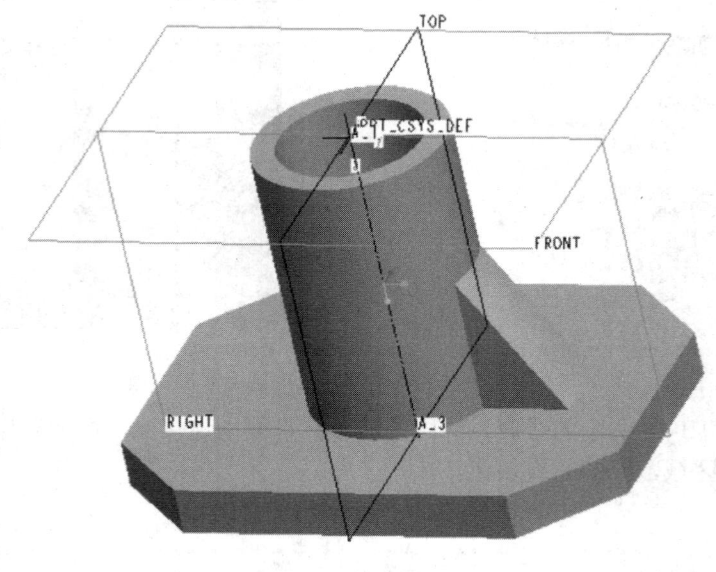

图 3-46　轮廓筋

技术要点

有效的轮廓筋必须满足以下几点：

(1) 单一的开放环。

(2) 连续非相交的草绘图元。

(3) 草绘端点必须在形成封闭区域的连接曲面或平面上。

3.2.4 拔模

在工业制造领域，在注塑件、铸造件零件的制造工艺中通常需要在成品与模具型腔之间引入一定大小的倾斜角，这就是拔模特征。对于拔模，应掌握与之相关的专业术语，如表 3-2 所示。

表 3-2　拔模专业术语

序号	术语名称	定　　义
1	拔模曲面	要拔模的曲面
2	拔模枢轴	曲面围绕其旋转的拔模曲面上的线或曲线
3	拖动方向	用于测量拔模角度的方向，通常是模具开模的方向。
4	拔模角度	拔模方向与生成的拔模曲面之间的角度。

下面介绍拔模特征的创建步骤。

(1) 单击菜单栏【文件】|【打开】，弹出【打开】对话框，选择范例中文件名为 bmtz_1 的模型文件，点击【确定】，打开如图 3-47 所示模型。

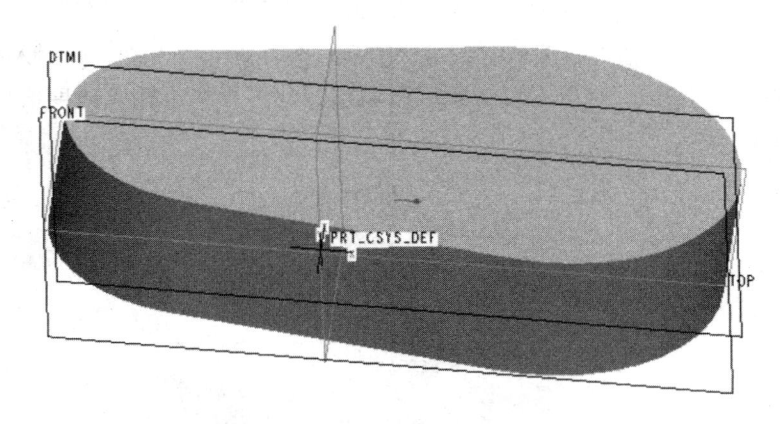

图 3-47　文件 bmtz_1 的原始模型

(2) 单击工具栏中的拔模按钮，弹出拔模操控板，单击“参照”选项卡，单击“拔模曲面”收集器，按住 Ctrl 键依次选择侧面的各个曲面，单击“拔模枢轴”收集器，在绘图区域选择“DTM1”作为拔模枢轴，设置“拖拉方向”为默认方向，如图 3-48 所示。

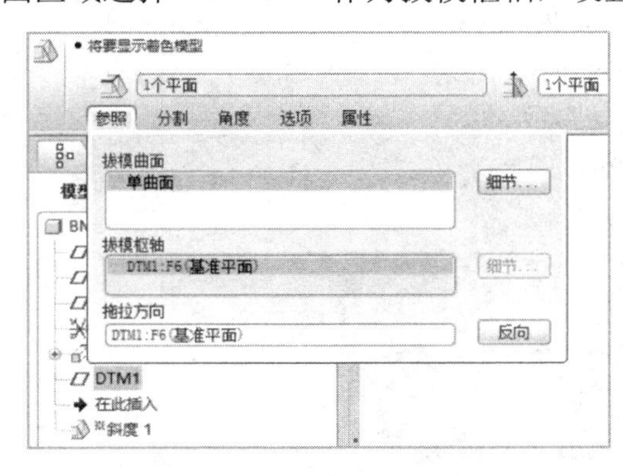

(a) “参照”选项卡的设置

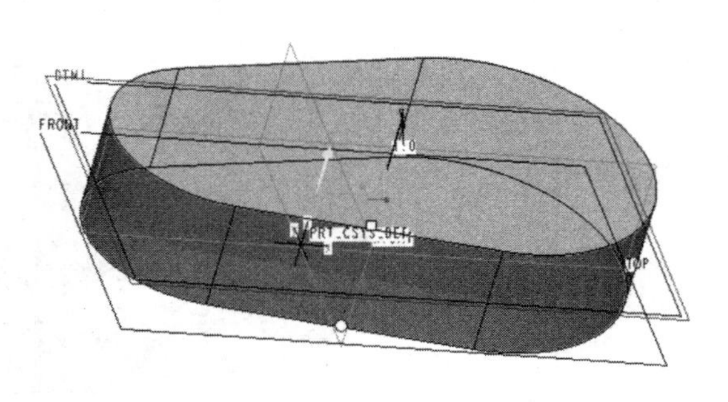

(b) 选择“DTM1”作为拔模枢轴

图 3-48　“参照”选项卡的设置及选定拔模枢轴时的模型

(3) 单击拔模操控板上的“分割”选项卡，在“分割选项”下拉菜单中选择“根据拔模枢轴分割”，在“侧选项”下拉菜单中选择“独立拔模侧面”，如图 3-49 所示。

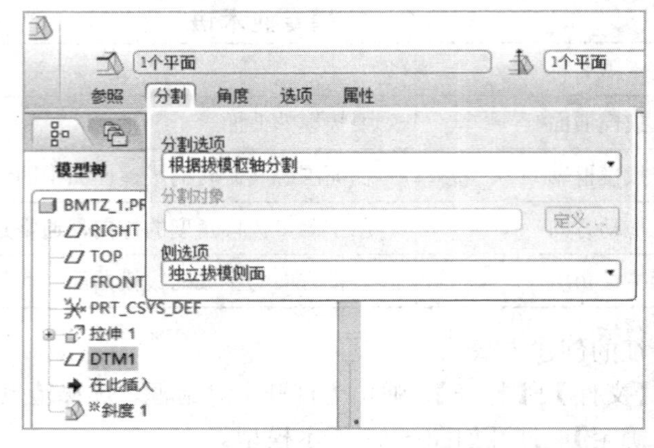

图 3-49　拔模操控板上的“分割”选项卡

(4) 在第一个“角度值”输入框输入 8，在第二个“角度值”输入框输入 6。单击角度值输入框右侧的按钮 ，可用于反转角度以添加或移除材料。输入角度值后的拔模效果如图 3-50 所示。

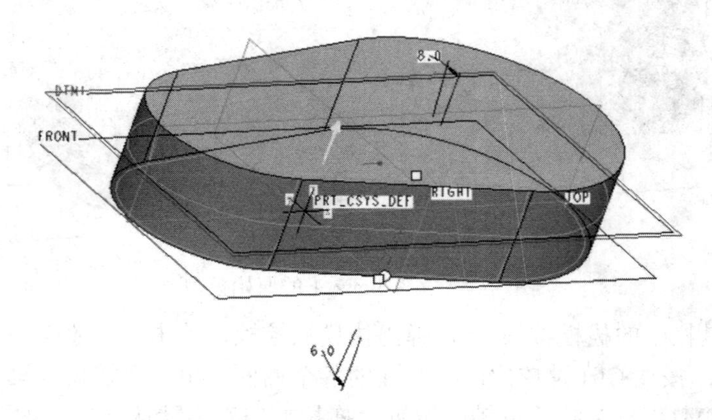

图 3-50　输入角度值后的拔模效果

(5) 单击【完成】，创建拔模特征后的模型如图 3-51 所示。

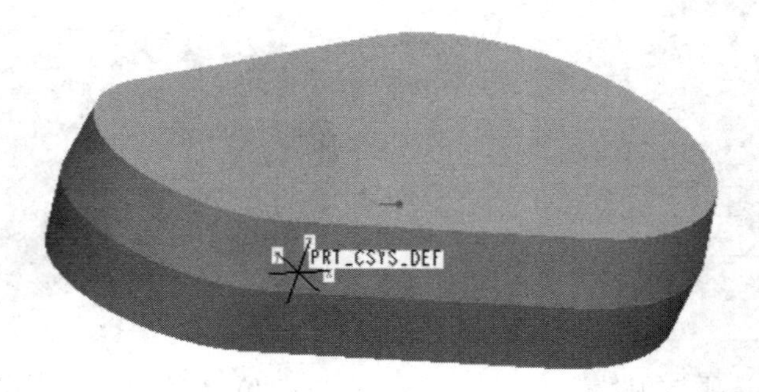

图 3-51　拔模特征

技术要点

仅当曲面是由列表圆柱面或平面形成时，才可以拔模；当曲面边的边界周围有圆角时不能拔模，但是可以先拔模，后对边进行圆角过渡操作。

3.2.5　倒圆角

倒圆角特征是在一条或多条边、边链或曲面之间添加半径创建的特征。倒圆角特征包括恒定圆角、可变圆角、完全倒圆角和由曲线驱动的倒圆角等几种类型，如图 3-52 所示。

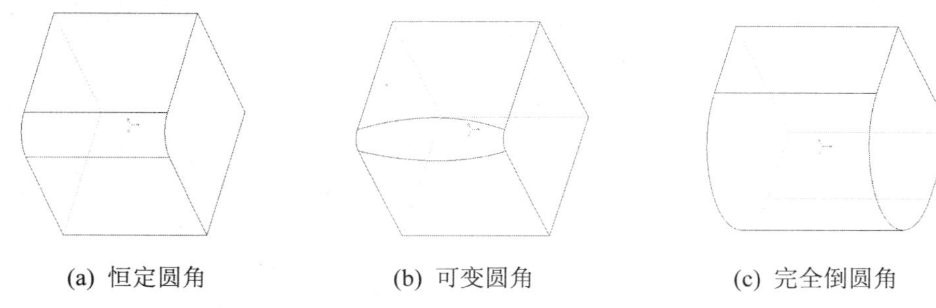

(a) 恒定圆角　　(b) 可变圆角　　(c) 完全倒圆角

图 3-52　倒圆角的几种常见类型

1．恒定圆角特征的创建

下面介绍恒定圆角特征的创建步骤。

(1) 单击菜单栏【文件】|【打开】，弹出【打开】对话框，选择范例中文件名为 dyjtz_1 的模型文件，点击【确定】，打开如图 3-53 所示模型。

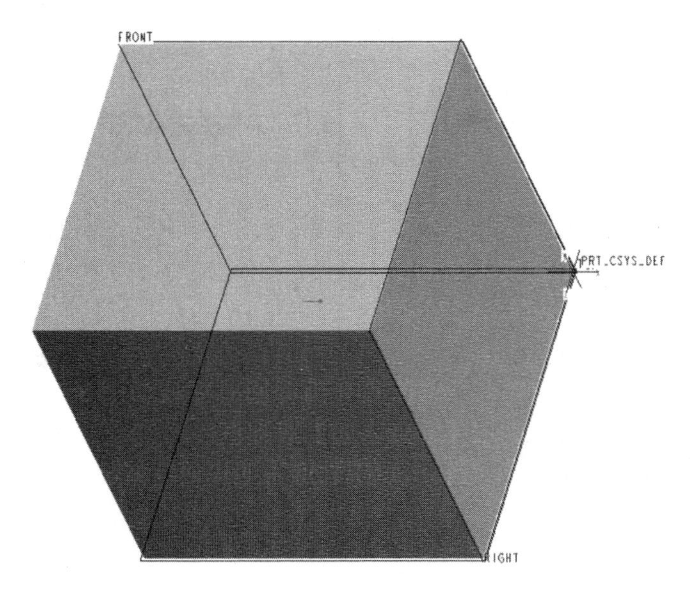

图 3-53　文件 dyjtz_1 的原始模型

(2) 单击工具栏中的倒圆角按钮，或者单击菜单栏【插入】|【倒圆角】，弹出倒圆角操控板，单击“集”选项卡，单击“参照”收集器，在绘图区域选择一条棱边，在“半径”表中修改半径值为 2，如图 3-54 所示。

(3) 单击完成按钮，形成的恒定圆角如图 3-55 所示。

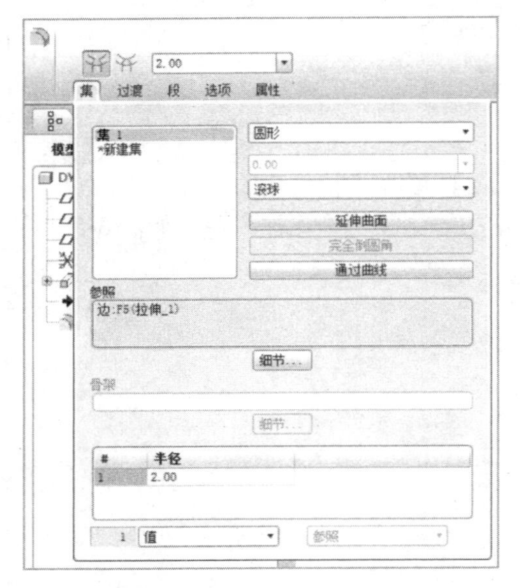

(a) “集”选项卡的设置

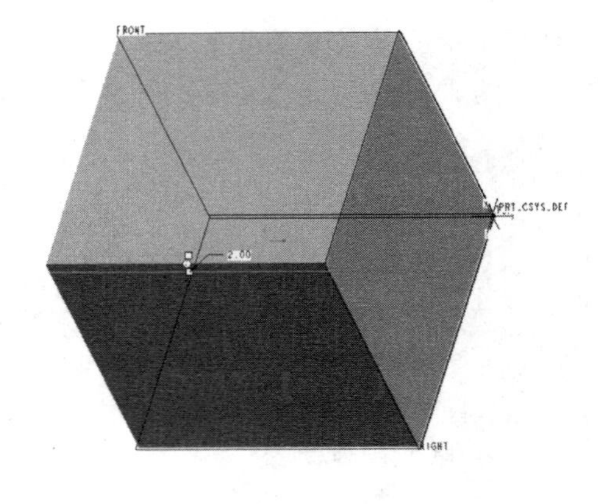

(b) 在绘图区域选择一条棱边作为参照

图 3-54 “集”选项卡的设置及选定参照时的模型

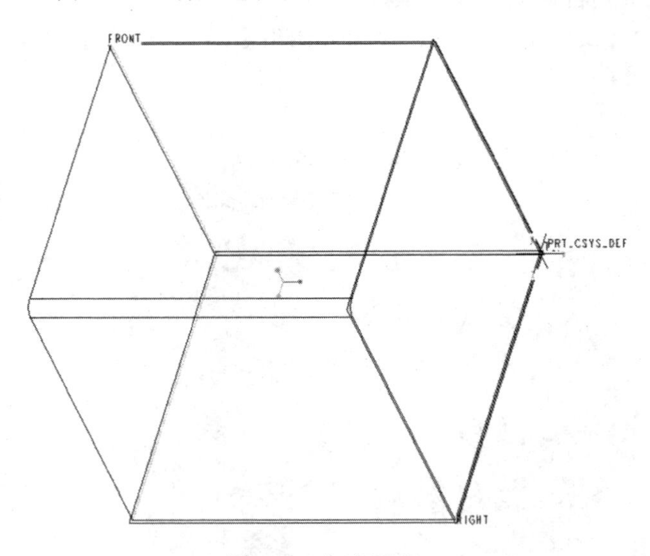

图 3-55 恒定圆角

2. 可变圆角特征的创建

下面介绍可变圆角特征的创建步骤。

(1) 单击菜单栏【文件】|【打开】，弹出【打开】对话框，选择范例中文件名为 dyjtz_1 的模型文件，点击【确定】，打开如图 3-53 所示模型。

(2) 单击工具栏中的倒圆角按钮，或者单击菜单栏【插入】|【倒圆角】，弹出倒圆角操控板，单击“集”选项卡，单击“参照”收集器，在绘图区域选择一条棱边，在“半径”表中修改半径值为4，右键单击半径，出现“添加半径”选项，选中“添加半径”，添加另一个端点处的半径为4，中点处的半径为8，如图3-56所示。

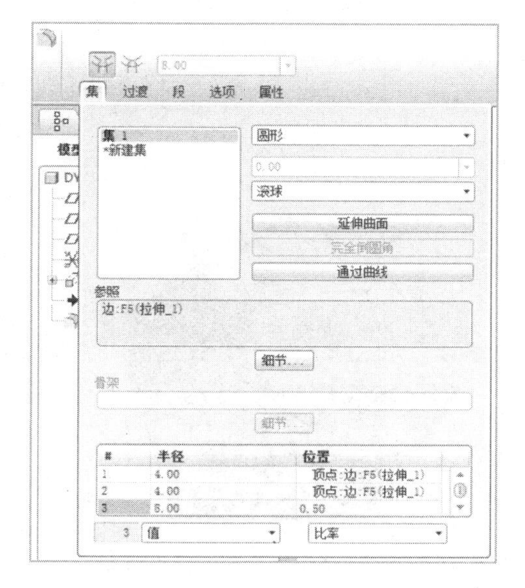

(a) 在“集”选项卡中设置“参照”和“半径”

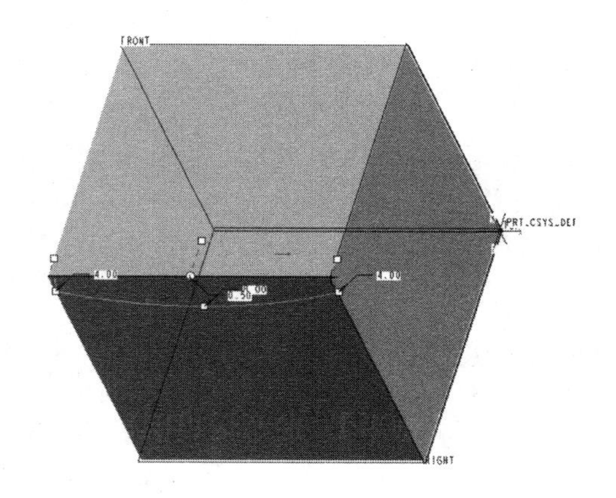

(b) 选择一条棱边作为倒圆角参照

图3-56　“集”选项卡的设置及选择棱边作为倒圆角参照时的模型

(3) 单击完成按钮✔，形成的可变圆角如图3-57所示。

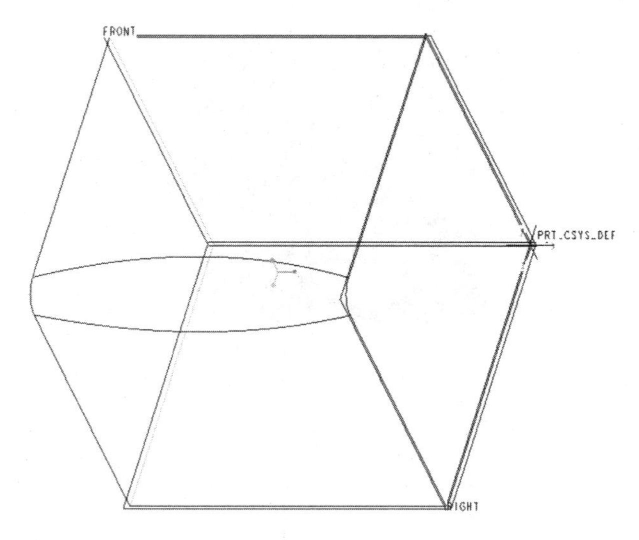

图3-57　可变圆角

3．完全倒圆角特征的创建

下面介绍完全倒圆角特征的创建步骤。

(1) 第(1)步与可变圆角特征的创建一致。

(2) 单击工具栏中的倒圆角按钮，或者单击菜单栏【插入】|【倒圆角】，弹出倒圆角操控板，单击“集”选项卡，单击“参照”收集器，在绘图区域选择平行的两条棱边，单击“完全倒圆角”，如图 3-58 所示。

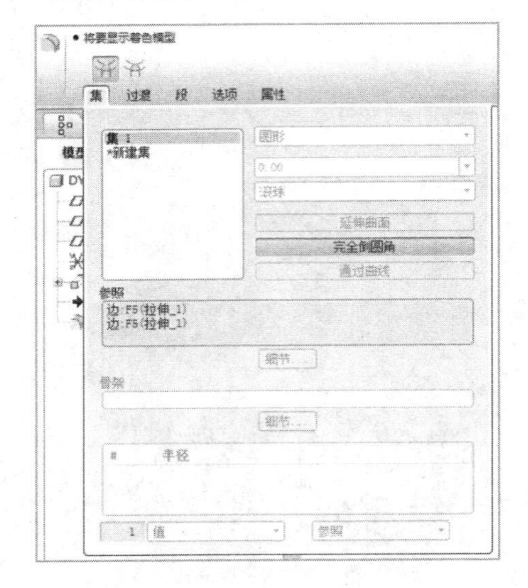

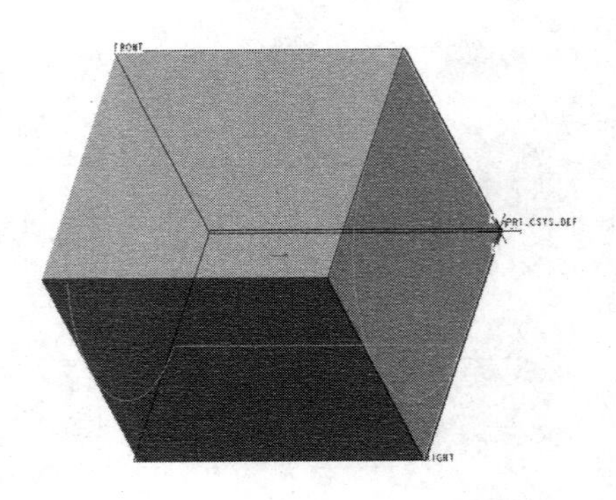

(a) 在“集”选项卡中设置“参照”　　(b) 选择两条棱边作为完全倒圆角参照

图 3-58　“集”选项卡的设置及选定倒圆角参照时的模型

(3) 单击完成按钮，形成的完全倒圆角如图 3-59 所示。

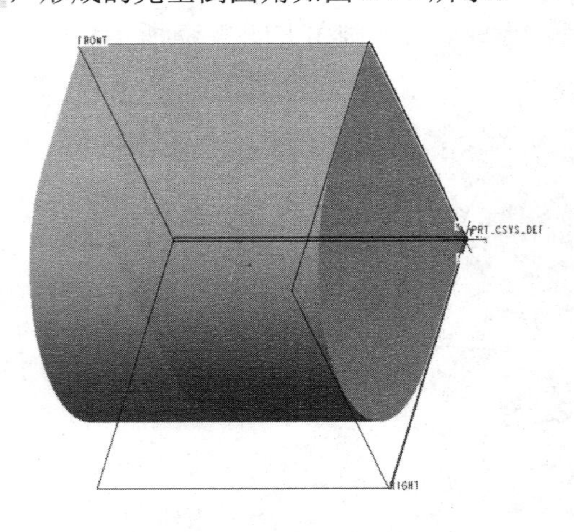

图 3-59　完全倒圆角

3.2.6　倒角

在模型中创建倒角特征，是处理模型周围棱角的方法之一，操作方法与倒圆角类似。Creo 5.0 提供了边倒角和拐角倒角两种类型。边倒角沿着所选边创建斜面，而拐角倒角沿着 3 条边的交点处创建斜面。下面介绍创建倒角特征的步骤。

(1) 单击菜单栏【文件】|【打开】，弹出【打开】对话框，选择范例中文件名为 dyjtz_1 的模型文件，点击【确定】，打开如图 3-53 所示模型。

(2) 单击工具栏中的边倒角按钮，或者单击菜单栏【插入】|【倒角】|【边倒角】，弹出倒角操控板，在标准形式下拉菜单中选择“D×D”，单击“集”选项卡，单击“参照”收集器，在绘图区域选择一条棱边，修改半径值为 3，如图 3-60 所示。

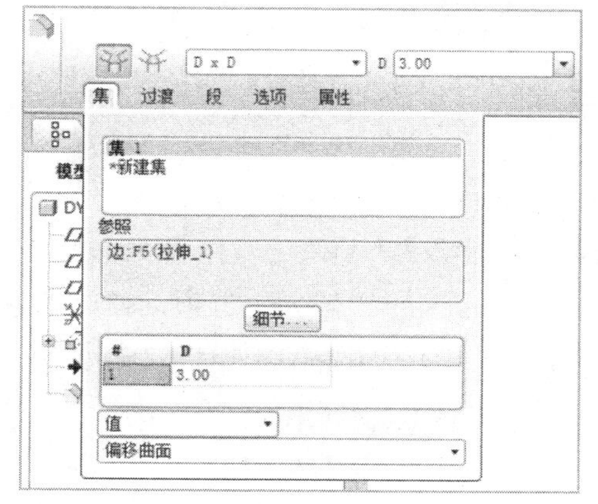

(a) 在“集”选项卡中设置“参照”

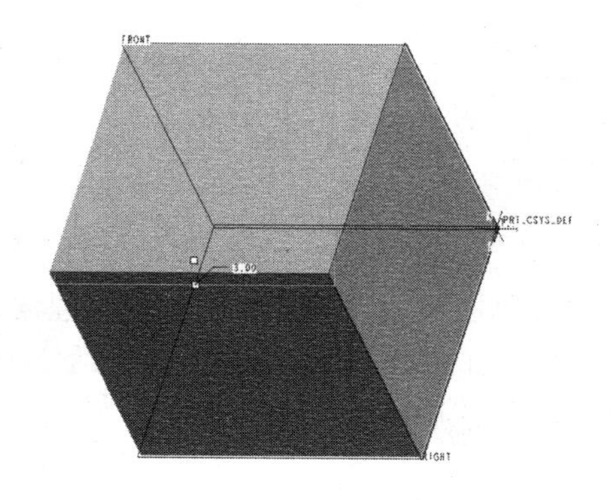

(b) 选择一条棱边作为边倒角参照

图 3-60　“集”选项卡的设置及选定边倒角参照时的模型

(3) 单击完成按钮✔，形成的边倒角如图 3-61 所示。

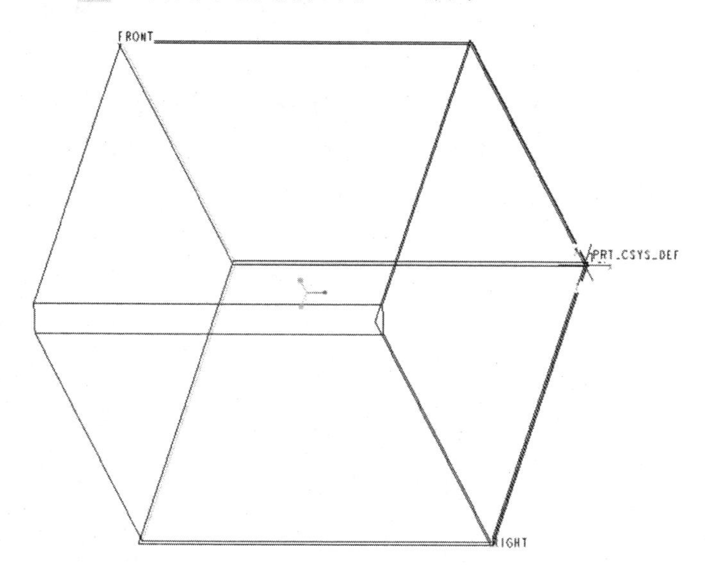

图 3-61　边倒角

(4) 若要绘制拐角倒角，则在第(2)步中应单击菜单栏【插入】|【倒角】|【拐角倒角】，弹出【倒角(拐角)：拐角】对话框，在绘图区域选择棱边 1，弹出【菜单管理器】，单击“Enter-input(输入)”选项(如图 3-62)，弹出【输入沿加亮边标注的长度】对话框，在对话框中输入长度值 20，单击☑，如图 3-63 所示。

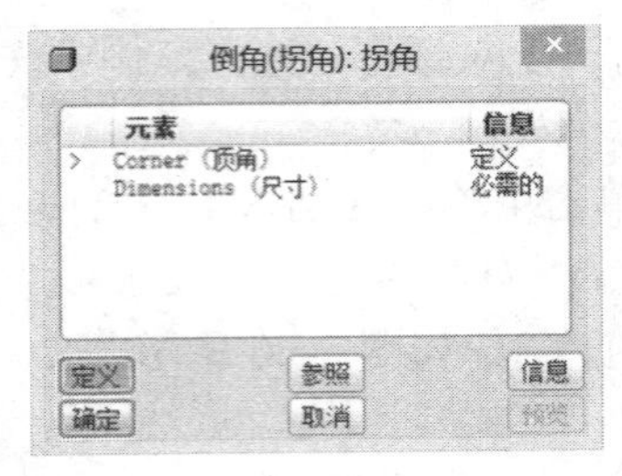

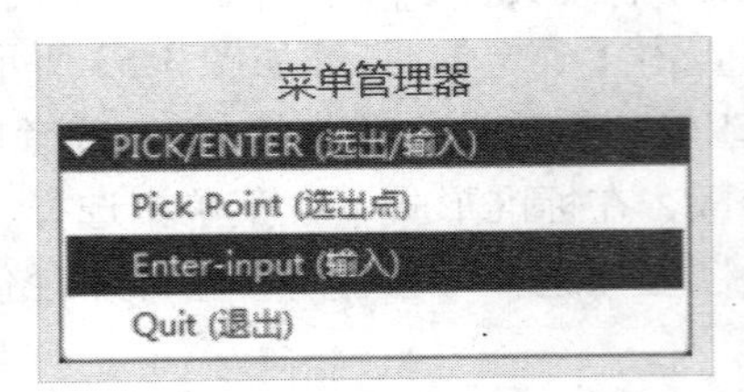

图 3-62　【倒角(拐角)：拐角】对话框和【菜单管理器】

图 3-63　【输入沿加亮边标注的长度】对话框

(5) 单击棱边 2，弹出【菜单管理器】，单击“Enter-input 输入”选项，弹出【输入沿加亮边标注的长度】对话框，在对话框中输入长度值 10，单击✔，如图 3-64 所示。

图 3-64　【输入沿加亮边标注的长度】对话框

(6) 单击棱边 3，弹出【菜单管理器】，单击“Enter-input(输入)”选项，弹出【输入沿加亮边标注的长度】对话框，在对话框中输入长度值 8，单击✔，如图 3-65 所示。

图 3-65　【输入沿加亮边标注的长度】对话框

(7) 此时【倒角(拐角)：拐角】对话框中的元素均显示已定义，如图 3-66 所示。

(8) 单击【确定】，形成拐角倒角，如图 3-67 所示。

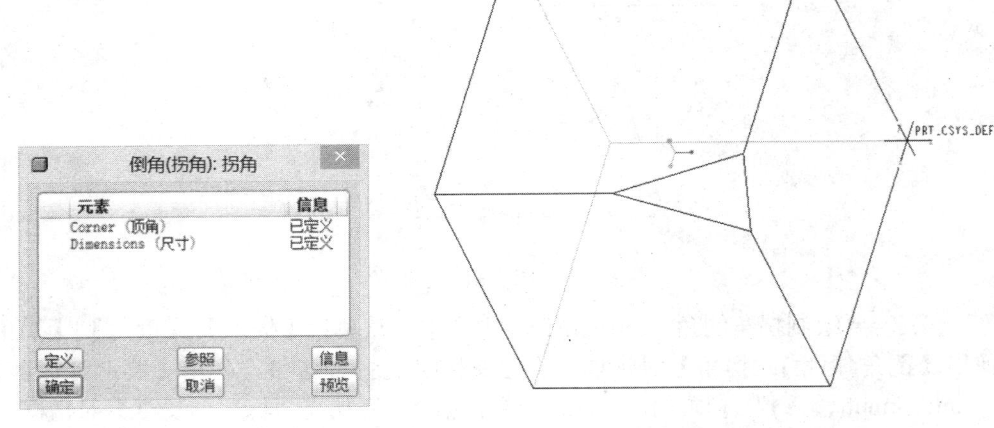

图 3-66　【倒角(拐角)：拐角】对话框的显示界面　　　　图 3-67　拐角倒角

实战训练

工作台底座零件的设计

设计如图 3-68 所示的工作台底座零件，它由拉伸特征、基准平面、基准轴、孔特征、倒角特征、倒圆角特征等构成。

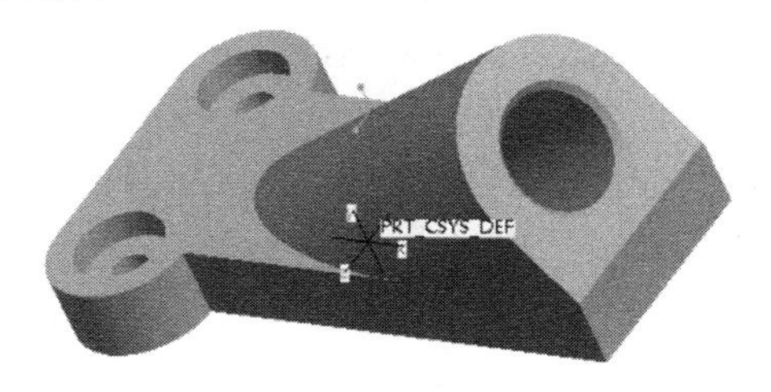

图 3-68　工作台底座模型

1. 新建实体零件文件

(1) 在【文件】工具栏中单击【新建】按钮，或按 Ctrl + N 快捷键，弹出【新建】对话框。

(2) 在“类型”选项组中选择“零件”，从“子类型”选项组中选择“实体”，在“名称”文本框中输入 bc_3_r1，接着取消选中“使用缺省模块”复选框，单击【确定】按钮。

(3) 系统弹出【新文件选项】对话框，选择 mmns_parts_solid 公制模板，单击【确定】按钮，从而创建一个使用公制模板的实体零件文件。

2. 创建一个拉伸特征作为基础杯体

(1) 在右工具栏的“基础特征”工具栏中单击【拉伸】按钮，打开拉伸操控板，默认时该操作板中的【实体】按钮处于被选中状态。

(2) 在拉伸操控板中单击“放置”选项卡，单击【定义】按钮，弹出【草绘】对话框，选择“TOP”基准平面作为草绘平面，草绘方向采用默认，单击对话框中的【草绘】按钮，进入草绘模式。

(3) 绘制如图 3-69(a)所示的拉伸剖面，单击【完成】按钮，完成绘制并退出草绘模式。

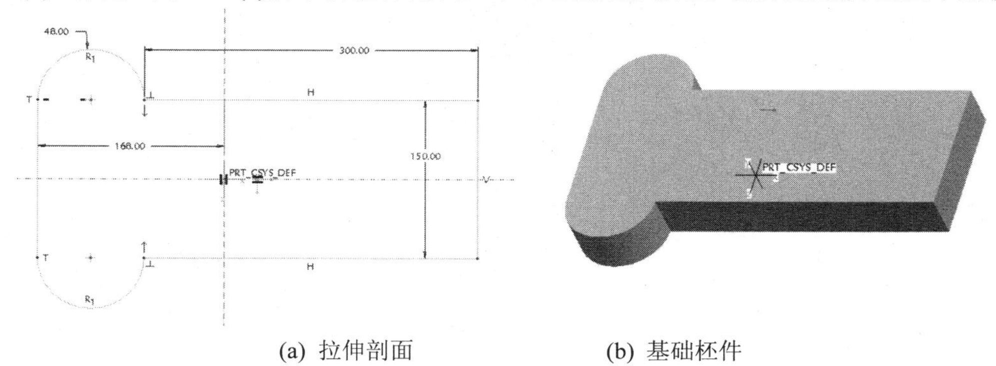

(a) 拉伸剖面　　(b) 基础杯件

图 3-69　创建拉伸特征

(4) 在拉伸操控板的“深度选项”下拉列表框中默认选择“盲孔”选项，设置侧 1 的拉伸深度值为 50。

(5) 在拉伸操控板中单击【应用并保存】按钮，完成该拉伸特征，得到的基础柸件如图 3-69(b)所示。

3. 创建一个基准平面

(1) 在右工具栏的“基准”工具栏中单击基准平面按钮，或者在菜单栏中选择【插入】【模型基准】|【平面】命令，弹出【基准平面】对话框。

(2) 选择图 3-70(a)所示的边线，按住 Ctrl 键的同时选择如图 3-70(b)所示的实体平整曲线。

(3) 参考图 3-70(c)设置所选参照的约束类型，并设置偏移旋转角度为 60，然后单击【确定】按钮，完成一个 DTM1 基础平面的创建。

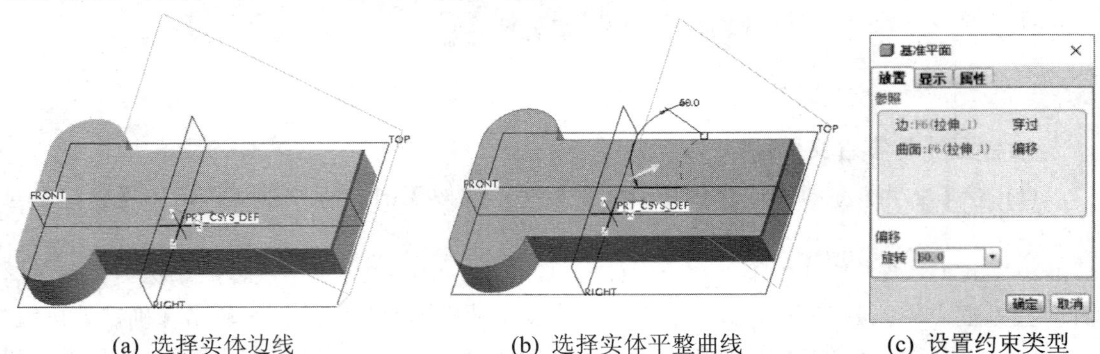

(a) 选择实体边线　　(b) 选择实体平整曲线　　(c) 设置约束类型

图 3-70　创建基准平面

4. 创建两条基准轴

(1) 在右工具栏的“基准”工具栏中单击基准轴按钮，或者在菜单栏中选择【插入】|【模型基准】|【轴】命令，系统弹出【基准轴】对话框。

(2) 选择如图 3-71 所示的圆柱曲面，默认其约束类型为“穿过”。

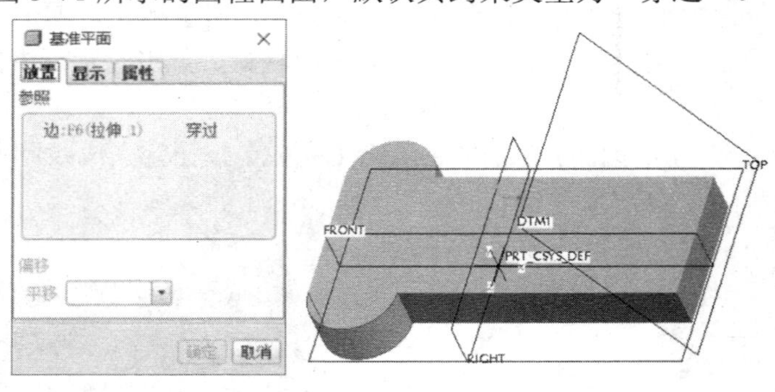

图 3-71　创建基准轴

(3) 在【基准轴】对话框中单击【确定】按钮，从而完成一个基准轴 A_1 的创建。

(4) 使用同样的方法，在另一个圆柱曲面的中心线处创建基准轴 A_2。

5. 创建拉伸实体特征

(1) 在右工具栏的“基准特征”工具栏中单击拉伸按钮，打开拉伸操控板。该操作板中的实体按钮默认处于被选中的状态。

(2) 在拉伸操控板中单击“放置”选项卡，单击【定义】按钮，弹出【草绘】对话框。选择“DTM1”基准平面作为草绘平面，以“FRONT”基准平面作为“底部”方向参考。如图 3-72 所示。然后单击【草绘】对话框中的【草绘】按钮，进入草绘模式。

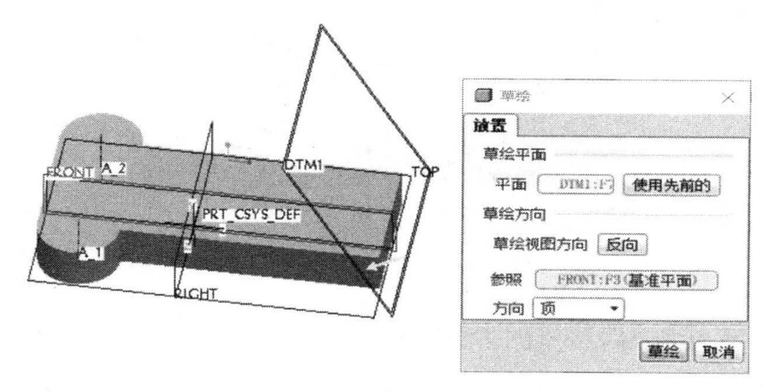

图 3-72　指定草绘平面及草绘方向

(3) 在菜单栏选择【草绘】|【参照】命令，弹出图 3-73 所示的【参照】对话框，单击【关闭】按钮。

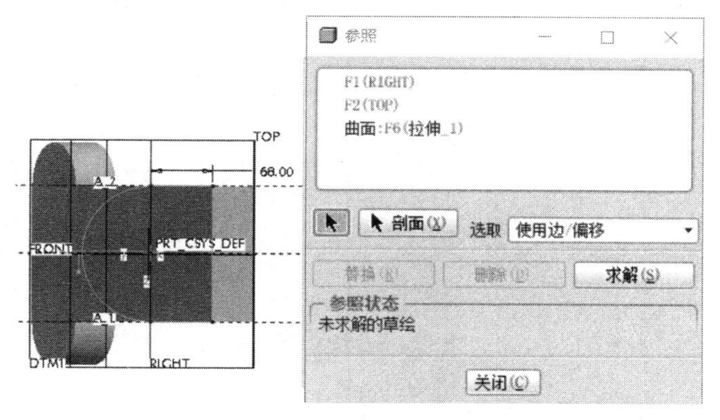

图 3-73　指定新绘图参照

(4) 绘制如图 3-74 所示的拉伸剖面，单击完成按钮✓。

(5) 单击将拉伸的方向更改为草绘的另一侧按钮，然后从侧 1 的“深度选项”下拉列表框中选择“拉伸至下一曲面”选项，如图 3-75 所示。

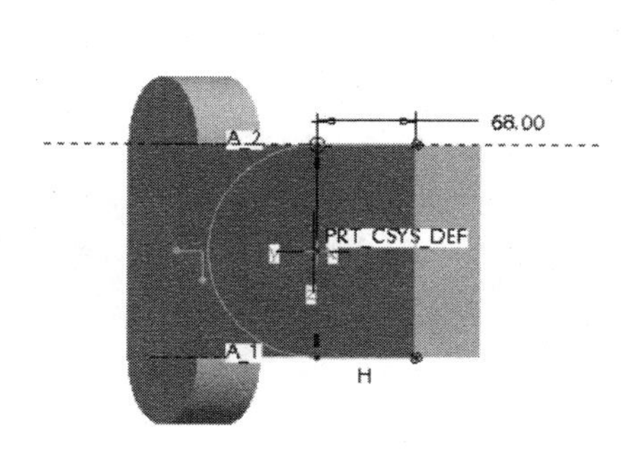

图 3-74　绘制拉伸剖面

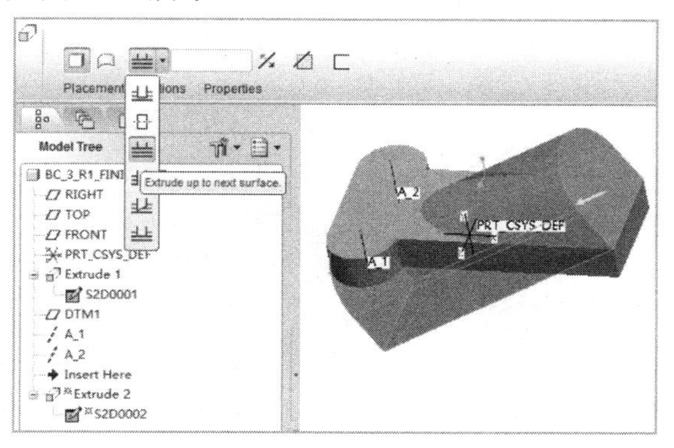

图 3-75　设置拉伸深度选项

(6) 在拉伸操控板中单击【应用并保存】按钮，得到此拉伸操作的模型效果，如图 3-76 所示。

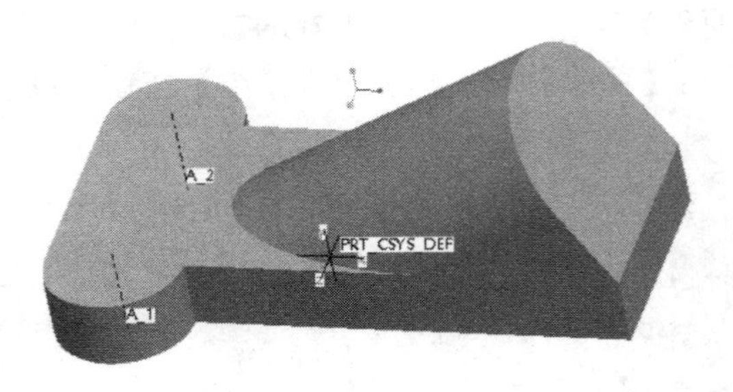

图 3-76　完成拉伸

6. 以拉伸的方式切除材料，即创建拉伸切口

(1) 在【基准特征】工具栏中单击拉伸按钮，选中移除材料按钮。

(2) 单击“放置”选项卡，单击【定义】按钮，弹出【草绘】对话框，然后单击【使用先前的】按钮，进入草绘模式。

(3) 指定草绘参照后，绘制如图 3-77 所示的拉伸切口剖面，单击完成按钮✓，完成草绘并退出内部草绘模式。

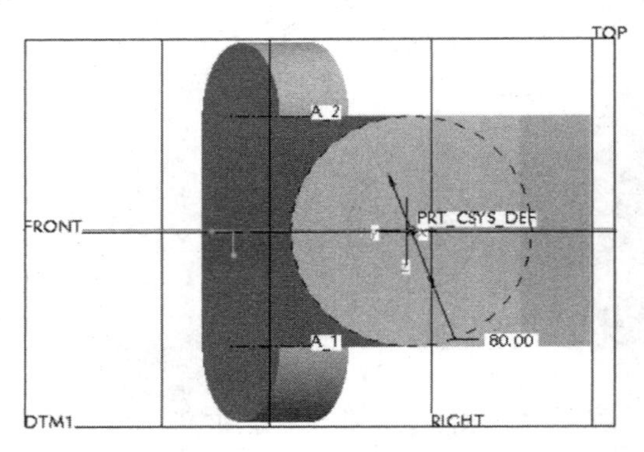

图 3-77　拉伸切口剖面

(4) 在拉伸操控板的侧 1“深度选项”下拉列表中选择“穿透”选项，此时应确保预览的几何效果如图 3-78 所示。

(5) 在拉伸操纵板中单击【应用并保存】按钮，完成的拉伸切口如图 3-79 所示。

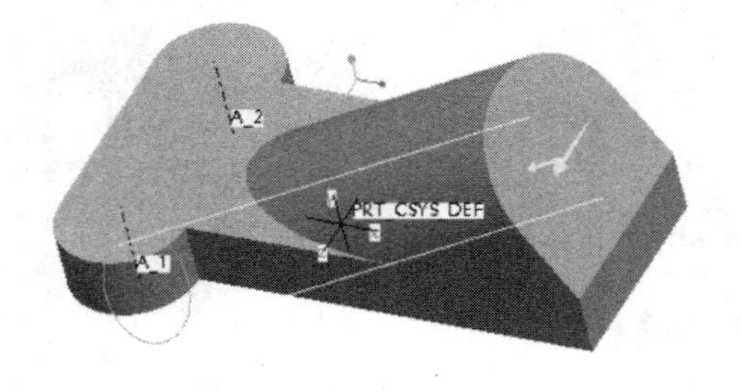

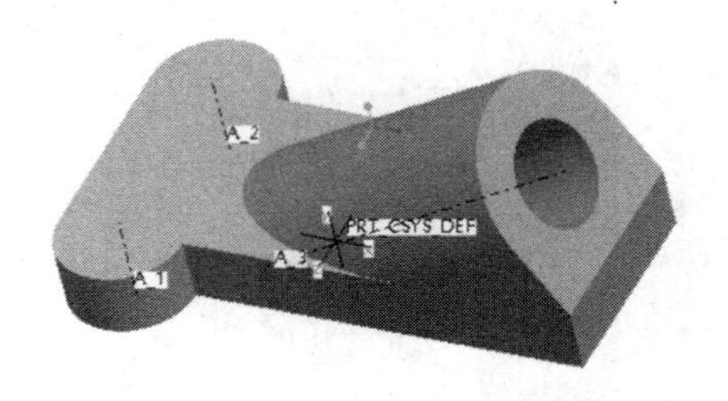

图 3-78　预览效果

图 3-79　完成拉伸切口

7. 创建孔特征

(1) 在位于右工具栏“工程特征”工具栏中单击【孔】按钮，或者在菜单栏中选择【插入】|【孔】命令，打开孔操控板。

(2) 单击【创建简单孔】按钮和【使用标准轮廓作为钻孔轮廓】按钮，并单击【添加沉孔】按钮以设置添加沉孔，如图 3-80 所示。

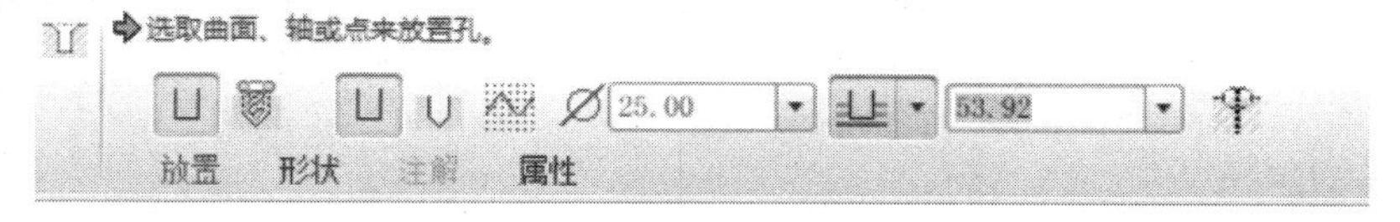

图 3-80　孔工具操控板

(3) 单击“形状”选项卡，设置如图 3-81 所示的孔形状参数。

(4) 单击“放置”选项卡，在模型中选择前面创建的 A_1 基准轴作为主放置的第一参照。按住 Ctrl 键的同时，在模型中单击一个平整面作为主放置的第二参照，如图 3-82 所示。

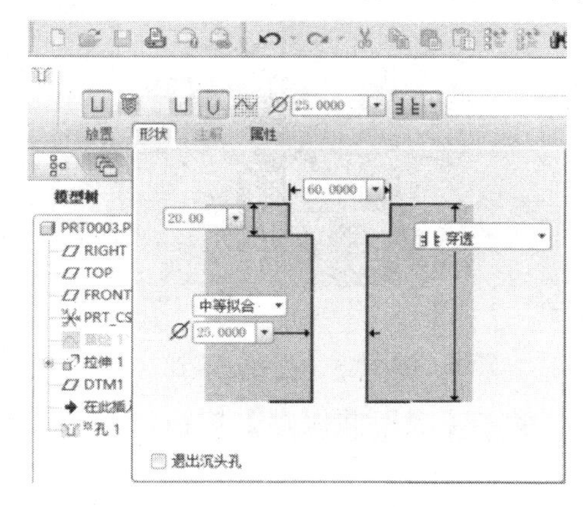

图 3-81　设置形状参数

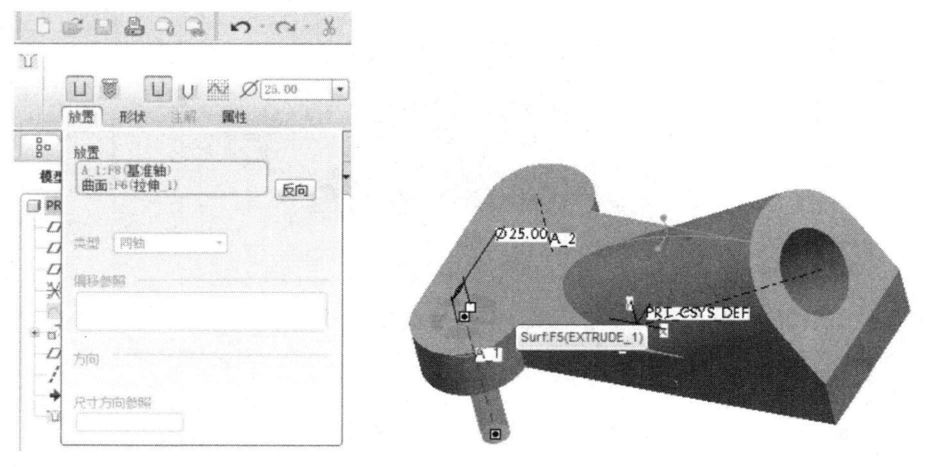

图 3-82　指定主放置参照

(5) 在孔操控板中单击【应用并保存】按钮，完成如图 3-83 所示的第一个孔特征。

(6) 使用相同的办法，创建另一个孔特征，如图 3-84 所示。

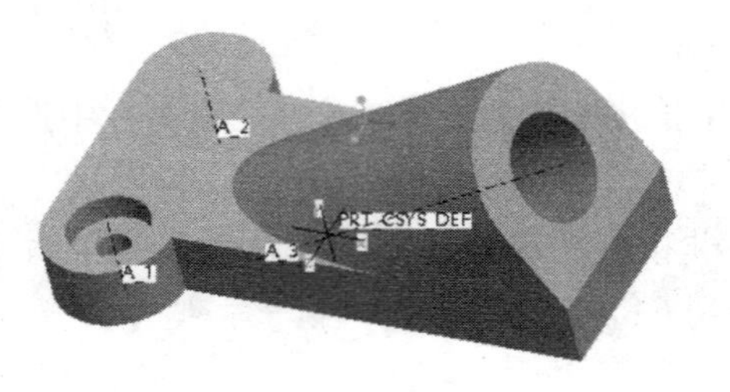

图 3-83　创建第一个孔特征

图 3-84　创建第二个孔特征

8. 创建倒角特征

(1) 在“工程特征”工具栏中单击【倒角】按钮，打开倒角操控板。

(2) 在边倒角操控板的“标准形式”下拉列表中选择“45 × D”标准形式选项，并在“D”框中设置其值为 5。

(3) 选择要倒角的边参照，如图 3-85 所示。

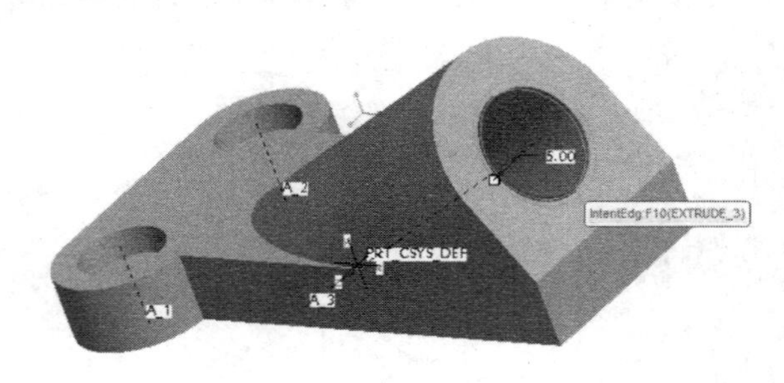

图 3-85　选择边参照

(4) 在边倒角操控板中单击【应用并保存】按钮，完成该倒角操作，效果如图 3-86 所示。

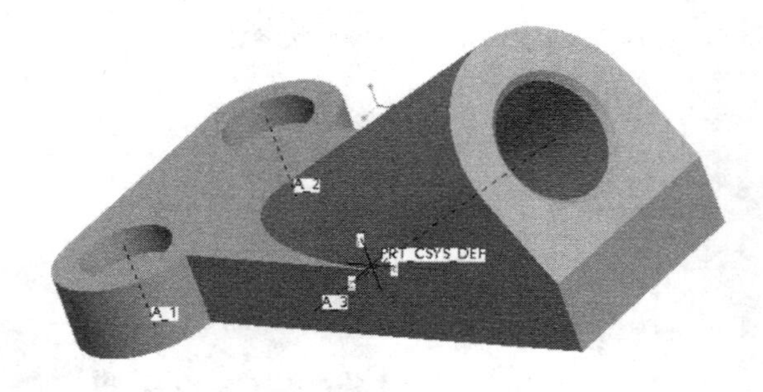

图 3-86　完成倒角操作

(5) 至此，完成本设计任务，按 Ctrl+S 快捷键将文件保存起来。

练习题

1．基准平面有什么作用？

2．在创建旋转特征时需要注意什么？

3．在混合特征中，若某一平面的顶点数与其他平面不一致应如何设置？

4．看图建模。请参照图 3-87 所示的零件模型效果在 Creo 5.0 零件模式中建立三维模型，具体尺寸自行决定。

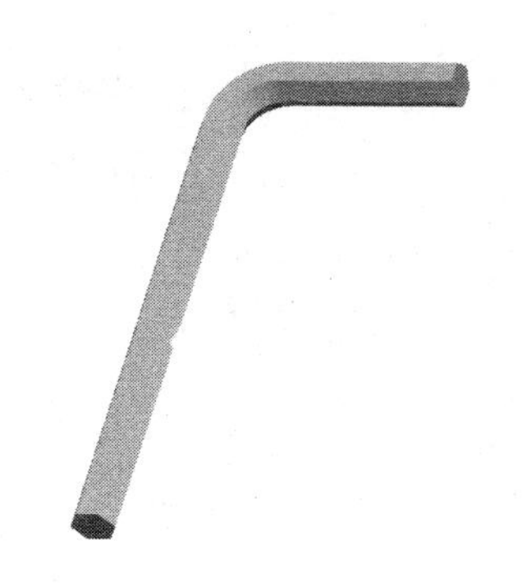

图 3-87　简单零件设计模型

项目三核心词汇中英文对照表

序号	中　文	英　文
1	拉伸	Extrude
2	切除材料	Remove Material
3	加厚草绘	Thicken Sketch
4	旋转	Revolve
5	扫描	Sweep
6	轨迹	Trajectory
7	参数	Trajpar
8	混合	Blend
9	截面	Section
10	光滑	Smooth
11	盲孔	Blind
12	壳特征	Shell Feature
13	筋特征	Rib Feature
14	拔模特征	Draft Feature
15	倒角	Edge Chamfer
16	可变截面扫描	Variable Section Sweep
17	标准孔	Standard Hole
18	倒圆角	Round
19	攻丝	Tapping
20	沉头孔	Countersink

项目四 复杂零件设计

本项目主要介绍 Creo 5.0 复杂零件模型的设计思路，如螺旋扫描、环形折弯等高级特征，以及特征的复制、镜像、阵列等操作与编辑。

学习目标

- ◆ 掌握螺旋扫描、环形折弯等高级特征使用
- ◆ 掌握特征的复制、镜像、阵列等的操作

知识准备

4.1 高级特征的创建

在三维建模时，仅仅使用基础特征工具和工程特征工具是远远不够的，还需要掌握一些高级特征工具命令，例如螺旋扫描、环形折弯等。

4.1.1 螺旋扫描

在 Creo 5.0 中，可以沿着螺旋轨迹扫描截面来创建螺旋扫描特征。其中，轨迹是由旋转曲面的轮廓(定义螺旋特征的截面原点到旋转轴的距离)与螺距(螺旋线之间的距离)定义的。常见的圆柱螺旋弹簧、内外螺纹均可用螺旋扫描的方法来创建。

操作任务 1——恒定螺距弹簧设计

操作步骤：

(1) 新建一个使用 mmns_part_solid 公制模板的实体零件文件，将此文件命名为 lxsm_1。

(2) 在菜单栏中选择【插入】|【螺旋扫描】|【伸出项】，弹出【伸出项：螺旋扫描】对话框和菜单管理器，进入属性定义阶段。在【菜单管理器】中依次选择“常数”、“穿过轴”、“右手定则”，单击完成按钮✓。接着在弹出的【菜单管理器】中选择“新设置”、“平面”，单击【确定】，“草绘视图”方向选择“缺省”，进入扫引轨迹的草绘模式，如图 4-1 所示。

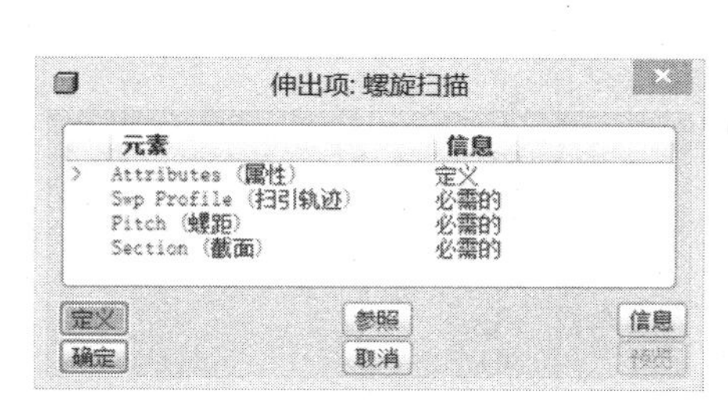

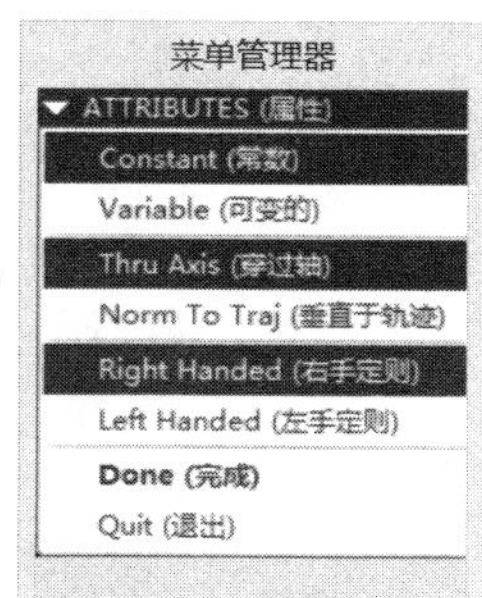

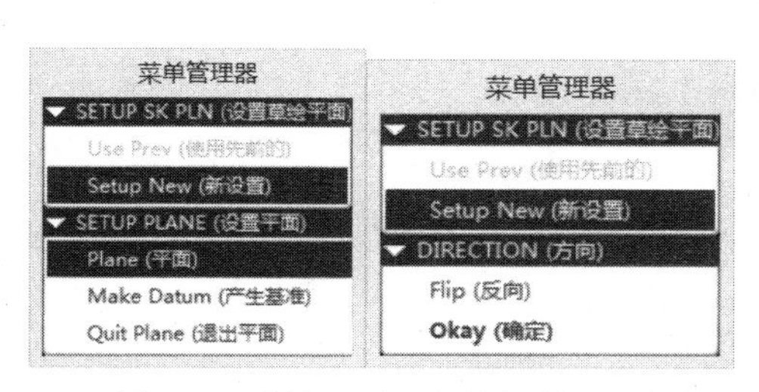

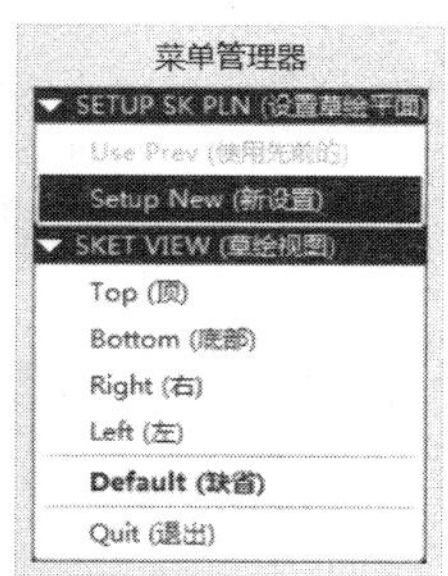

图 4-1　【伸出项：螺旋扫描】对话框和【菜单管理器】

(3) 在扫引轨迹草绘界面绘制如图 4-2 所示的旋转曲面轮廓和旋转轴，单击完成按钮✔。

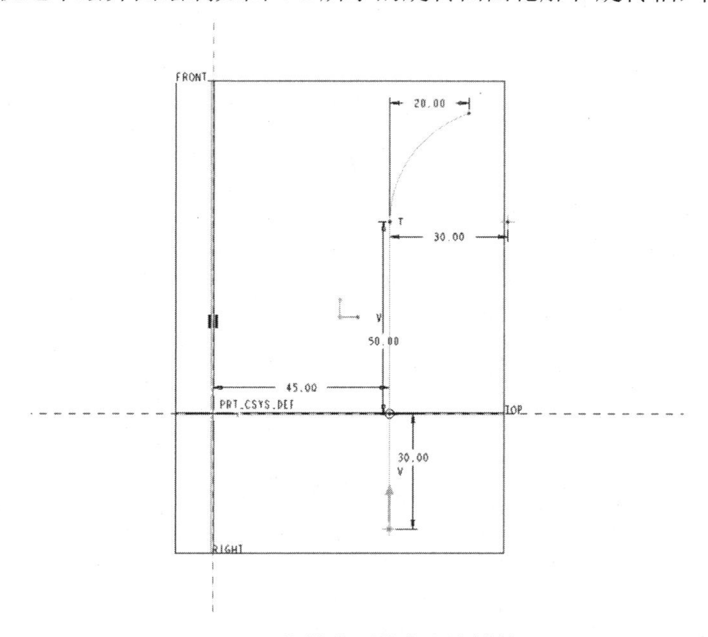

图 4-2　旋转曲面轮廓和旋转轴

(4) 在弹出的“输入节距值”输入框里输入 12，单击完成按钮，如图 4-3 所示。

图 4-3　“输入节距值”输入框

(5) 进入截面定义界面。在起点处绘制截面如图 4-4 所示，单击完成按钮☑退出草绘模式。

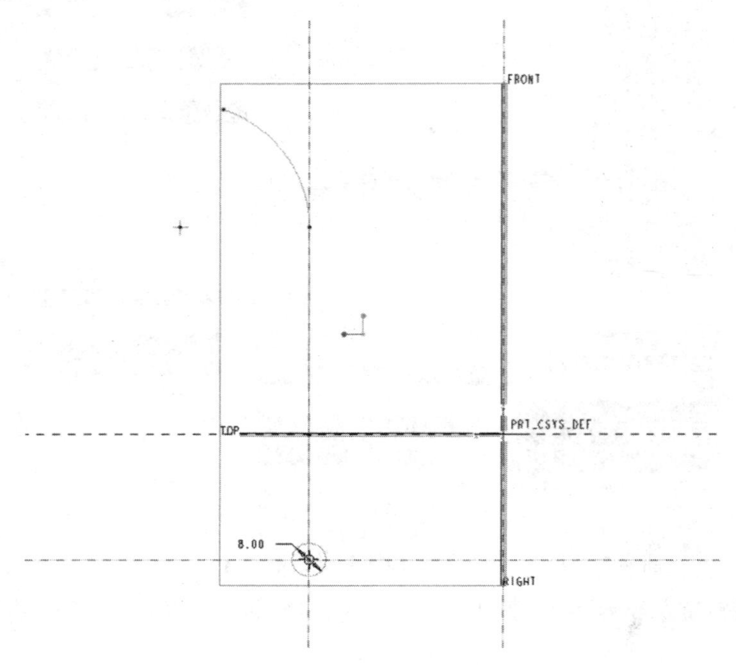

图 4-4　草绘截面

(6) 至此，可见【伸出项：螺旋扫描】对话框的所有元素均已定义，如图 4-5 所示。

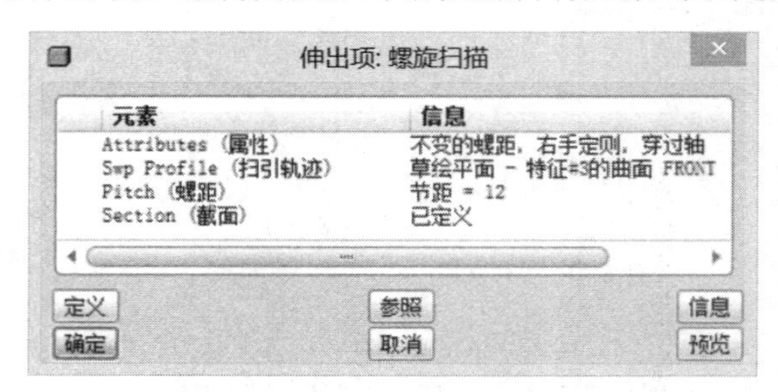

图 4-5　【伸出项：螺旋扫描】对话框

(7) 单击【确定】，完成的恒定螺距弹簧模型如图 4-6 所示。

图 4-6　恒定螺距弹簧模型

操作任务 2——可变螺距弹簧设计

操作步骤：

(1) 新建一个使用 mmns_part_solid 公制模板的实体零件文件，将此文件命名为 lxsm_2。

(2) 在菜单栏中选择【插入】|【螺旋扫描】|【伸出项】，弹出【伸出项：螺旋扫描】对话框和【菜单管理器】，进入属性定义阶段。在【菜单管理器】中依次选择“可变的”、“穿过轴”、“右手定则”，单击完成按钮✔。接着在弹出的【菜单管理器】中依次选择“新设置”、“设置平面”、“平面”，单击【确定】，“草绘视图”方向选择“缺省”，进入扫引轨迹的草绘模式，如图 4-7 所示。

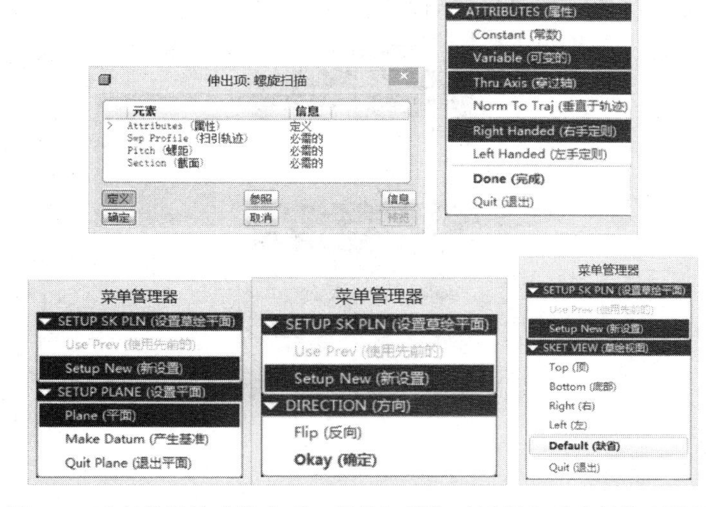

图 4-7　可变节距的【伸出项：螺旋扫描】对话框和【菜单管理器】

(3) 在扫引轨迹草绘界面绘制如图 4-8 所示的旋转曲面轮廓和旋转轴，单击完成按钮✔。

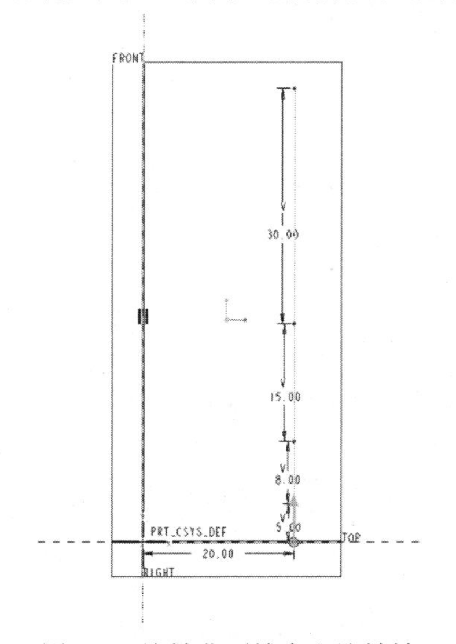

图 4-8　旋转曲面轮廓和旋转轴

(4) 在弹出的“在轨迹起始输入节距值”输入框里输入 4，单击完成按钮☑。在弹出的“在轨迹末端输入节距值”里输入 4，如图 4-9 所示，单击完成按钮☑。

图 4-9　节距值输入框

(5) 弹出【菜单管理器】，单击“添加点”，如图 4-10 所示。单击点 2，如图 4-11 所示，在弹出的节距值输入框里输入 6，单击点 3，输入节距值 6，单击点 4，输入节距值 4，单击点 5，输入节距值 4，形成节距分布图如图 4-12 所示。

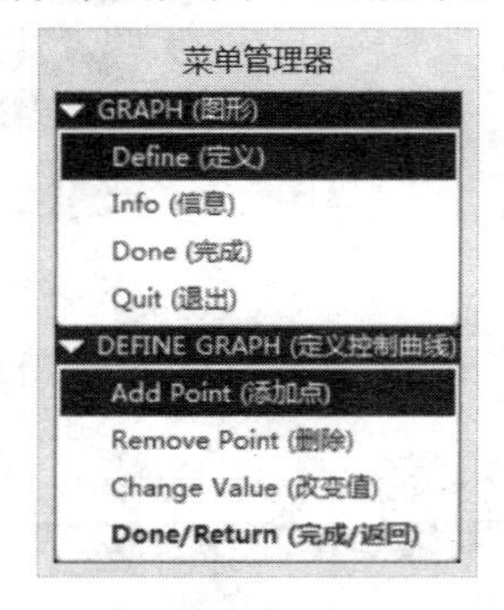

图 4-10　菜单管理器

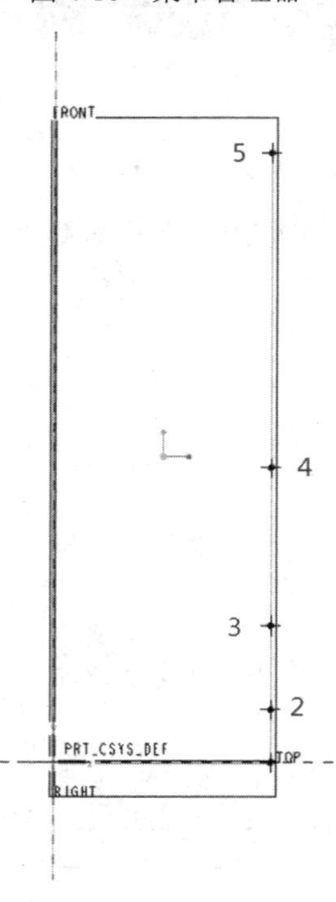

图 4-11　菜单管理器

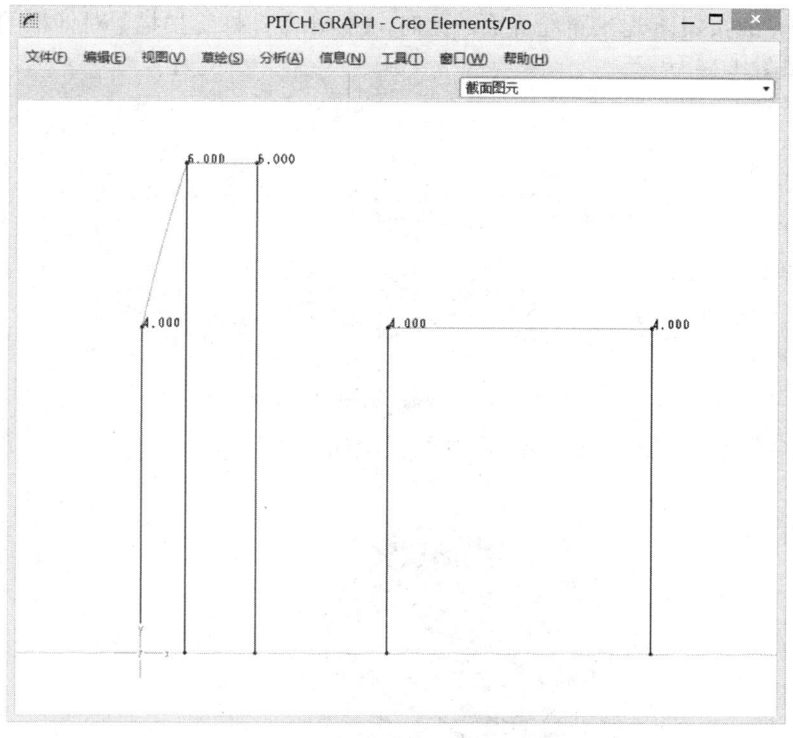

图 4-12　节距分布图

(6) 在弹出的【菜单管理器】中，单击完成按钮，进入扫描截面的草绘界面，绘制截面图形如图 4-13 所示。

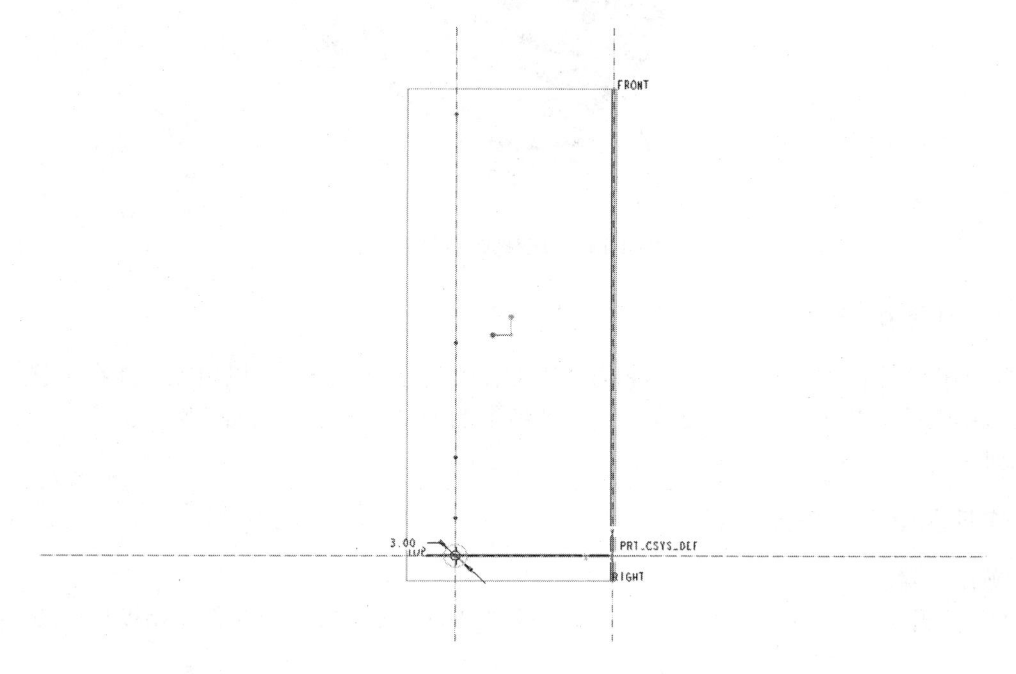

图 4-13　绘制截面图形

(7) 单击完成按钮☑退出草绘界面。此时,【伸出项:螺旋扫描】对话框的所有元素均已被定义,如图 4-14 所示。

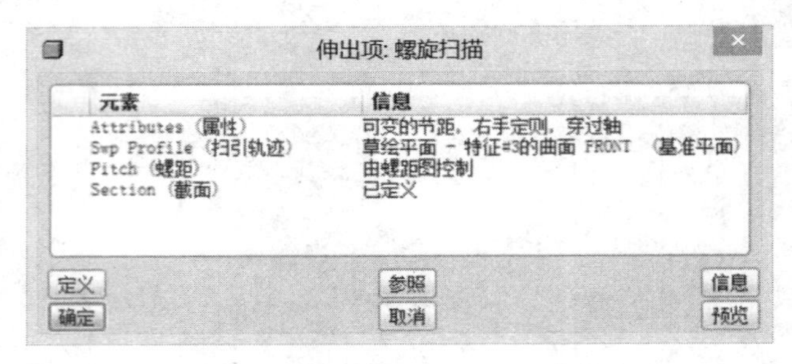

图 4-14 【伸出项:螺旋扫描】对话框

(8) 单击【确定】,创建的可变螺距弹簧模型如图 4-15 所示。

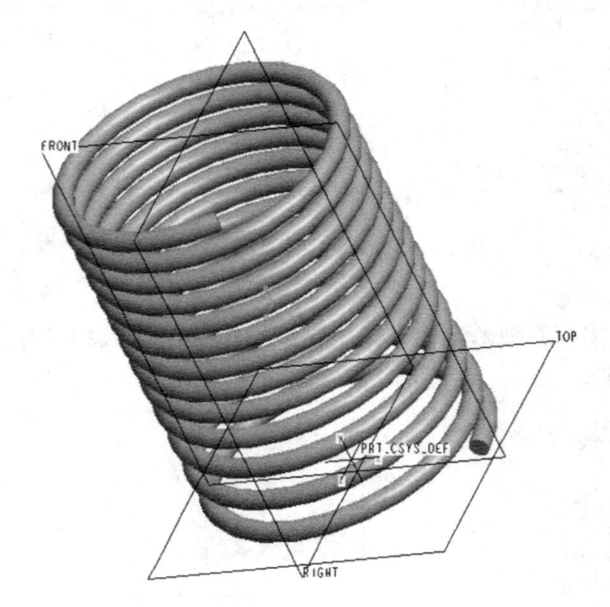

图 4-15 可变螺距弹簧模型

4.1.2 环形折弯

环形折弯是指将实体、非实体曲面或基准曲线折弯成环形。可以用此功能在平整几何创建汽车轮胎、瓶子等。用于定义环形折弯特征的强制参数包括截面轮廓、折弯半径、折弯几何。

操作任务 3——轮胎设计

操作步骤:

(1) 打开 Creo 5.0 软件,然后打开文件名为 hxzw_1 的文件,文件原始模型如图 4-16 所示。

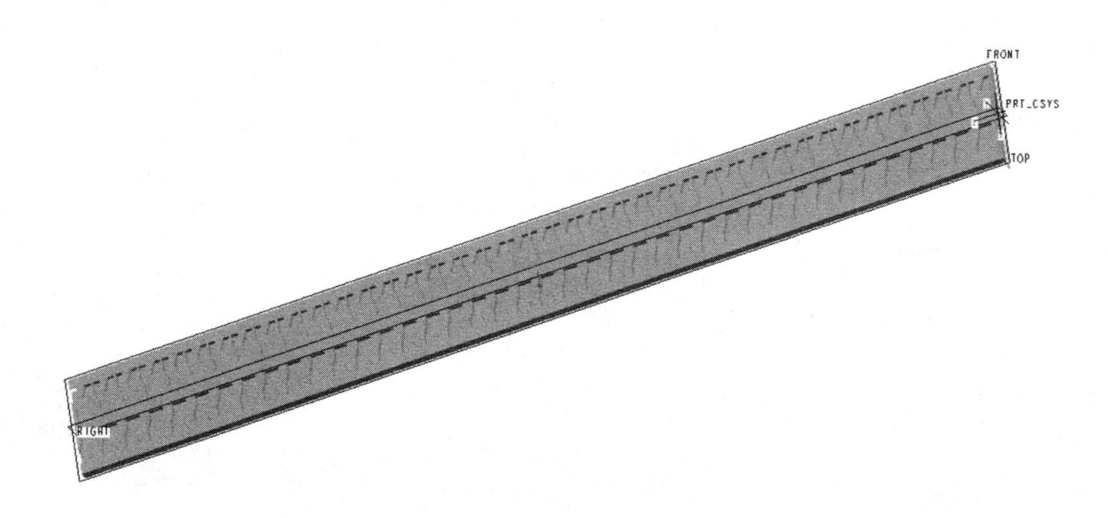

图 4-16　hxzw_1 文件原始模型

(2) 在菜单栏中选择【插入】|【高级】|【环形折弯】，弹出环形折弯操控板(如图 4-17 所示)，单击“参照”选项卡，选中“实体几何”复选框，单击【轮廓截面】中的【定义内部草绘】按钮，弹出【草绘】对话框。

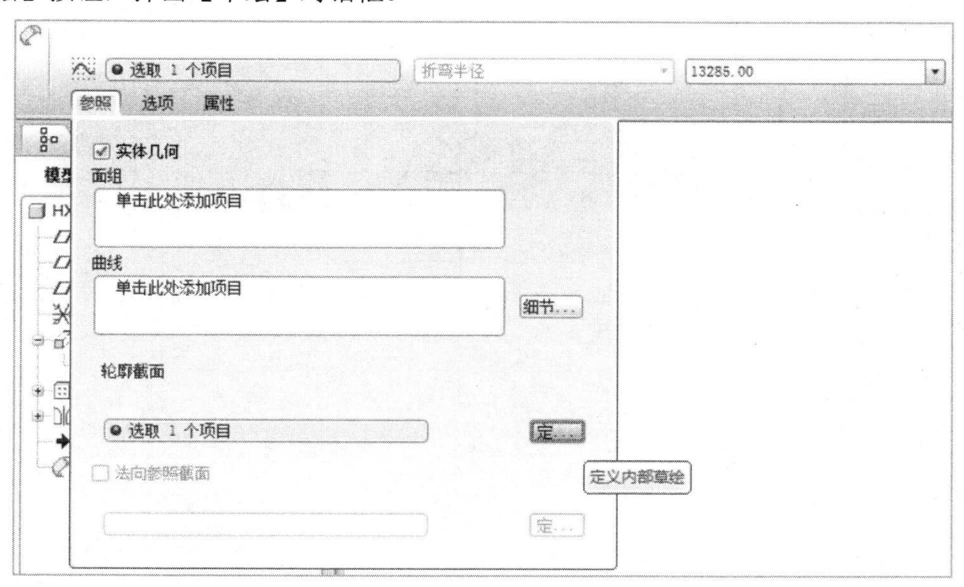

图 4-17　环形折弯操控板

(3) 在【草绘】对话框中选择端面“曲面：F5”作为草绘平面，选择“RIGHT”为草绘参照视图方向，如图 4-18 所示。单击【草绘】进入草绘界面。

(4) 在草绘界面单击菜单栏【草绘】|【参照】，选择拉伸特征的 4 个端面为参照，绘制草绘轮廓截面如图 4-19 所示。单击右侧工具栏中的创建几何坐标系按钮，选择端面底边中点为原点，建立几何坐标系。

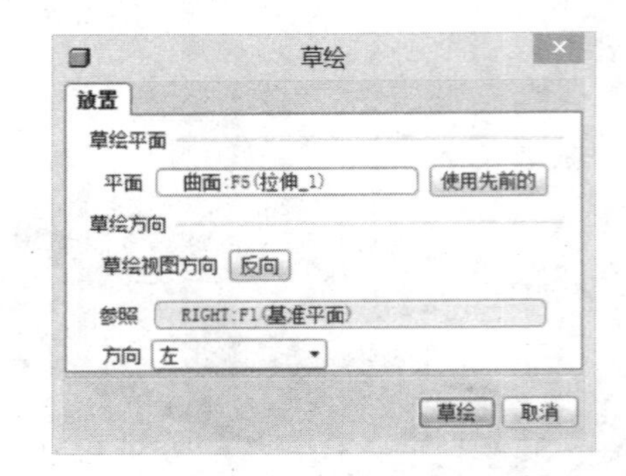

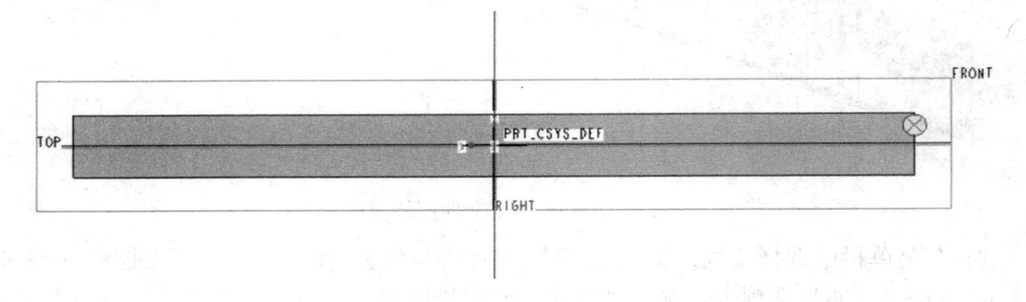

图 4-18　【草绘】对话框设置及对应模型

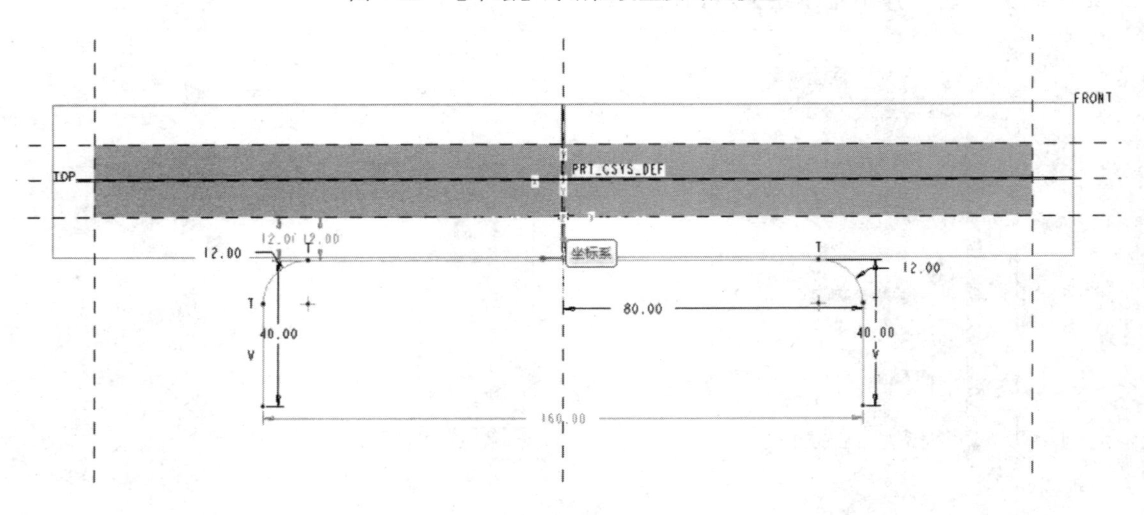

图 4-19　草绘轮廓截面

技术要点

截面中必须绘制几何坐标系作为环形折弯的参照坐标系。

(5) 单击完成按钮☑。在环形折弯操控板中选择“360 度折弯”方法，选择拉伸实体的两个侧端面为定义折弯长度的参考，如图 4-20 所示。

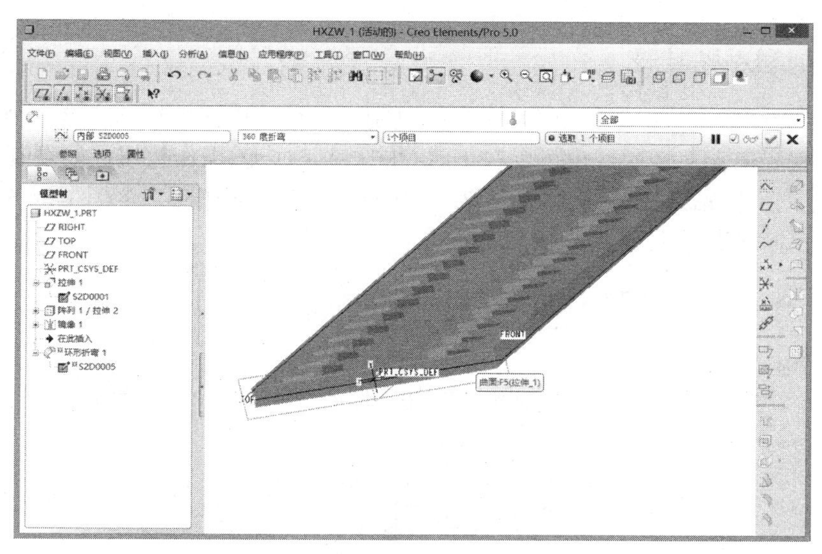

图 4-20　选择“360 度折弯”方法

(6) 单击【应用并保存】按钮，形成轮胎模型如图 4-21 所示。

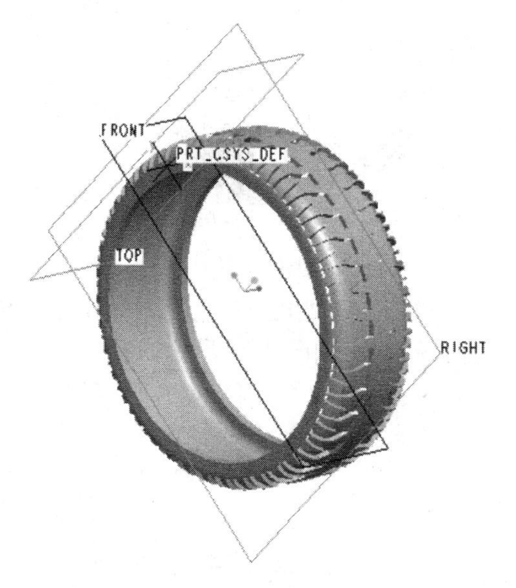

图 4-21　轮胎模型

4.2　编 辑 特 征

特征的编辑操作包括复制和粘贴、镜像、移动、合并、阵列、偏移、加厚、实体化和移除等。巧用编辑操作可以给设计带来很大的灵活性和便捷性，并能够在一定程度上提高设计效率。

4.2.1 复制和粘贴特征

在 Creo 5.0 中，复制和粘贴的命令包括复制、粘贴和选择性粘贴。这 3 个命令可通过菜单栏的【编辑】菜单实现，也可以在工具栏中找到对应的操作按钮，如复制按钮、粘贴按钮、选择性粘贴按钮。使用这 3 个按钮可以实现在同一个模型或者跨模型复制并放置特征或特征集、几何、曲线、边链。

操作任务 4——复制和粘贴特征

操作步骤：

(1) 打开教材范例文件夹下的 tzbj_1 文件，原始模型如图 4-22 所示。

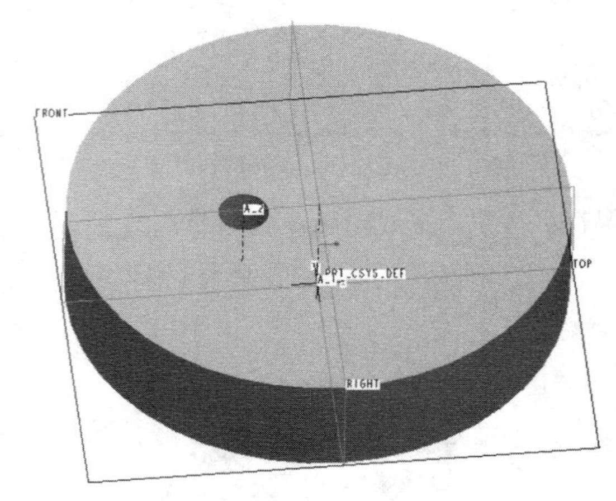

图 4-22 tzbj_1 文件原始模型

(2) 在模型窗口或者模型树中选择“孔 1”特征，单击工具栏上的复制按钮，再单击粘贴按钮，打开孔工具操控板，如图 4-23 所示。

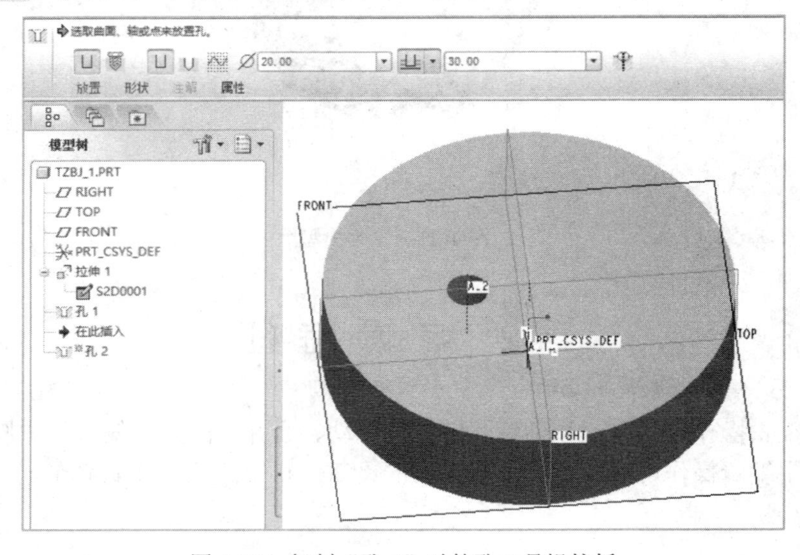

图 4-23 复制“孔 1”时的孔工具操控板

(3) 单击“放置”选项卡，单击“放置”收集器，在绘图区域中选择“曲面：F5(拉伸_1)”作为孔 2 放置参照。在“偏移参照”收集器中分别选择“TOP”基准平面和“A_1 轴”作为偏移参照，设置偏移距离分别为 0 和 30，详见图 4-24。

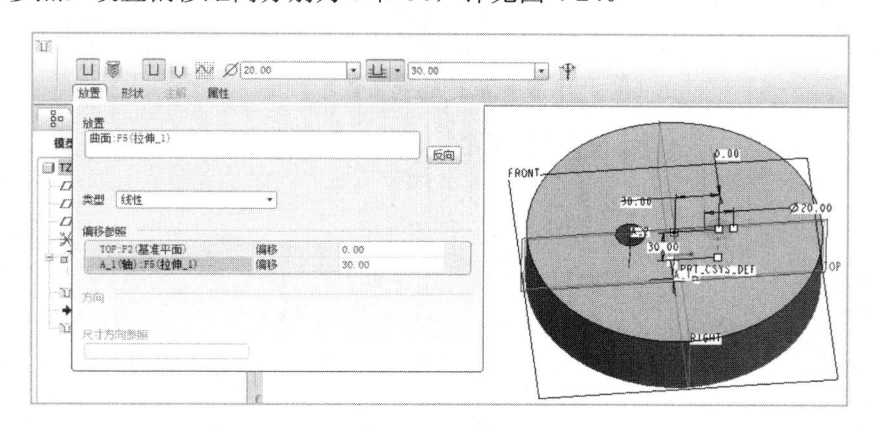

图 4-24　“放置”选项卡

(4) 此时若要修改复制后的孔 2 的尺寸，则可以在操控板上进行修改，修改完成后单击完成按钮✔，复制粘贴得到的孔 2 模型如图 4-25 所示。

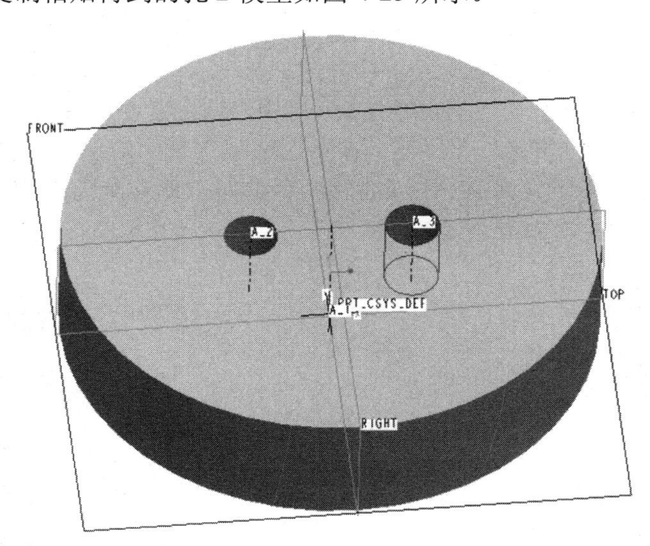

图 4-25　复制粘贴后的模型

选择性粘贴除了具有粘贴的一般功能外，还可以将特征移动复制或旋转复制，从而创建出多个副本对象。

操作任务 5——选择性粘贴特征

操作步骤：

(1) 打开教材范例文件夹下的 tzbj_1 文件，在模型窗口或者模型树中选择“孔 1”特征，单击工具栏上的复制按钮，再单击选择性粘贴按钮，弹出【选择性粘贴】对话框，选中“对副本应用移动/旋转变换(A)”复选框，如图 4-26 所示。

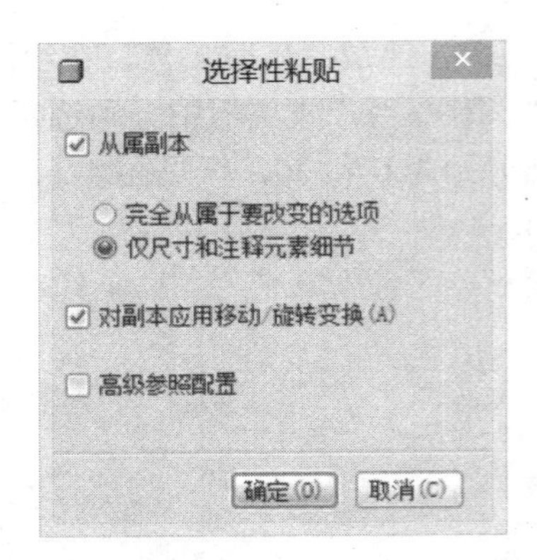

图 4-26 【选择性粘贴】对话框

技术要点

如果取消“从属副本”复选框，则将创建独立的原始特征或者副本。

① “完全从属于要改变的选项”：创建完全相关于所有属性、元素和参数的原始特征副本，但允许改变尺寸、注释、参数、草绘和参考的相关性。

② “仅尺寸和注释元素细节”：创建原始特征的副本，但仅在原始特征的尺寸和草绘或者注释元素上设置从属关系。

(2) 单击【确定】打开选择性粘贴操控板，选中沿选定参照平移特征按钮，单击“变换”选项卡，单击“方向参照”收集器，在绘图区域选择“RIGHT”平面为移动 1 参照，偏移距离设置为 25，选择“TOP”平面为移动 2 参照，偏移距离为 30，如图 4-27 所示。

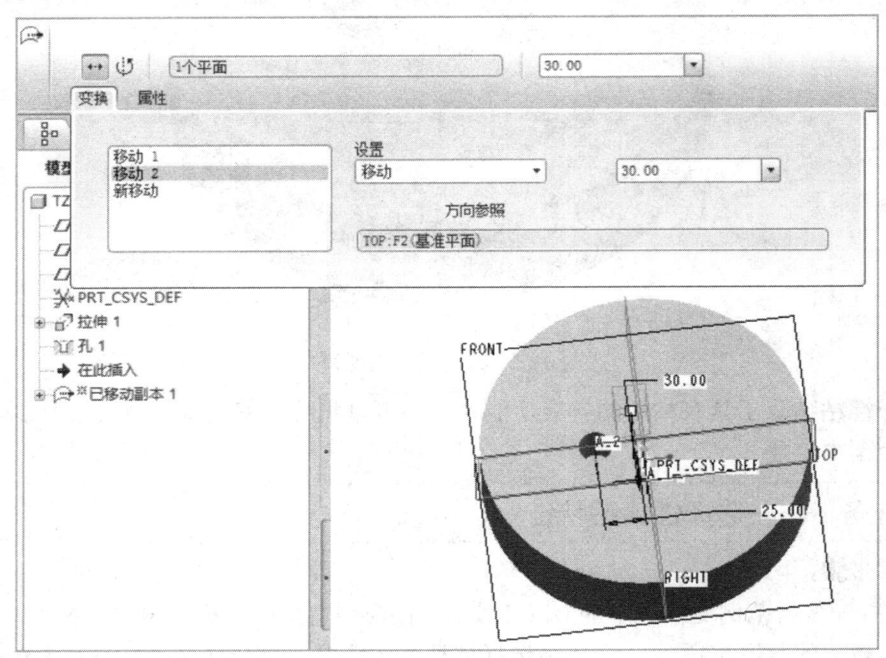

图 4-27 选择性粘贴操控板

(3) 单击【确定】按钮，形成模型如图 4-28 所示。同时，在模型树中增加了复制粘贴的孔特征。

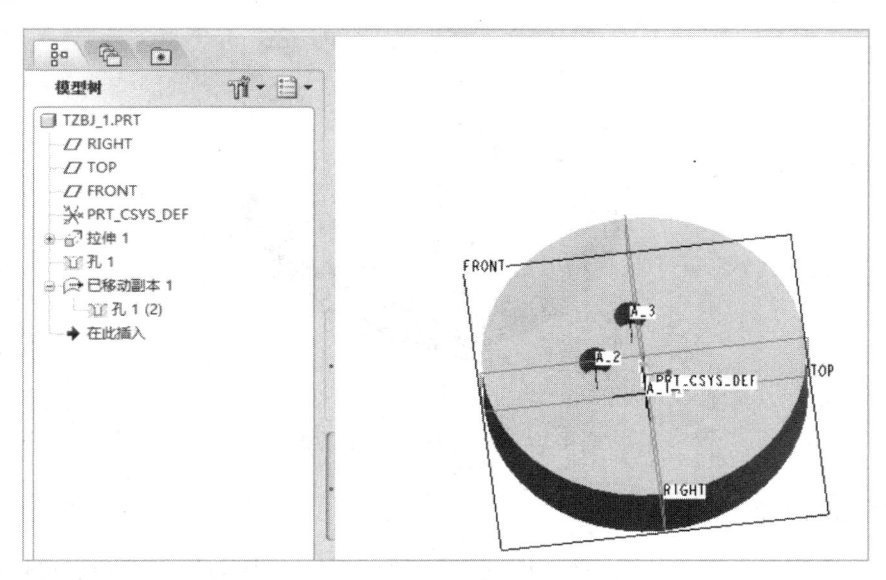

图 4-28　移动复制孔 1 后的模型

(4) 也可在打开选择性粘贴操控板后，选中相对选定参照旋转特征按钮，单击“变换”选项卡，单击“方向参照”收集器，在绘图区域选择 A_1 轴为旋转轴，旋转角度设置为 90°，如图 4-29 所示。

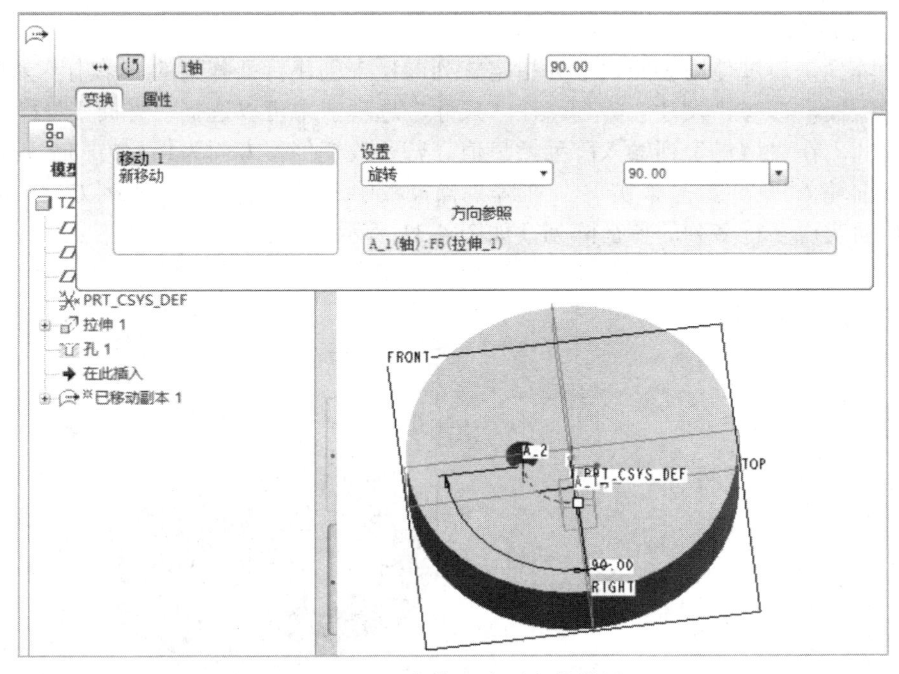

图 4-29　“变换”选项卡的设置

(5) 单击【确定】按钮，形成模型如图 4-30 所示。

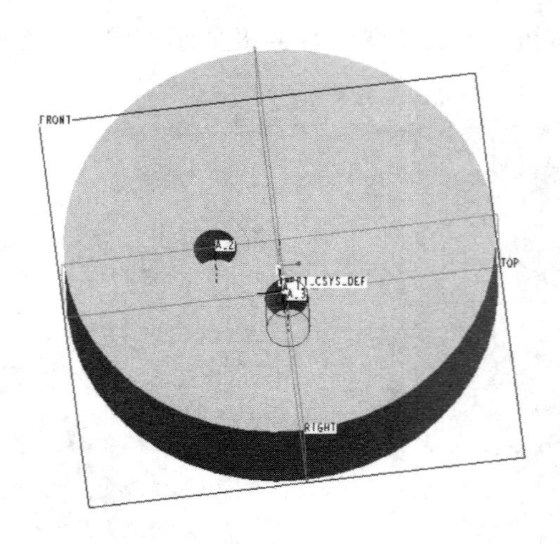

图 4-30 旋转复制孔 1 后的模型

4.2.2 阵列特征

特征的阵列命令用于创建特征的副本。阵列的方式可以是环形阵列也可以是矩形阵列。在用阵列方式创建副本时，副本的大小也可以随之变化。在 Creo 5.0 中，按照确定阵列方向和间距的方法的不同，阵列可以分为尺寸阵列、方向阵列、轴阵列、填充阵列、曲线阵列等。阵列工具可以通过单击在零件设计模式的右侧工具栏上的阵列按钮调出。下面重点介绍尺寸阵列、方向阵列、轴阵列、曲线阵列。

1. 尺寸阵列

尺寸阵列是通过使用参照尺寸并指定阵列增量来创建特征阵列的。单击阵列按钮后弹出阵列操控板，选择“尺寸”阵列。在“尺寸”选项卡中可以选择“方向 1”和“方向 2”的参照尺寸，在“增量”列输入阵列增量值。若要改变偏移方向为相反方向，则可以通过在增量值前输入“-”符号来实现。在阵列操控板中还可以输入不同阵列方向的阵列成员数量，从而实现多行多列的特征阵列，如图 4-31 所示。

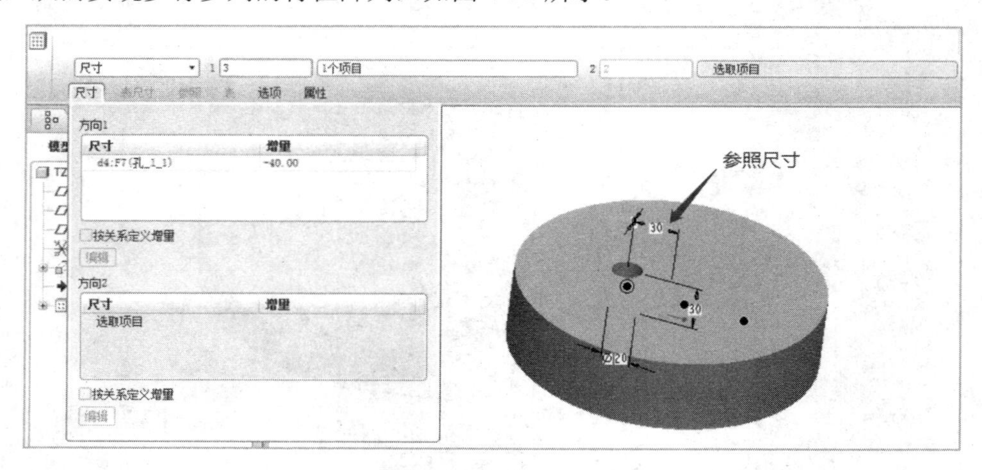

图 4-31 尺寸阵列

2. 方向阵列

方向阵列是通过指定阵列的方向参照来确定阵列方向的。方向参照可以是模型边、平面、基准平面或基准轴等。方向阵列可以选择两个方向参照，通过按钮 可以选择阵列方式，是沿着参照平移、绕参照旋转，还是以坐标系为参照进行阵列。同时，还可以通过操控板更改阵列成员数量和阵列特征的间距，如图 4-32 所示。单击【应用】按钮，通过方向阵列方法阵列 4 个孔的结果如图 4-33 所示。

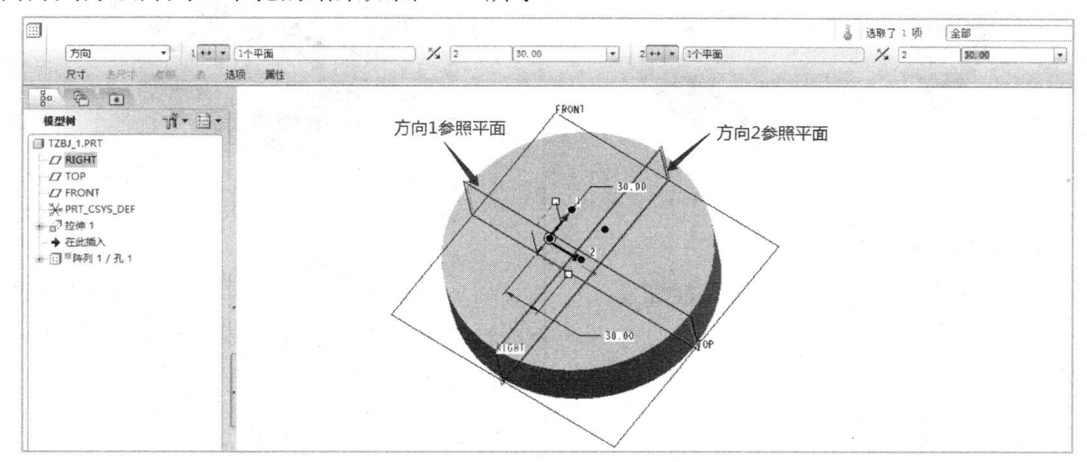

图 4-32　方向阵列

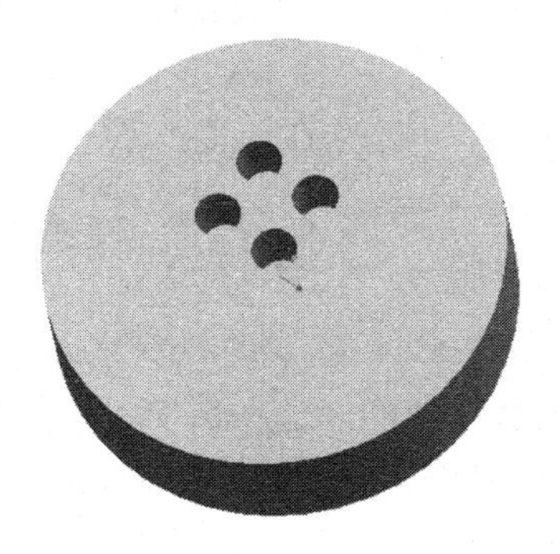

图 4-33　应用方向阵列方法阵列孔

3. 轴阵列

轴阵列是通过选择基准轴或者坐标系的轴作为旋转阵列参照的阵列方法。轴阵列有以下两种不同的方式：

(1) 指定要阵列的成员数量。这里的数量包括要阵列的原始特征，然后指定成员之间的角度增量。

(2) 指定第一个成员和最后一个成员之间的角度范围，再指定成员数量。阵列成员在指定的角度范围内等间距分布。

若选择轴 A_1 作为第一方向，输入成员数为 5，阵列增量角度值为 60°，则创建的旋转阵列特征如图 4-34 所示。

若输入第二方向的阵列成员数为 2，成员间的径向间距为 30 mm，单击【应用】按钮，则创建的径向阵列如图 4-35 所示。

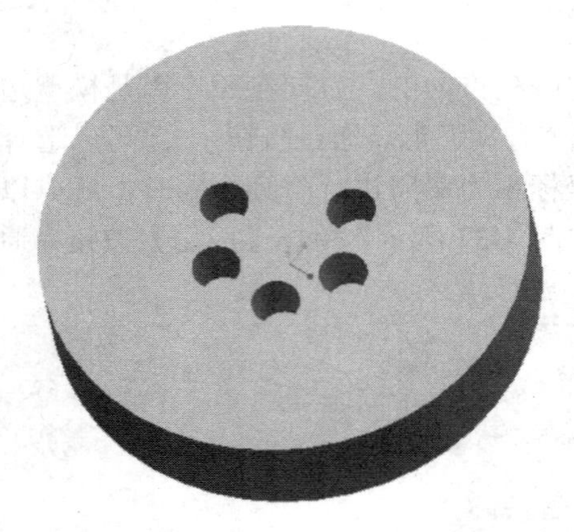

图 4-34　创建旋转阵列特征

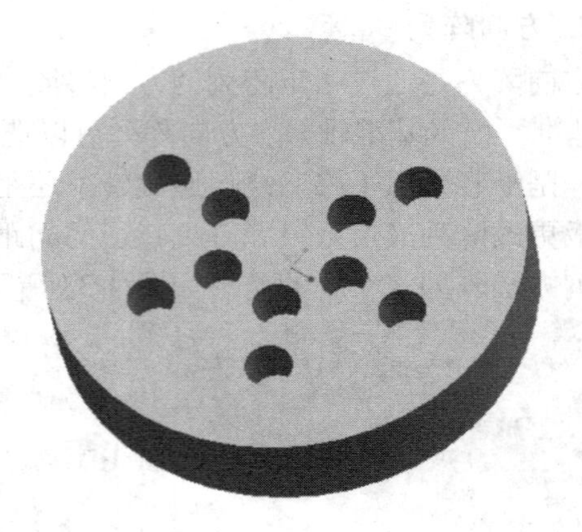

图 4-35　创建径向阵列

4. 曲线阵列

曲线阵列是沿着草绘曲线或基准曲线创建阵列特征的方法。在阵列操控板中选择“曲线”阵列，在“参照”选项卡中可以定义一个草绘平面，在平面上草绘曲线，如图 4-36 所示。

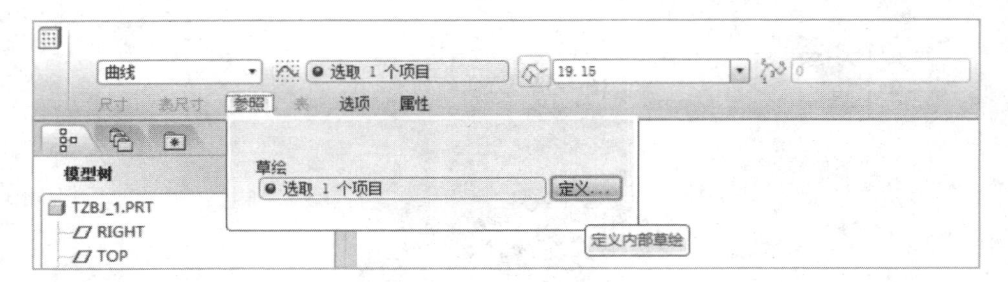

图 4-36　曲线阵列

曲线阵列既可以通过输入成员之间的间距来阵列特征，也可以输入要阵列的成员个数，在草绘曲线起点和终点之间等间距阵列特征。设置阵列成员数量为 5，间距为 30 mm，创建曲线阵列结果如图 4-37 所示。

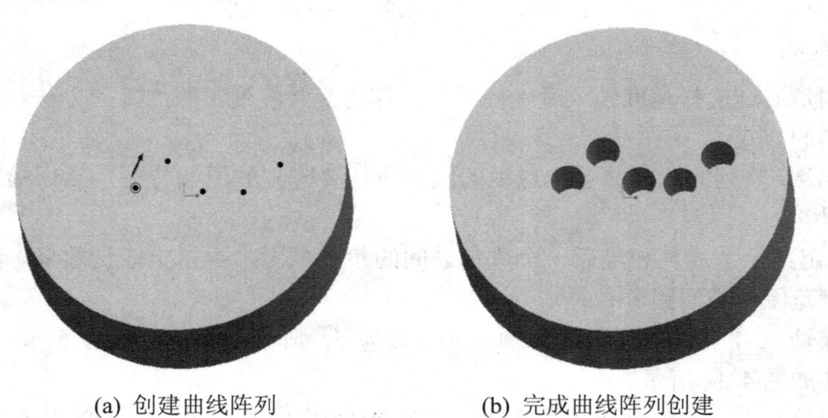

(a) 创建曲线阵列　　(b) 完成曲线阵列创建

图 4-37　创建曲线阵列过程

4.2.3　镜像特征

镜像特征可以通过工具栏按钮来实现。通过镜像特征，可以创建一个相对于对称平面对称的特征。特征可以是单个特征，也可以是自行选择的特征组合或者是所有特征。若要组合多个特征，则可以通过按住 Ctrl 键选取多个特征，然后单击鼠标右键选择【组】命令来实现。当原始特征发生更改时，镜像产生的特征也会随之发生变化。

在使用镜像工具之前，首先需要在模型树中单击选择特征名称，然后单击【镜像】工具，弹出镜像操控板如图 4-38 所示。单击“参照”收集器可以选择镜像平面。图 4-39 所示为以“RIGHT”平面为镜像平面创建的镜像特征结果。

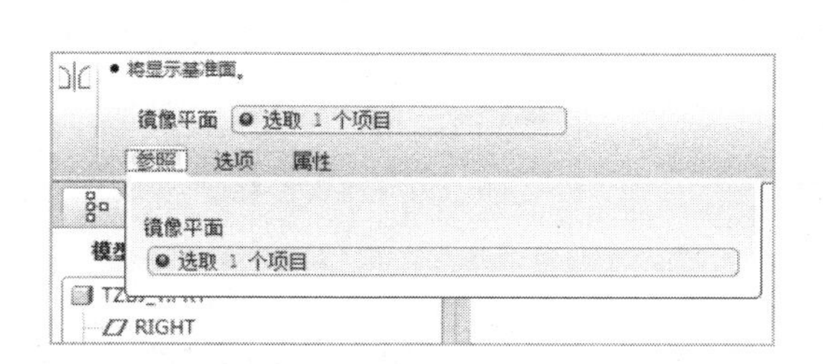

图 4-38　镜像操控板

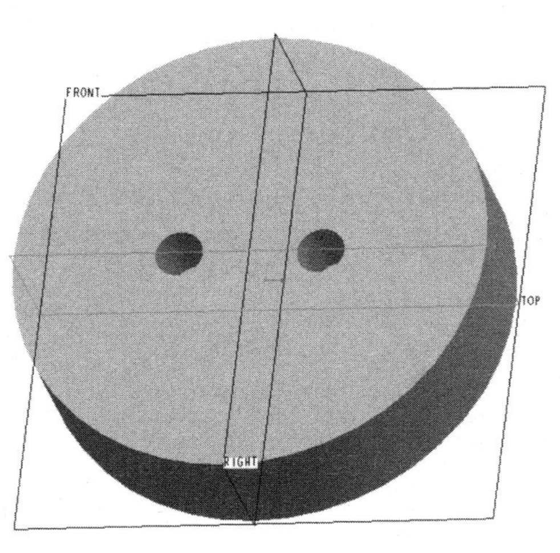

图 4-39　创建镜像特征

实战训练

叶片泵转子的设计

图 4-40 所示为叶片泵转子模型。叶片泵转子是叶片泵中与叶片形成封闭容腔的关键零件。设计叶片泵转子模型将应用到拉伸特征、旋转特征、阵列和镜像特征等知识点。下面讲解具体的设计步骤。

图 4-40　叶片泵转子模型

1. 新建实体零件类型文件

(1) 在菜单栏中选择【文件】|【新建】命令，弹出【新建】对话框，在“类型”选项组选择“零件”，在“子类型”选项组选择“实体”，输入文件名称为 bengti。

(2) 取消“使用缺省模版”复选框，单击【确定】，采用 mmns_part_solid 公制模板，单击【确定】。

2. 创建拉伸特征

(1) 单击拉伸工具按钮，弹出拉伸工具操控板，单击“放置”选项卡，选择“FRONT”平面为参照平面，进入草绘界面。绘制如图 4-41 所示的草绘截面。

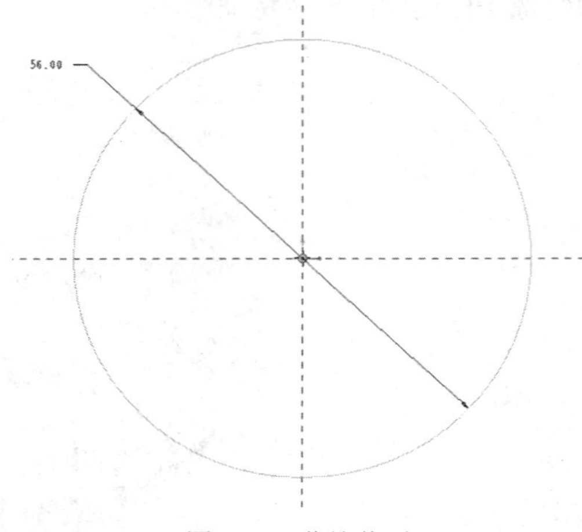

图 4-41　草绘截面

(2) 单击完成按钮✔退出草绘界面。在拉伸工具操控板中选中在各方向上以指定深度值的一半拉伸草绘平面的双侧按钮，输入深度值为 20 mm，如图 4-42 所示。

(3) 单击【应用】按钮，完成拉伸特征创建，如图 4-43 所示。

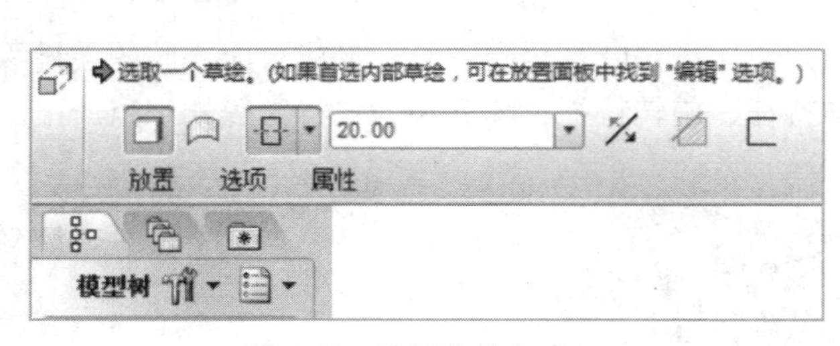

图 4-42　选择拉伸方式

图 4-43　完成拉伸特征创建

3. 创建旋转特征 1

(1) 单击工具栏的旋转工具按钮，弹出旋转工具操控板，单击“放置”选项卡，选择“RIGHT”平面为草绘平面，进入草绘模式。

(2) 单击菜单栏【草绘】|【参照】，弹出【参照】对话框，选择“TOP”平面和实体上

下端面为草绘参照，如图 4-44 所示。

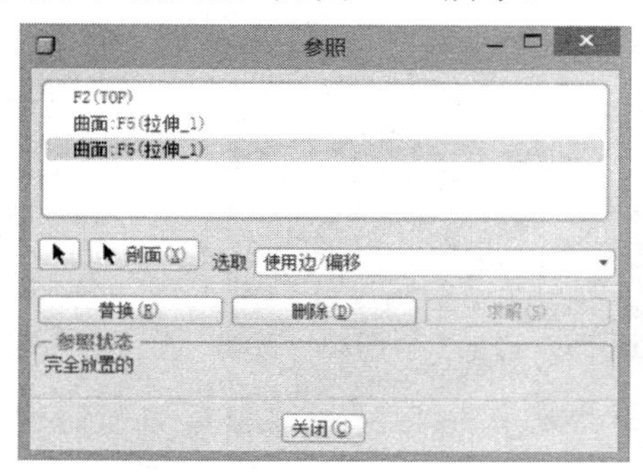

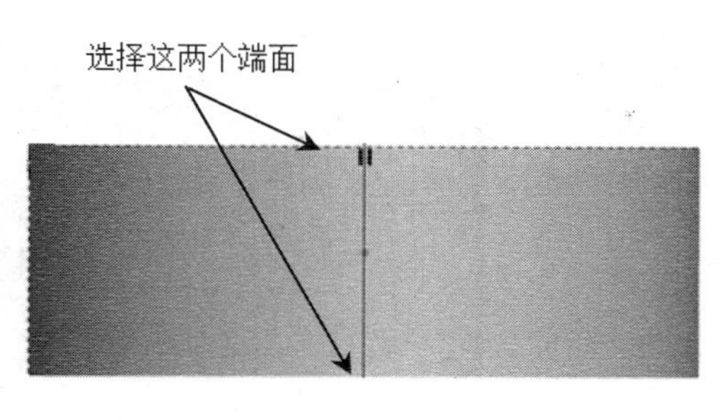

图 4-44　【参照】对话框

(3) 单击【关闭】按钮关闭【参照】对话框，完成的草绘截面如图 4-45 所示。

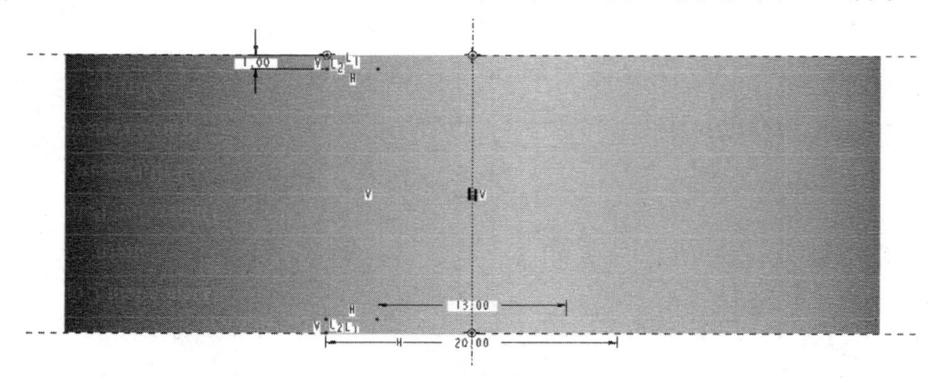

图 4-45　旋转特征 1 的草绘截面

(4) 单击完成按钮退出草绘模式。单击从草绘平面以指定角度值旋转按钮，输入角度值为 360°，选中移除材料按钮，单击【应用】按钮，结果如图 4-46 所示。

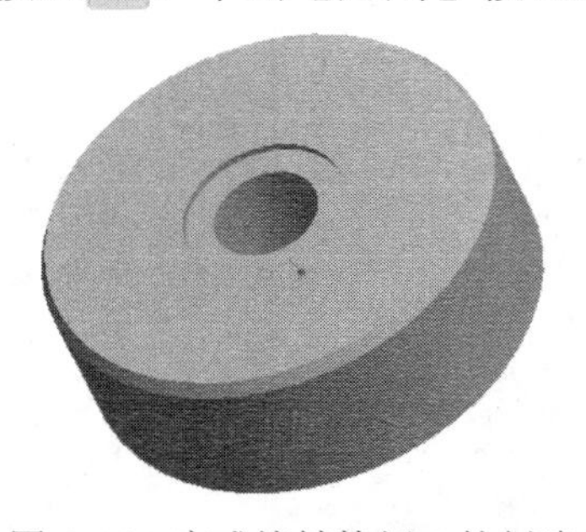

图 4-46　完成旋转特征 1 的创建

4. 创建旋转特征 2

(1) 单击工具栏的旋转工具按钮，弹出旋转工具操控板，单击“放置”选项卡，选择“RIGHT”平面为草绘平面，进入草绘模式。

(2) 单击菜单栏【草绘】|【参照】，弹出【参照】对话框，选择“TOP”平面和实体上端面为草绘参照，单击【关闭】，关闭【参照】对话框。

(3) 绘制草绘截图如图 4-47 所示，草绘截图为一个直线段。

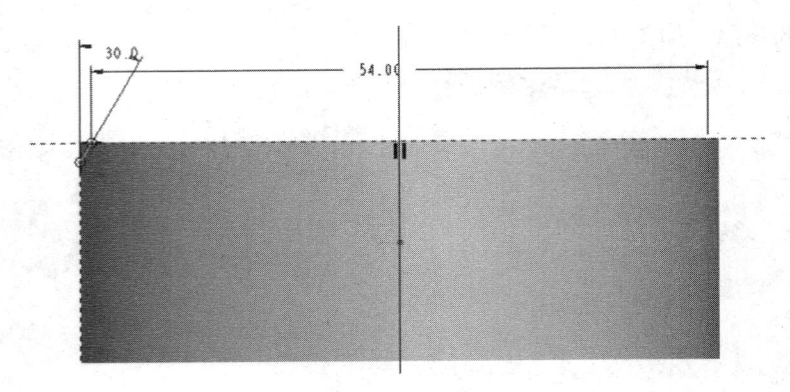

图 4-47 旋转特征 2 的草绘截面

(4) 单击完成按钮✔退出草绘模式。单击从草绘平面以指定角度值旋转按钮，输入角度值为 360°，选中移除材料按钮，移除方向如图 4-48 箭头所示。

图 4-48 设置旋转移除材料方向

(5) 单击【应用】按钮完成旋转特征 2 的创建，如图 4-49 所示。

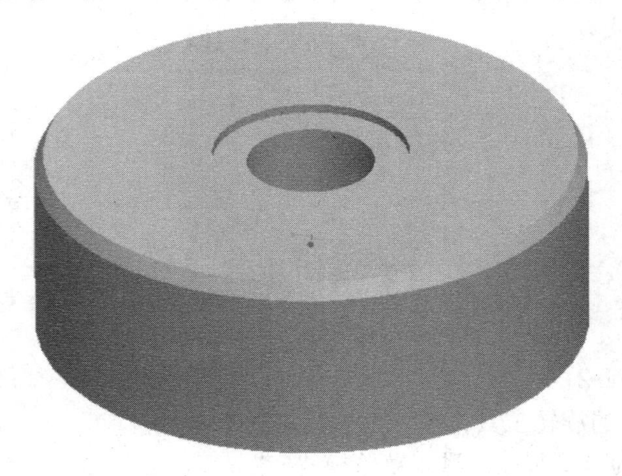

图 4-49 完成旋转特征 2 的创建

5. 镜像旋转特征 2

(1) 在模型树中选择“旋转 2”特征，单击工具栏的镜像按钮，弹出镜像操控板，选择“FRONT”平面为镜像平面，如图4-50所示。

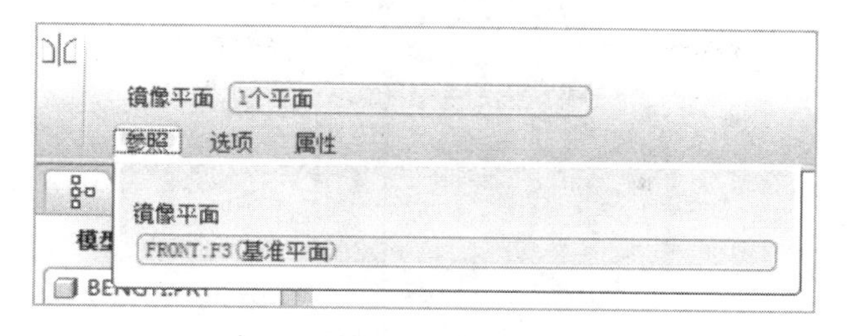

图4-50　镜像操控板

(2) 单击【应用】完成旋转特征2的镜像，如图4-51所示。

图4-51　完成旋转特征2的镜像

6. 创建拉伸特征2

(1) 单击拉伸工具按钮，弹出拉伸工具操控板，单击“放置”选项卡，选择“FRONT”平面为参照平面，进入草绘界面。绘制如图4-52所示的草绘截面。

(2) 单击完成按钮退出草绘模式。单击拉伸至与所有曲面相交按钮，选中移除材料按钮，移除方向如图4-53所示。

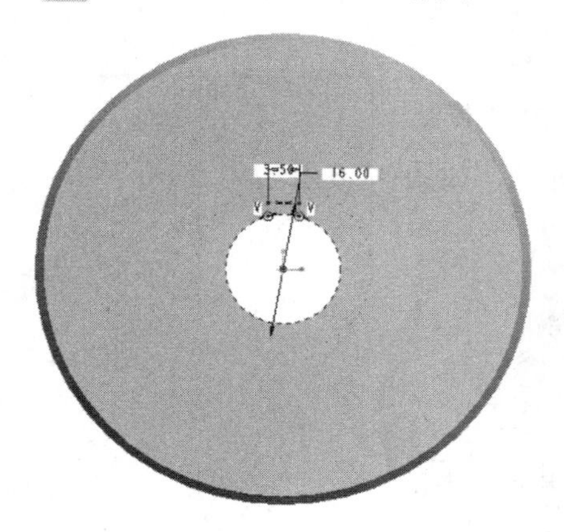

图4-52　拉伸特征2的草绘截面

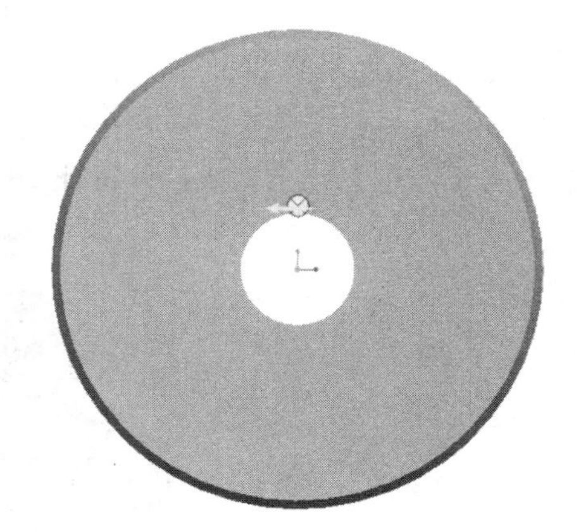

图4-53　设置拉伸特征2的移除材料方向

(3) 单击【应用】按钮完成拉伸特征2的创建，如图4-54所示。

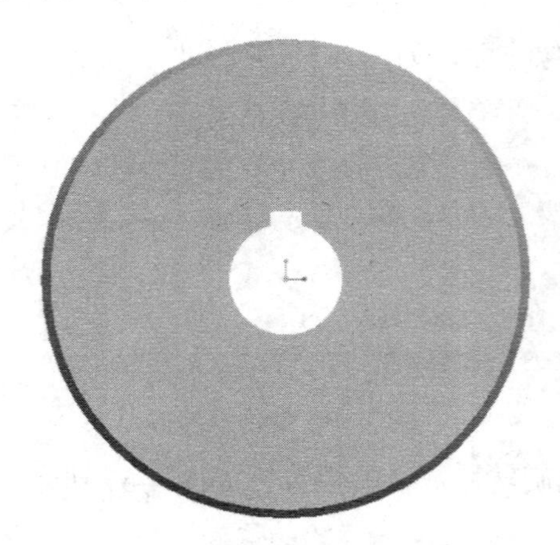

图 4-54　完成拉伸特征 2 的创建

7. 阵列拉伸特征 2

(1) 在模型树中选中【拉伸 2】特征，单击阵列工具按钮，弹出阵列操控板，阵列方式选择轴，单击“中心轴”收集器，选择“A_1 轴”为旋转阵列轴，输入第一方向成员数量为 6，阵列成员角度值为 60°，如图 4-55 所示。

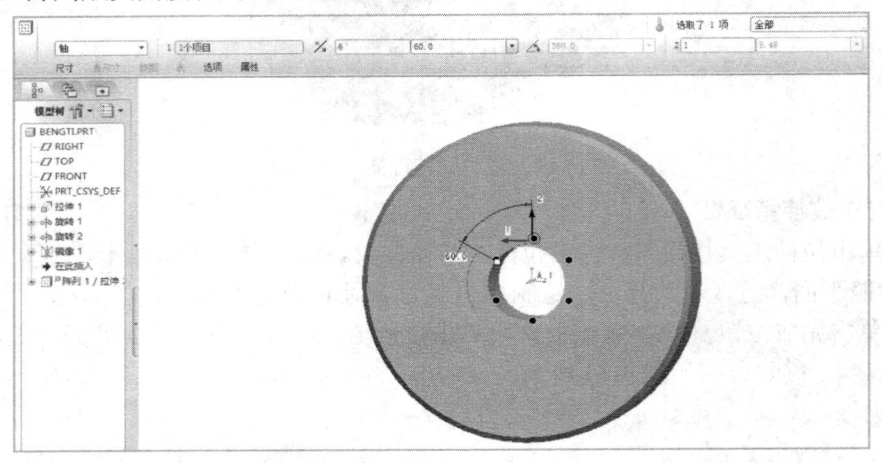

图 4-55　设置阵列操控板

(2) 单击【应用】按钮完成拉伸特征 2 的阵列，如图 4-56 所示。

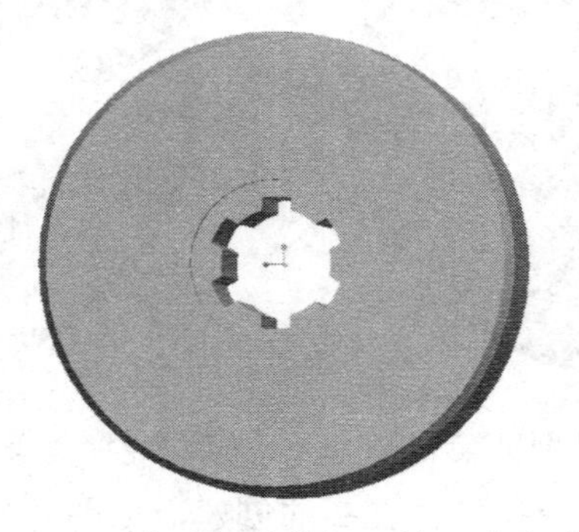

图 4-56　完成拉伸特征 2 的环形阵列

8. 创建旋转特征 3

(1) 单击工具栏中的旋转工具按钮，弹出旋转工具操控板，单击“放置”选项卡，选择“RIGHT”平面为草绘平面，进入草绘模式。

(2) 单击菜单栏【草绘】|【参照】，弹出【参照】对话框，选择“TOP”平面和“曲面：F11”为草绘参照，对应模型如图 4-57 所示。单击【关闭】按钮，关闭【参照】对话框。

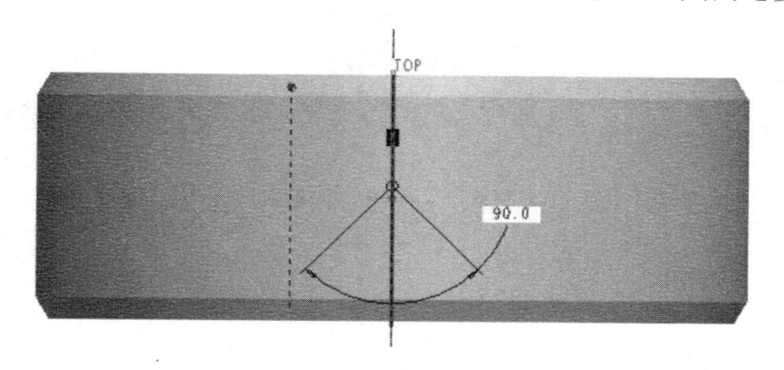

图 4-57　草绘参照设置

(3) 绘制草绘截图如图 4-58 所示，草绘截图为一个直线段。

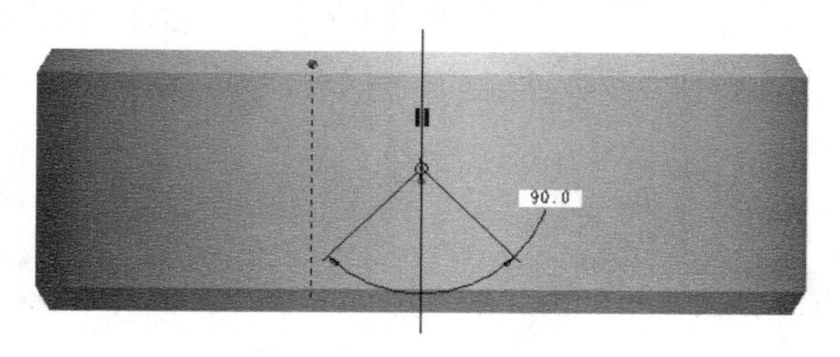

图 4-58　旋转特征 3 的草绘截面

(4) 单击【完成】按钮退出草绘模式。

(5) 单击从草绘平面以指定的角度值旋转按钮，输入角度值为 360°。选中移除材料按钮，移除方向如图 4-59 所示。

(6) 单击【应用】按钮完成旋转特征 3 的创建，如图 4-60 所示。

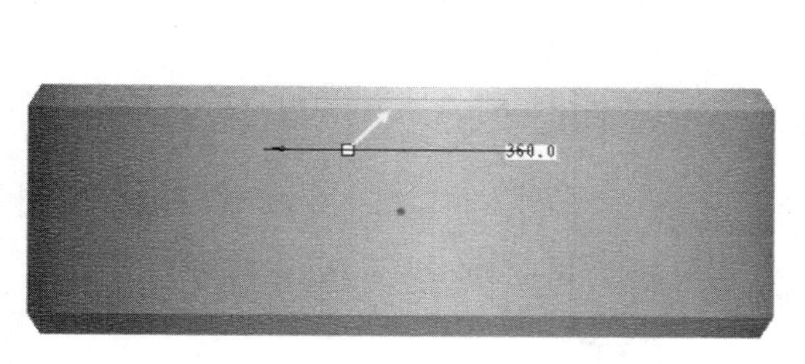

图 4-59　设置旋转特征 3 的移除材料方向

图 4-60　完成旋转特征 3 的创建

9. 镜像旋转特征 3

(1) 在模型树中选择“旋转 3”特征，单击工具栏镜像按钮，弹出镜像操控板，选择“FRONT”平面为镜像平面。

(2) 单击【应用】按钮完成旋转特征 3 的镜像，如图 4-61 所示。

图 4-61　完成旋转特征 3 的镜像

10. 创建拉伸特征 3

(1) 单击拉伸工具按钮，弹出拉伸工具操控板，单击“放置”选项卡，选择“FRONT”平面为参照平面，进入草绘界面。绘制如图 4-62 所示的草绘截面。

(2) 单击完成按钮✔退出草绘模式，单击拉伸至与所有曲面相交按钮，选中移除材料按钮，移除方向如图 4-63 所示。

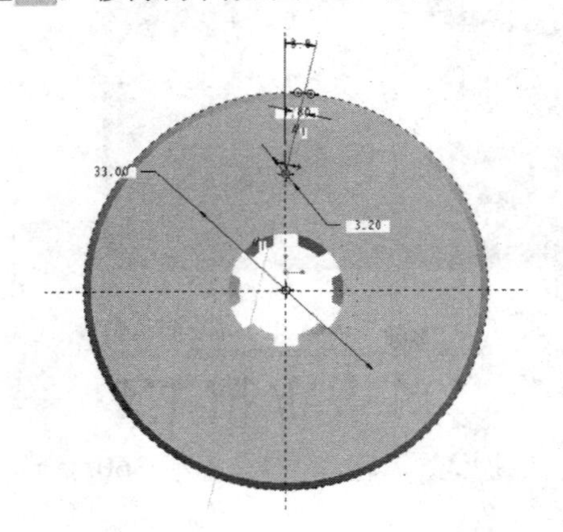

图 4-62　拉伸特征 3 的草绘截面

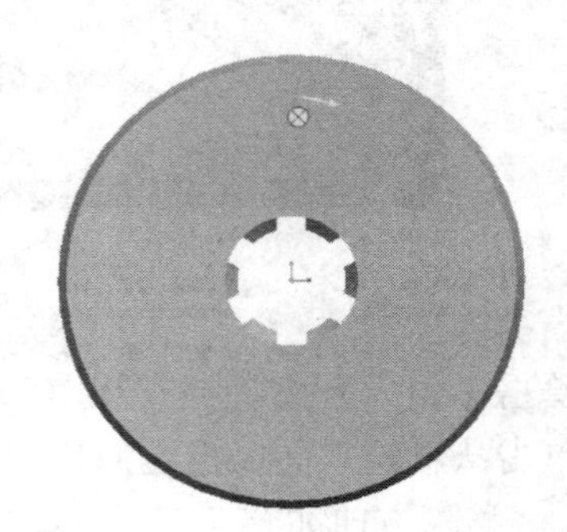

图 4-63　设置拉伸特征 3 移除材料方向

(3) 单击【应用】按钮完成拉伸特征 3 的创建，如图 4-64 所示。

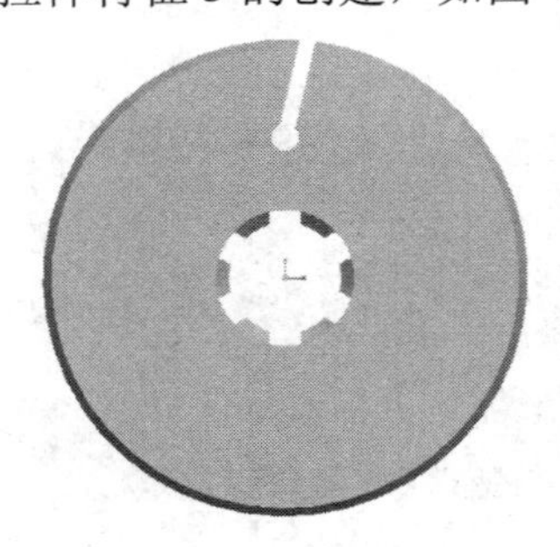

图 4-64　完成拉伸特征 3 的创建

11. 阵列拉伸特征 3

(1) 在模型树中选中“拉伸 3”特征，单击阵列工具按钮 ，弹出阵列操控板，选择“轴”阵列方式，单击“中心轴”收集器，选择“A_1 轴”为旋转阵列轴，输入第一方向成员数量为 12，阵列成员角度值为 30°，如图 4-65 所示。

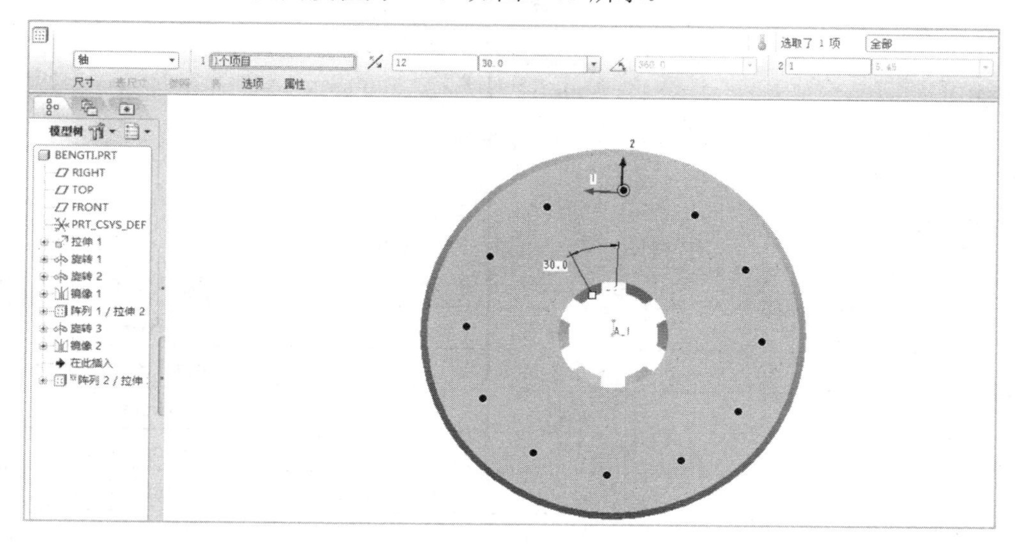

图 4-65　设置阵列操控板

(2) 单击【应用】按钮完成拉伸特征 3 的阵列，如图 4-66 所示。

至此，叶片泵转子的设计已经完成，最终模型如图 4-67 所示。

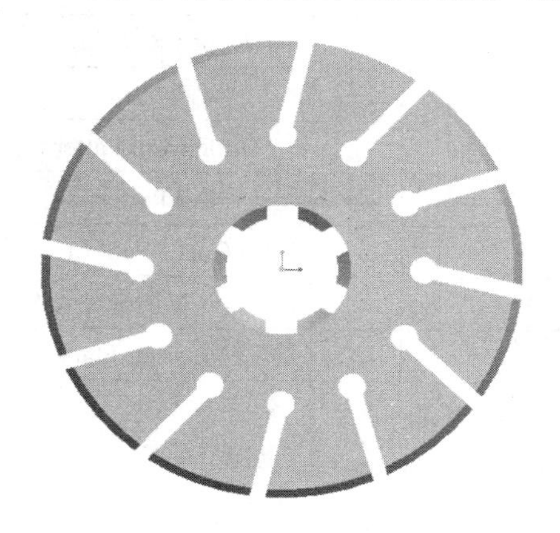

图 4-66　完成拉伸特征 3 的阵列

图 4-67　叶片泵转子模型

练习题

1. 如果要阵列多个特征，有哪几种阵列方法？

2. 销钉连接有几个自由度？

3. 看图建模。请参照图 4-68 所示的零件模型效果在 Creo 5.0 零件模式中建立三维模型，具体尺寸自行决定。

图 4-68 零件模型

项目四 核心词汇中英文对照表

序号	中 文	英 文
1	螺旋扫描	Helical Sweep
2	环形折弯	Toroidal Blend
3	右手定则	Right Handed
4	基准	Datum
5	反向	Flip
6	螺距	Pitch
7	扫引轨迹	Sweep Profile
8	面组	Quilts
9	选择性粘贴	Paste Special
10	从属副本	Dependent Copy
11	阵列	Pattern
12	尺寸阵列	Dimension Pattern
13	填充阵列	Fill Pattern
14	曲线阵列	Curve Pattern
15	镜像	Mirror
16	镜像平面	Mirroring Plane

项目五　装 配 设 计

完成三维零件的设计后，可以将这些零件在组件模式下，按照一定的约束方式或连接关系装配成一个完整的机构装置或产品模型，这就是装配设计。本项目首先介绍装配概述、装配约束、重复装配、创建爆炸视图及偏移线、在组建中处理与修改元件等，然后通过实战训练对知识进行综合应用，最后达到掌握一般装配设计方法的学习目标。

学习目标

- 理解 Creo 5.0 装配设计的一般思路
- 掌握装配约束的概念与类别
- 了解连接的特点及其创建方法
- 掌握爆炸视图及偏移线的创建方法
- 能够在实践中装配一般产品模型

知识准备

5.1　装 配 概 述

在 Creo 5.0 的装配模式下，不但可以进行零件的装配操作，还可以对装配体进行修改。零件的装配过程其实就是一个约束零件在组件中相对其他零件或部件的位置关系的过程。下面对装配约束、装配环境及装配工具做简要介绍。

5.1.1　装配约束

约束是在组件中，施加在各个零件之间的用来限制其相对位置关系的一种操作。按照被约束的零件之间是否有相对自由度划分，装配约束可以分为无连接接口的约束和有连接接口的约束。

1．无连接接口的约束

使用无连接接口的约束来定义装配体时，各个零件之间不具有自由度，即零件之间不能进行相对运动，也就是装配体中没有可以活动的零件，这种装配约束叫做无连接接口的约束。

2．有连接接口的约束

与无连接接口的约束意思相反，即装配体中，拥有连接接口约束定义的零件之间具有一个或者多个自由度，可以实现相对移动、转动等相对运动，在 Creo 5.0 中，把这种连接称为机构连接。机构连接是进行机械仿真设计的基础。

5.1.2　装配环境

零件装配是在组件模式下进行的，可以通过以下方法进入装配环境。具体操作步骤如下：

(1) 在菜单栏单击【文件】|【新建】命令，或者单击工具栏中的【新建】按钮，或者直接按下快捷键 Ctrl+N，弹出【新建】对话框，如图 5-1 所示。

(2) 在【新建】对话框的“类型”选项组中选择“组件”，在“子类型”选项组中选择“设计”。

(3) 在“名称”文本框中输入拟命名的文件名称，或使用默认组件文件名称(默认组件名称以 asm 开头，后根据新建组件文件的数量和顺序添加数字)。取消选中“使用缺省模版”，单击【确定】按钮。

(4) 弹出【新文件选项】对话框，选择“mmns_asm_design”模版，如图 5-2 所示。

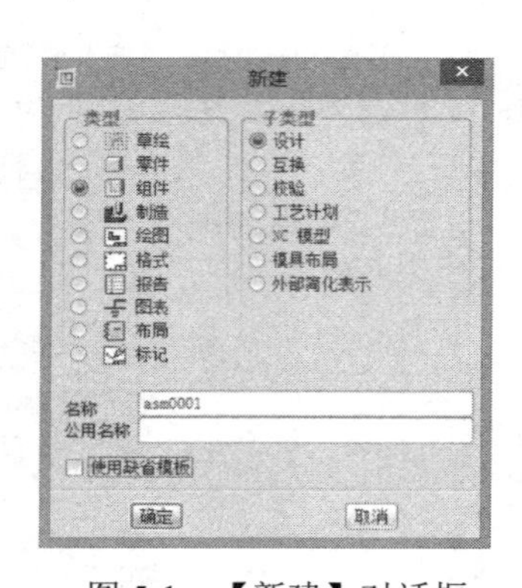

图 5-1　【新建】对话框

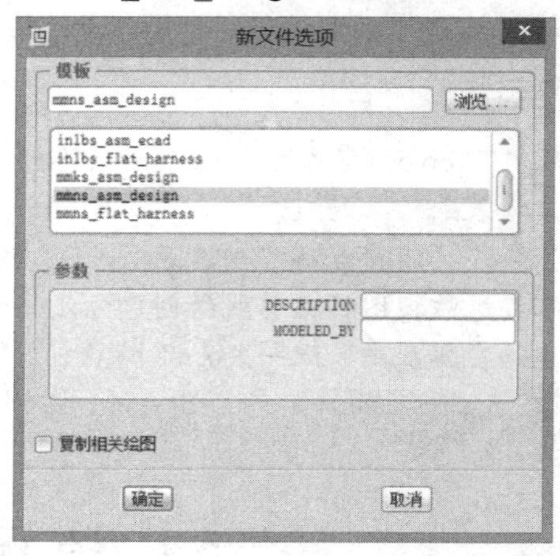

图 5-2　【新文件选项】对话框

(5) 单击【确定】按钮，进入组件模式(装配环境)，如图 5-3 所示。

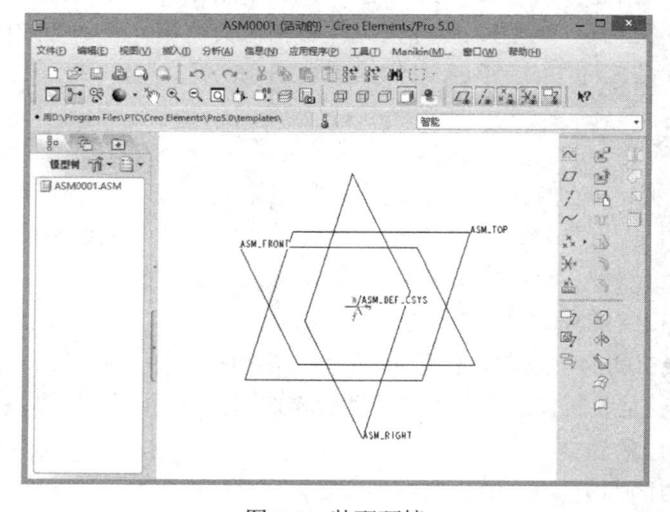

图 5-3　装配环境

5.1.3　装配工具

在菜单栏中选择【插入】|【元件】命令，可见其下拉菜单有“装配”、“创建”、“封装”、“包括”和“挠性”5个工具。下面重点介绍“装配”工具。

菜单栏中执行【插入】|【元件】|【装配】命令，或者单击右侧工具栏中的装配按钮，弹出【打开】对话框，选择需要插入的零件。单击【打开】后，弹出装配操控板，装配操控板上有“放置”、“移动”、“挠性”和“属性”4个选项卡。

1) “放置”选项卡

单击“放置”选项卡，如图5-4所示，选项卡左边区域用于搜集装配约束的关系。每单击新建约束将创建一组约束关系，直至操控板中的状态显示为完全约束，则当前插入元件的位置被完全定义。右侧“约束类型”下拉菜单用于选择具体的约束类型，约束类型包括配对、对齐、插入、坐标系、相切等，详见图5-5。

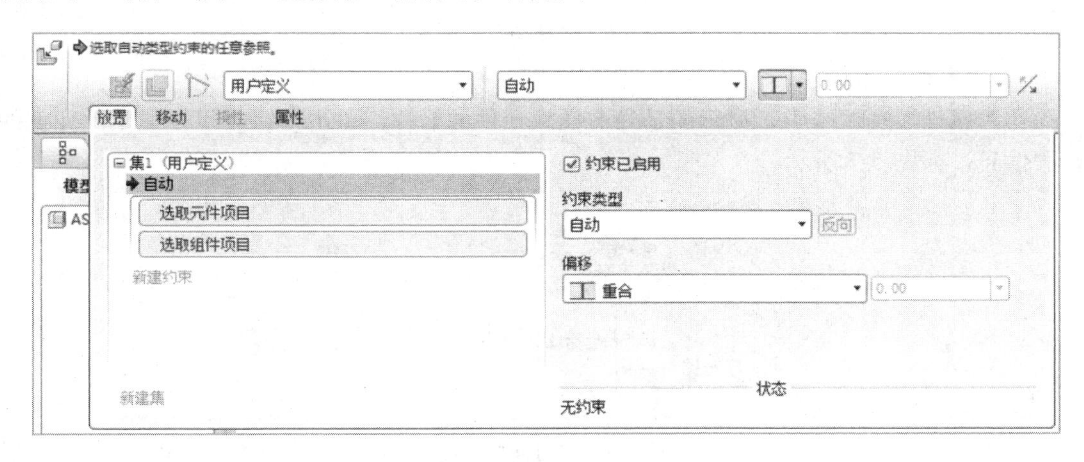

图5-4　“放置”选项卡

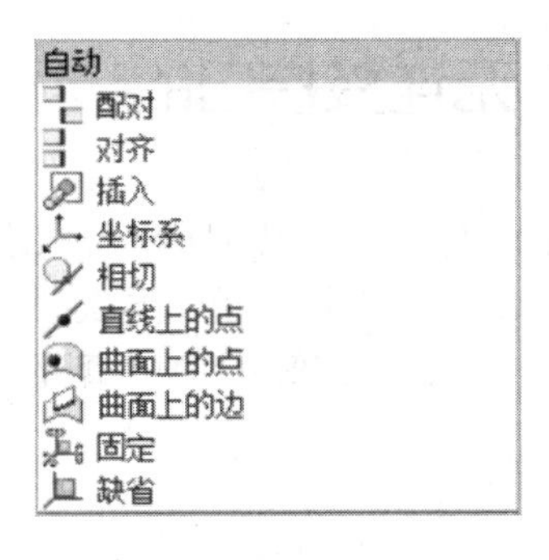

图5-5　约束类型

2) “移动”选项卡

单击“移动”选项卡，如图5-6所示。在定义元件位置的过程中，需要移动或旋转元件来选择适当的约束参照，这时可以通过“移动”选项卡，选取运动参照后，将元件进行重新放置，从而便于约束参照的选择。

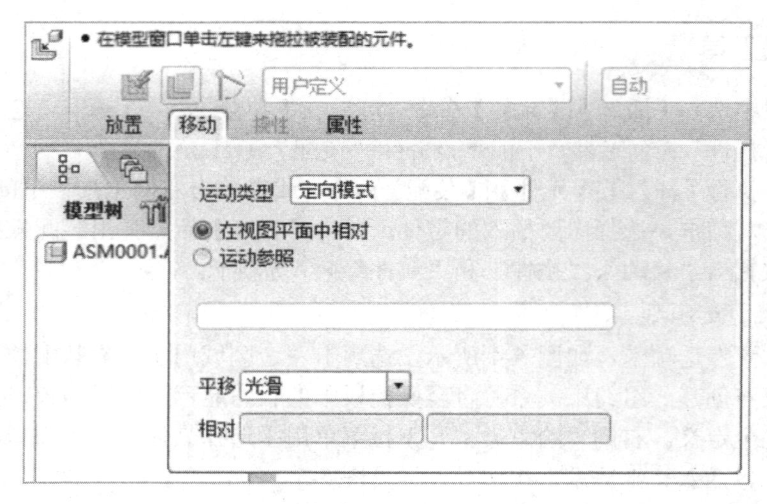

图 5-6　“移动”选项卡

3)　“属性”选项卡

在“属性”选项卡中，显示的是当前插入元件的名称，单击按钮 i 可以显示此元件的相关信息，如图 5-7 所示。

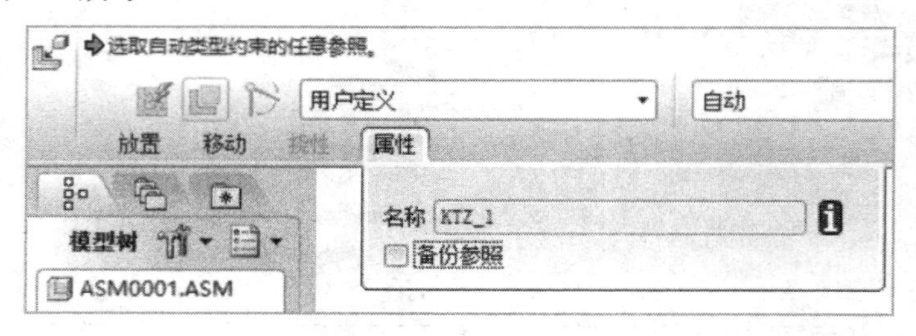

图 5-7　“属性”选项卡

5.2　无连接接口的装配约束

约束装配用于指定新载入的元件相对于装配体指定元件的放置方式，从而确定新载入的元件在装配体中的相对位置。插入元件后，单击装配操控板上的“放置”选项卡，其约束类型有配对、对齐、插入、坐标系、相切等 11 种类型的装配约束，下面对这些装配约束进行重点介绍。

1．配对

配对约束是将两个平面贴合，但法线方向相反。配对约束可以分为偏移、定向、重合 3 种不同的方式。偏移指的是两个平面满足配对关系，但是可以通过输入间距值控制两个平面之间的距离，如图 5-8(a)所示。定向指的是两个平面满足配对关系，但是两个平面之间的距离不确定，如图 5-8(b)所示。重合指的是两个平面满足配对关系并且重合，如图 5-8(c)所示。

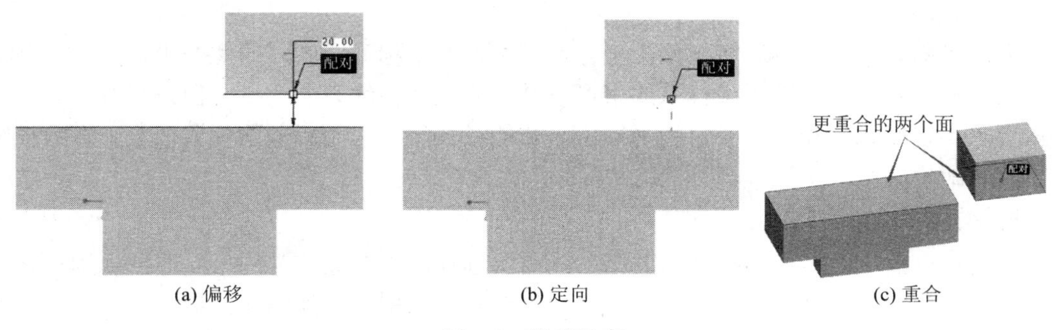

(a) 偏移　　(b) 定向　　(c) 重合

图 5-8　配对约束

2. 对齐

对齐约束是使两个平面共面、两条轴线共线或两个点重合。对齐的参照可以是点、线、面，但是每一对元件和组件的参照必须是同一类型的。对齐约束也有偏移、定向、重合 3 种方式。对齐约束的示例如图 5-9 所示。

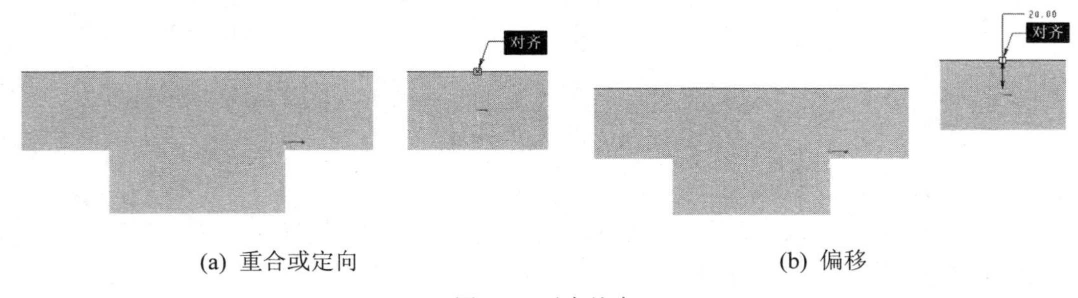

(a) 重合或定向　　(b) 偏移

图 5-9　对齐约束

3. 插入

插入约束常用于将一个旋转曲面插入到另一个旋转曲面中，常用于实现孔和轴的相互配合，并且两者的轴线重合。插入约束一般用于当轴选取无效或选取不方便的场合。如图 5-10 所示为插入约束的应用示例。

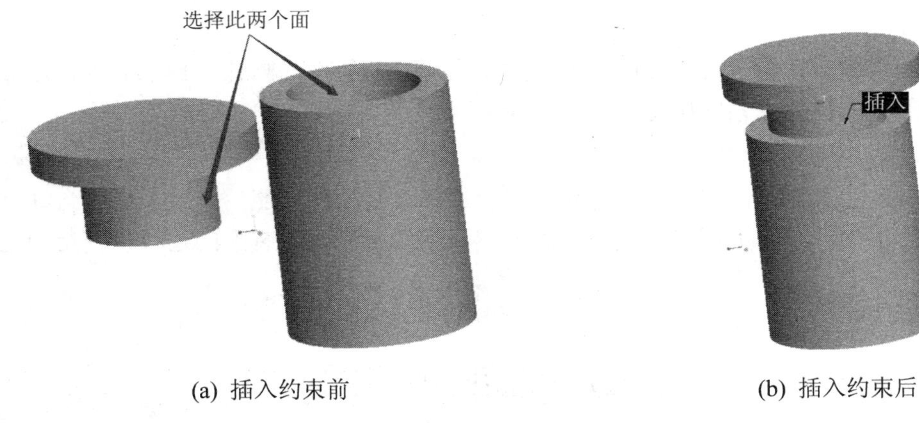

(a) 插入约束前　　(b) 插入约束后

图 5-10　插入约束

4. 坐标系

使用坐标系约束，可以将元件的坐标系和组件的坐标系对齐，即两个坐标系的 X 轴、Y 轴和 Z 轴分别对齐。使用坐标系约束可以减少添加其他约束的数量，但是只有在装配之前按要求设置好元件和组件各自的坐标系，才能在装配时达到想要的位置效果。在数控加工中，装配模型时大都选择坐标系约束。

5. 相切

相切约束控制两个曲面在切点的接触，需要选择两个曲面作为约束参照。应用相切约束后，两个曲面将自动调整到相切状态。相切约束的应用示例如图 5-11 所示。

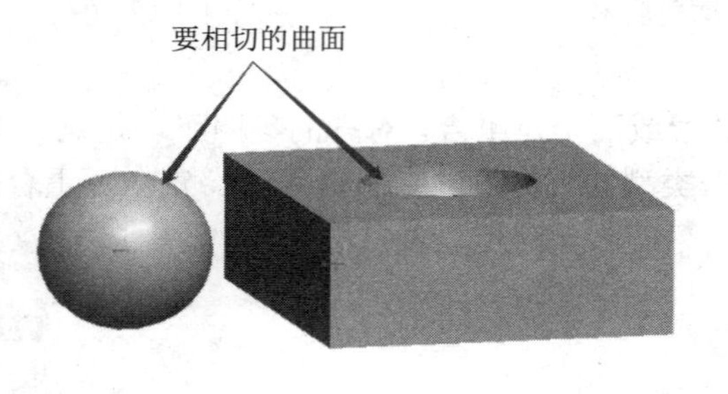

(a) 应用相切约束前

(b) 应用相切约束后

图 5-11 相切约束

6. 直线上的点

直线上的点约束可以将顶点或是基准点对齐到某条边线、轴线或基准轴线上。

7. 曲面上的点与曲面上的边

曲面上的点约束可以将顶点或基准点对齐到某个曲面上。曲面上的边约束可以将一条边对齐到某个曲面上。

8. 固定

固定约束用于将元件固定在某个位置，一般插入组件中的第一个元件用固定约束来定义。

9. 缺省

缺省约束是默认将系统创建的元件的默认坐标系和组件的默认坐标系对齐，从而完成元件在组件中的位置关系的确定。

10. 自动

使用自动约束，可以直接在元件和组件上选择要装配的参照，这时系统将自动判断应采用的约束类型，用户也可以更改约束类型。自动约束简化了装配的过程，使得装配过程更加高效。

5.3 有连接接口的装配约束

无连接接口的装配方法给插入的元件添加了各种装配约束，只有将元件的位置完全固定，才算完成一个元件与组件的装配。但是这样的装配使得元件不能运动，不能用于运动分析。应用有连接接口的装配约束进行装配的元件，其自由度并没有减小到 0，所以元件可以移动或者旋转，也可以用于运动分析单击装配操控板中的“用户定义”选项卡，可以看见系统定义了可供选择的多项连接装配约束类型，如图 5-12 所示。

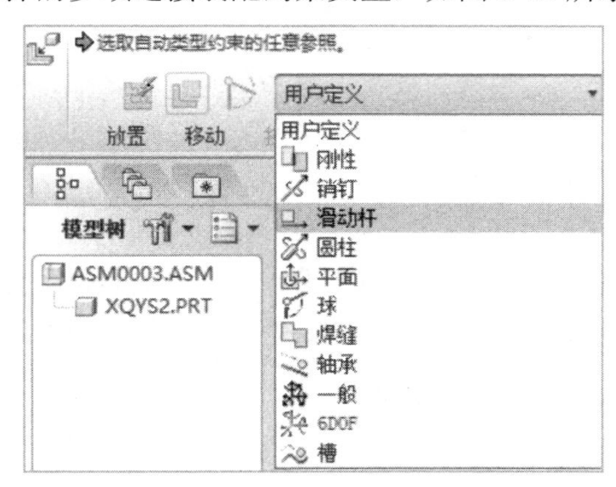

图 5-12　连接装配的约束类型

1. 刚性连接

刚性连接的两个元件不能相对运动，自由度为 0。如果将一个部件与组件用刚性连接，则部件上的原零件的自由度也不起作用。

2. 销钉连接

销钉连接由一个轴对齐约束和一个与轴垂直的平移约束组成。元件可以绕着旋转轴旋转，具有一个旋转自由度。轴对齐约束可以选择边、轴线或者圆柱面。平移约束可以是两个点对齐也可以是两个平面对齐。

3. 滑动杆连接

滑动杆连接由一个轴对齐约束和一个旋转约束组成。元件可以沿着轴移动，具有一个平移自由度。轴对齐约束可以选择边、轴线，旋转约束是约束元件绕着轴旋转的。滑动杆应用示例如图 5-13 所示。

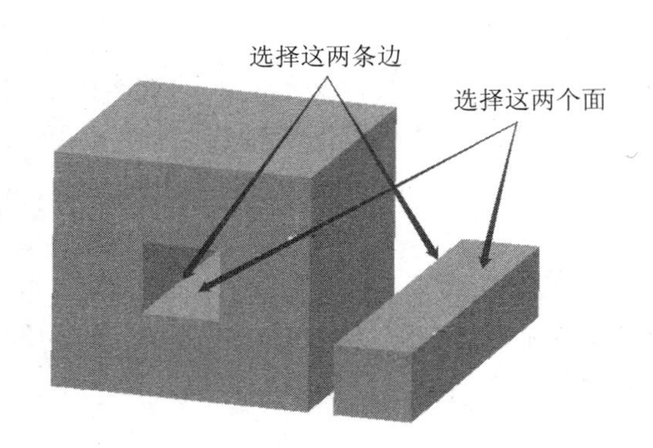

(a) 应用滑动杆连接前

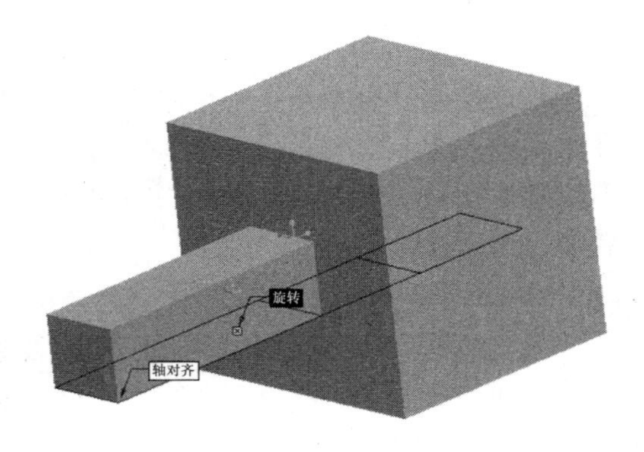

(b) 应用滑动杆连接后

图 5-13　滑动杆连接

4. 圆柱连接

圆柱连接由一个轴对齐约束组成。元件可以绕着旋转轴旋转，也可以沿着轴进行轴向平移，具有一个平移自由度和一个旋转自由度，共计 2 个自由度。轴对齐约束可以选择边、轴线或者圆柱面。

5. 平面连接

平面连接由一个平面约束组成，这个平面约束既可以是配对约束也可以是对齐约束。元件可以沿着平面移动，还可以绕着垂直于平面的轴转动，具有两个平移自由度和一个旋转自由度，共计 3 个自由度。

6. 球连接

球连接由一个点对齐约束组成。元件可以绕着对齐点旋转，具有 3 个旋转自由度。使用球连接时需要定义点对点的对齐约束。球连接应用示例如图 5-14 所示。

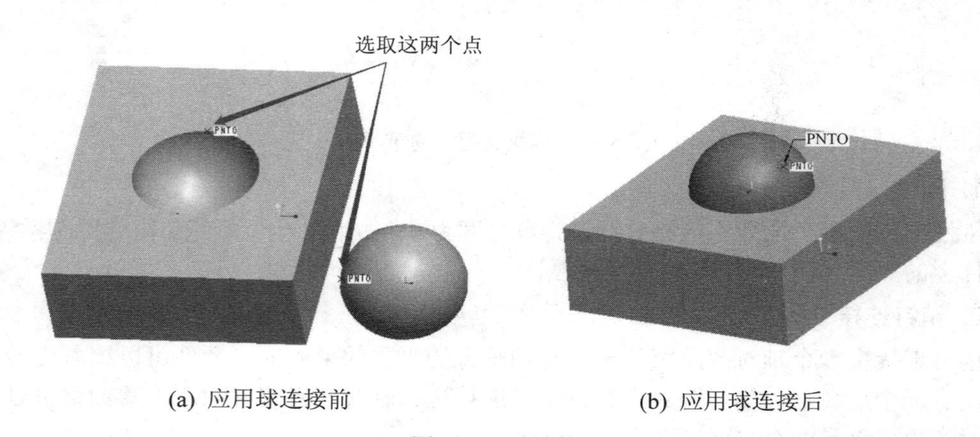

(a) 应用球连接前　　(b) 应用球连接后

图 5-14　球连接

7. 焊缝连接

焊缝连接由坐标系对齐约束组成。采用焊缝连接的两个元件，彼此之间不能相对运动，自由度为 0。如果将一个部件和组件用焊缝连接，则部件内各个零件将参照组件坐标系来实现原有自由度的运动。

8. 轴承连接

轴承连接由一个点对齐约束组成。它与机械概念上的轴承的含义不同。轴承连接指的是元件上的一个点对齐到另一个元件的一条直边或轴线。元件可以沿着轴线平移，也可以绕着点任意旋转。因此，轴承连接的元件具有 3 个旋转自由度和 1 个平移自由度，共计 4 个自由度。

9. 一般连接

一般连接选取自动类型约束的任意参照来建立，有一个或者两个可配置约束。相切约束、非平面曲面上的点约束和曲线上的点约束不能用一般连接。

10. 6DOF 连接

6DOF 连接需指定元件坐标系与组件坐标系对齐，不影响元件与组件相关的运动，元件可以绕着组件的 X、Y 和 Z 轴旋转和平移。

11. 槽连接

槽连接使参照点可以沿着直线或非直线轨迹旋转，具有4个自由度。槽连接需要定义一个线上点约束。参照点可以是基准点也可以是顶点。

5.4 重复装配

有些元件在产品的装配过程中不止使用一次，而且每次装配使用的约束类型和数量都相同，仅约束参照不同。为了方便此类元件的装配，Creo 5.0提供了重复装配的功能，这样就不用每次都重复设置约束关系。下面通过重复装配螺钉的例子，来详细描述如何进行重复装配。

(1) 新建一个组件类型的文件，选择公制模板进入装配环境。

(2) 单击装配按钮，找到cfzp1.prt，单击【打开】，插入第一个元件。弹出装配操控板，在“约束”下拉菜单选择“缺省”，此时状态显示完全约束，然后单击【应用】按钮完成元件的装配定义。

(3) 单击装配按钮，找到cfzp2.prt，单击【打开】，插入第二个元件，即螺钉。弹出装配操控板，单击“放置”选项卡，在“约束类型”下拉菜单中选择“对齐”，依次在元件和组件上选取如图5-15(a)所示的两个平面，应用对齐约束后的结果如图5-15(b)所示。

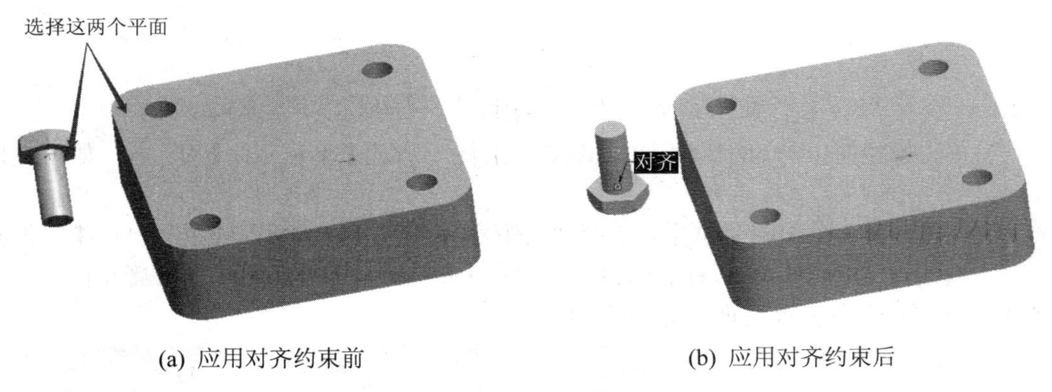

(a) 应用对齐约束前　　(b) 应用对齐约束后

图5-15　球连接

技术要点

当应用对齐后的元件朝向不是想要的方向时，可以通过单击“约束类型”后面的【反向】按钮实现，此时对齐约束将自动更改为配对约束。

(4) 单击“约束类型”后面的【反向】按钮，更改装配方向。然后选择如图5-16(a)所示的元件和组件上的两个曲面，应用插入约束，应用插入约束后的效果如图5-16(b)所示。

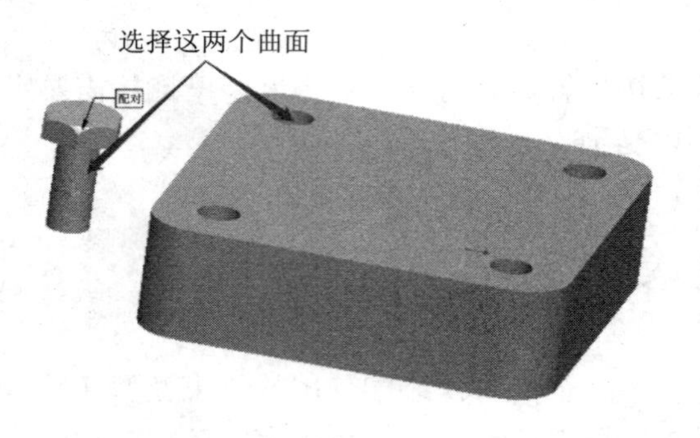

(a) 应用插入约束前

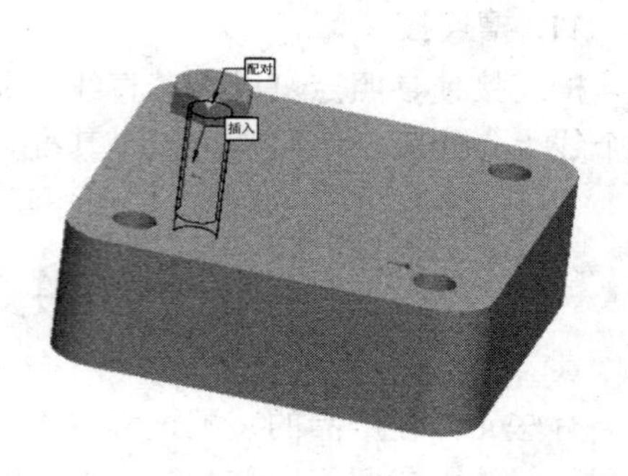

(b) 应用插入约束后

图 5-16 螺钉装配

(5) 单击装配操控板上的应用按钮✔，完成螺钉装配，如图 5-17 所示。

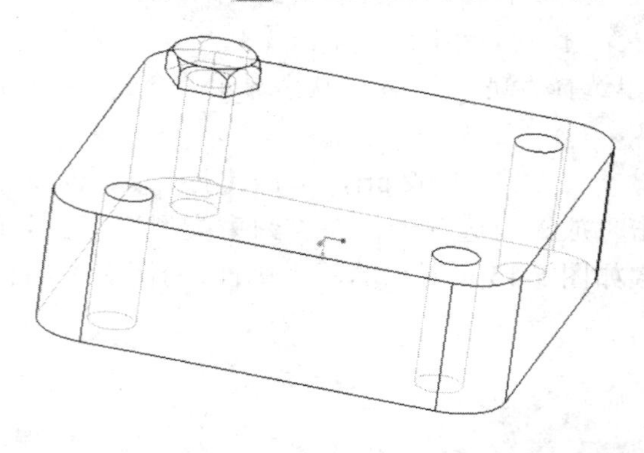

图 5-17 完成螺钉装配后的显示隐藏线效果图

(6) 单击模型树中的 cfzp2.prt，右键选择“重复”，弹出【重复元件】对话框，如图 5-18 所示。

(7) 在【重复元件】对话框中，选择“可变组件参照”中的插入约束，单击【添加】按钮，在组件中选择要插入螺钉的曲面，此时在【重复元件】对话框中“放置元件”一栏出现刚刚选择的组件参照曲面，如图 5-19 所示。

图 5-18 【重复元件】对话框

图 5-19 【重复元件】对话框“放置元件”

(8) 单击【确认】，完成第二个螺钉的复制装配，结果如图 5-20 所示。

(9) 同理，可在单击【确认】前依次继续重复装配剩下的孔，直至装配完所有的孔，再单击【确认】按钮，完成螺钉和孔装配，如图 5-21 所示。

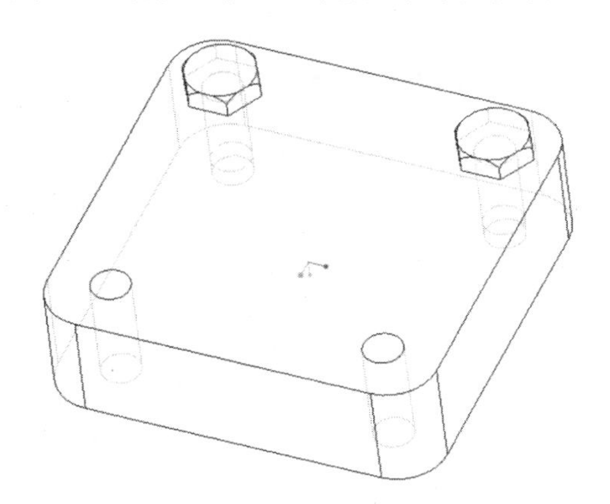

图 5-20　完成第二个螺钉的复制装配

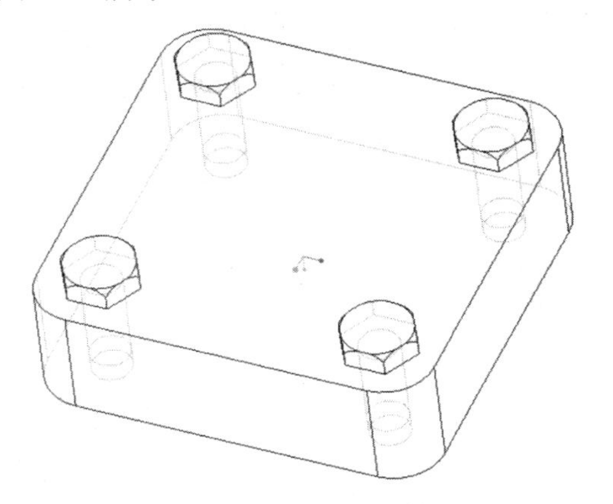

图 5-21　完成所有螺钉的重复装配

5.5　创建爆炸视图及偏移线

5.5.1　创建爆炸视图

装配好零件后，有时装配图不能直接显示零件之间的位置关系，需要通过分解装配体来查看，这种视图称为爆炸视图。爆炸视图就是将模型中的各个元件沿着一定方向与组件分离形成的视图，如图 5-22 所示。

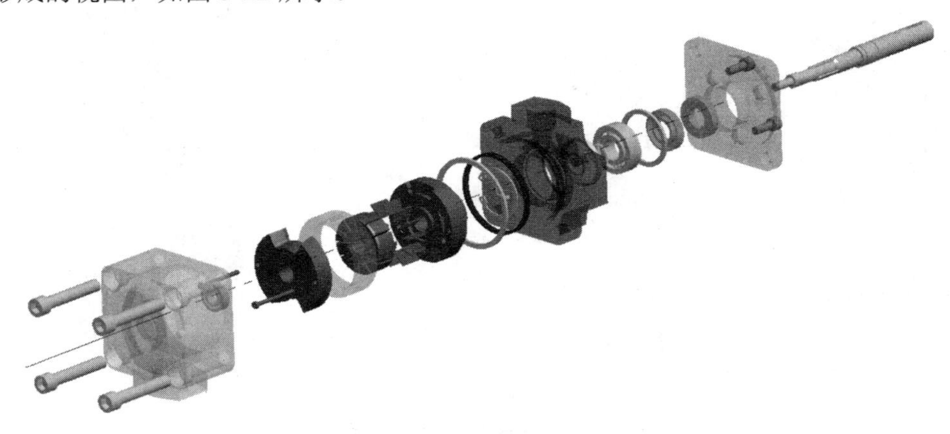

图 5-22　爆炸视图

执行菜单栏的【视图】|【分解】|【分解视图】命令，可以将装配体按照系统默认方式进行分解操作。如果想自定义分解后的零件位置，并保存为一个新的分解视图，则可以通过执行【视图】|【视图管理器】来实现。单击【视图管理器】中的“分解”选项卡，单击【新建】，则新建一个分解视图，默认视图名称为 Exp0001，如图 5-23 所示。

单击【视图管理器】中的【属性】按钮，然后单击编辑位置按钮，弹出编辑位置操控板，如图 5-24 所示。通过操控板，选定需要移动的零件及运动参照，便可调整零件的位置，获得新的爆炸视图，即分解视图。

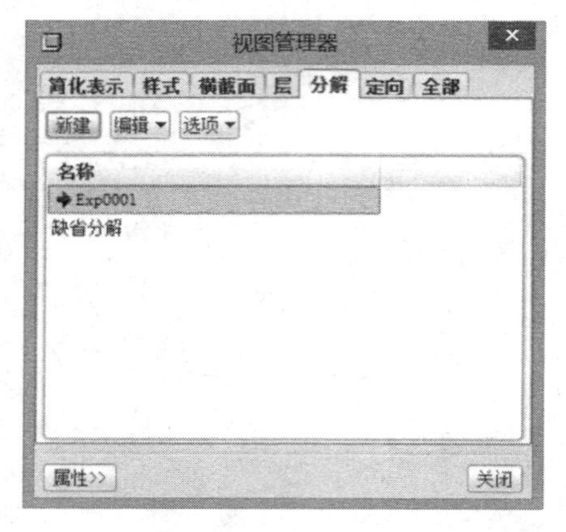

图 5-23　新建分解视图

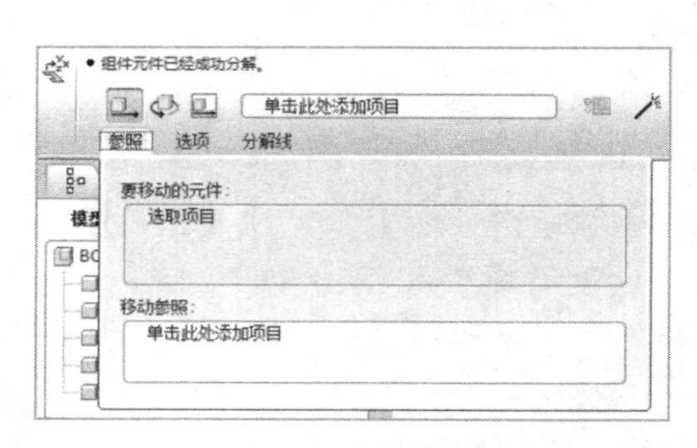

图 5-24　编辑位置操控板

5.5.2 创建偏移线

在爆炸视图中创建清晰、合理并有序的偏移线有助于理解零件之间的装配位置关系。在编辑位置操控板中单击创建修饰偏移线按钮，弹出【修饰偏移线】对话框，如图 5-25 所示。参照 1(1)收集器用于收集定义偏移线的起始端点，参照 2(2)收集器用于收集定义偏移线的第二个端点。如图 5-26 所示为添加偏移线后的效果图。

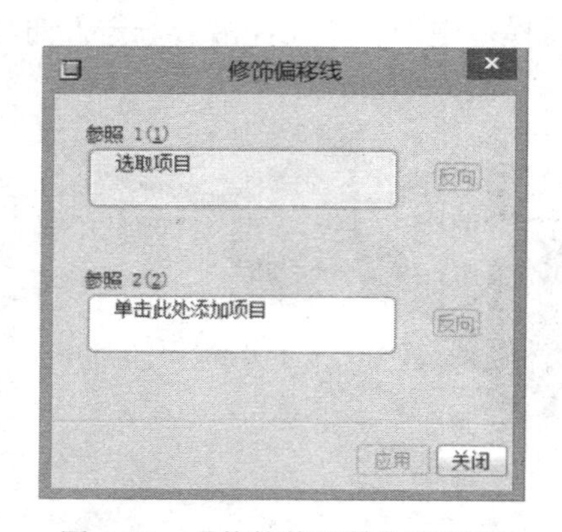

图 5-25　【修饰偏移线】对话框

图 5-26　添加偏移线

5.6 在组件中创建和修改元件

在元件的装配过程中，可以在组件装配模式下新建元件。单击创建按钮，弹出【元件创建】对话框，在对话框中可以选择新建文件类型和子类型，也可以更改文件名称，如图 5-27 所示。

单击【元件创建】对话框中的【确定】按钮后，弹出【创建选项】对话框，如图 5-28 所示。创建方法包括复制现有、定位缺省基准、空、创建特征 4 种。复制现有指的是通过复制组件中的现有元件来创建实体零件。定位缺省基准指的是创建实体零件并且使用缺省基准即默认基准。空指的是创建的元件不具有初始几何特征。创建特征指的是创建实体零件及特征。

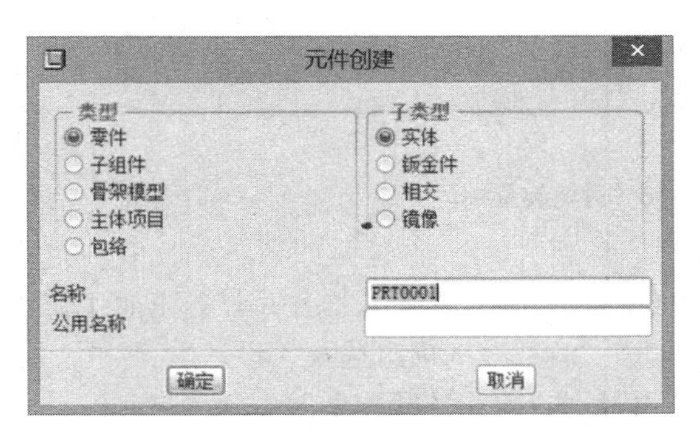

图 5-27　【元件创建】对话框

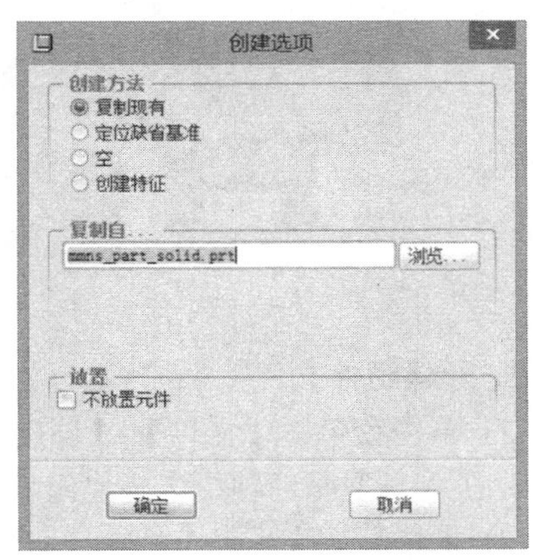

图 5-28　【创建选项】对话框

单击【创建选项】对话框中的【确定】按钮后，系统就开始创建元件，此时右侧出现元件特征创建的相关工具栏，类似于零件设计模式下进行零件的创建。当完成元件创建后，需要回到组件模式，可以通过单击模型树中的组件名称，右键选择“激活”来实现，如图 5-29 所示。

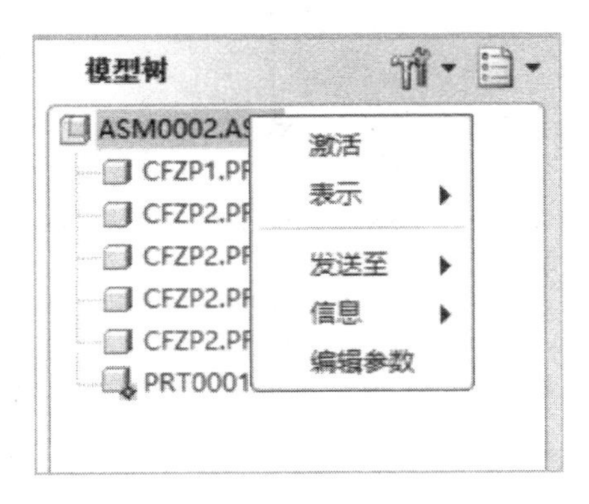

图 5-29　激活组件设计模式

实战训练

滑轮装置的装配

图 5-30 所示为引导皮带传动的滑轮装置。该滑轮装置由底座、轴套、滑轮、轴、螺母、垫圈组成。装配该滑轮装置将应用到装配约束、连接装配、创建爆炸视图等知识点。下面讲解具体的装配步骤。

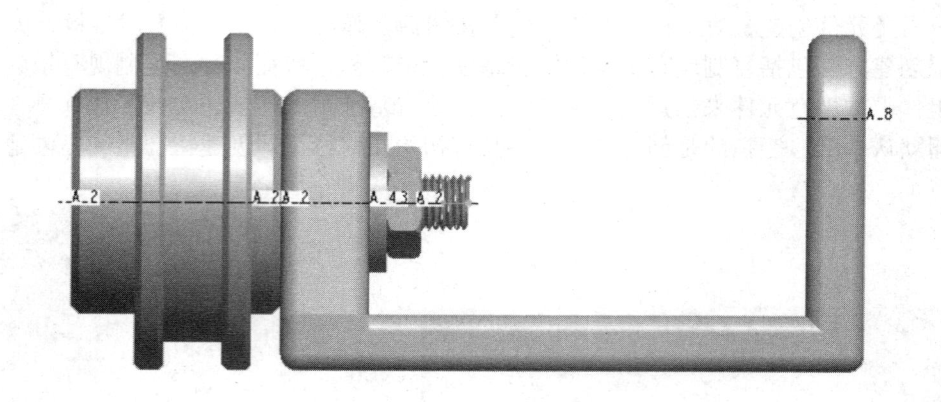

图 5-30 滑轮装置

1. 新建组件文件

(1) 单击菜单栏【文件】|【新建】命令，或者按下快捷键 Ctrl + N 弹出的【新建】对话框，在“类型”选项组选择“组件”，在“子类型”选项组选择“设计”。

(2) 采用默认文件名，取消“使用缺省模版”，单击【确定】按钮。

(3) 在弹出的【新文件选项】对话框中选择 mmns_asm_design 模版，单击【确定】按钮。

2. 插入底座零件

(1) 单击装配按钮，选择 zp_1.prt 文件，单击【打开】按钮。

(2) 弹出装配操控板。作为第一个零件，在装配约束中选择“缺省”选项，如图 5-31 所示。

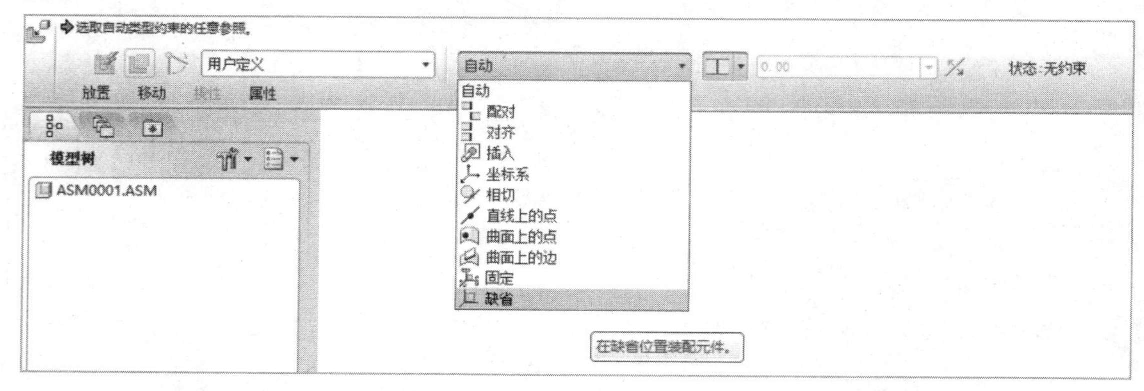

图 5-31 选择“缺省”约束类型

(3) 单击【应用】按钮，完成底座零件的装配。

3. 装配轴套零件

(1) 单击装配按钮，选择 zp_2.prt 文件，单击【打开】按钮。

(2) 弹出装配操控板，单击“放置”选项卡，在“约束类型”下拉选项中选择“对齐”，单击“选取元件项目”参照收集器，选择轴套的“RIGHT”基准平面，单击“选取组件项目”参照收集器，选择底座的上端面，偏移类型为“重合”，如图 5-32 所示。

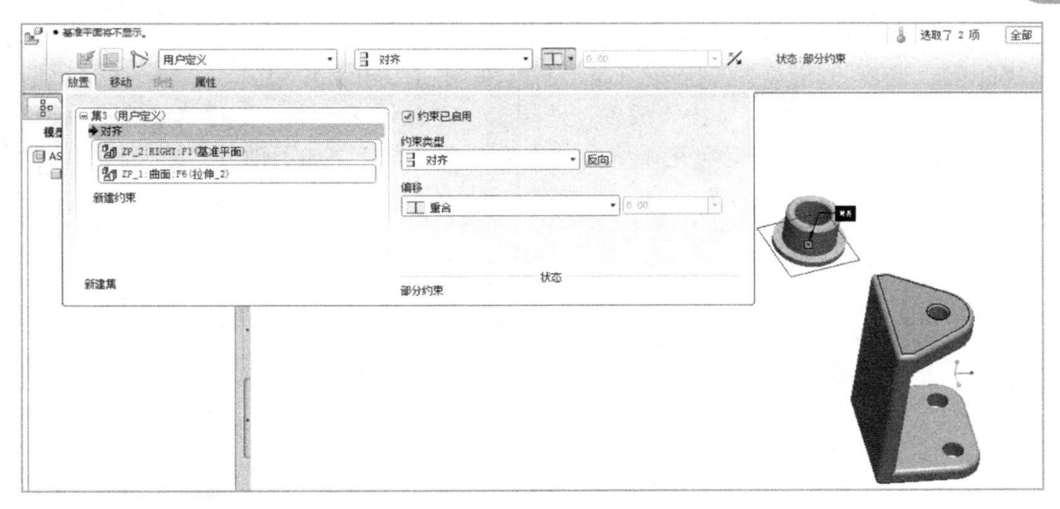

图 5-32　定义对齐约束

(3) 此时，状态显示为“部分约束”，说明零件位置没有完全定义，需要再添加约束。接着单击“新建约束”，选择约束类型为“插入”，单击“选取元件项目”参照收集器，选择轴套的内圆柱曲面，单击“选取组件项目”参照收集器，选择底座的上端面孔的内圆柱曲面，偏移类型为“重合”，状态显示为“完全约束”，结果如图 5-33 所示。

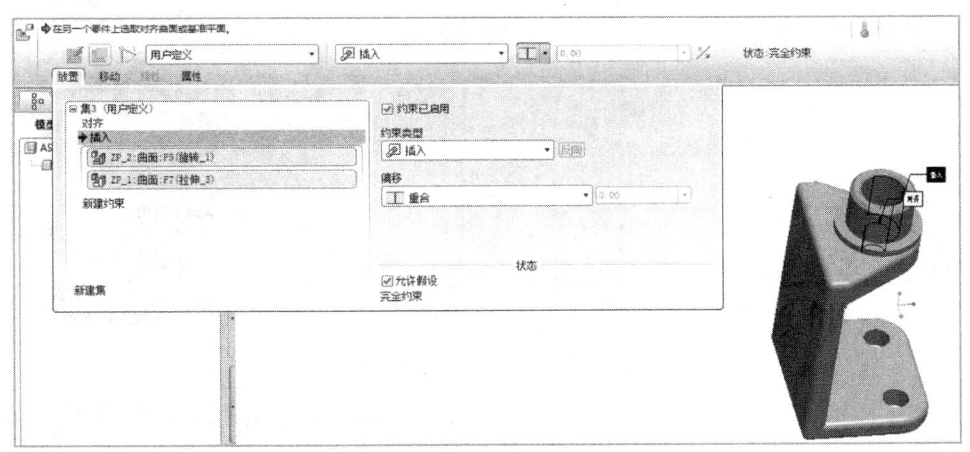

图 5-33　定义插入约束

(4) 单击装配操控板的【应用】按钮，完成轴套的装配，结果如图 5-34 所示。

图 5-34　完成轴套装配

4. 以连接装配方式装配滑轮

(1) 单击装配按钮，选择 zp_3.prt 文件，单击【打开】按钮。

(2) 弹出装配操控板，单击“放置”选项卡，在预定义约束集下拉菜单选择“销钉”选项，单击“放置”选项卡，可见系统自动为销钉连接方式添加了轴对齐约束和平移约束，如图 5-35 所示。

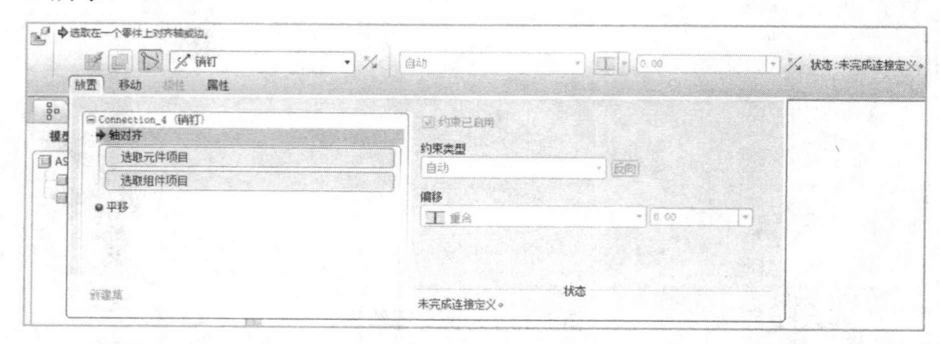

图 5-35 销钉连接

(3) 在“轴对齐”约束下单击“选取元件项目”参照收集器，选择滑轮的轴线 A_2，单击“选取组件项目”参照收集器，选择轴套的轴线 A_2，结果如图 5-36 所示。

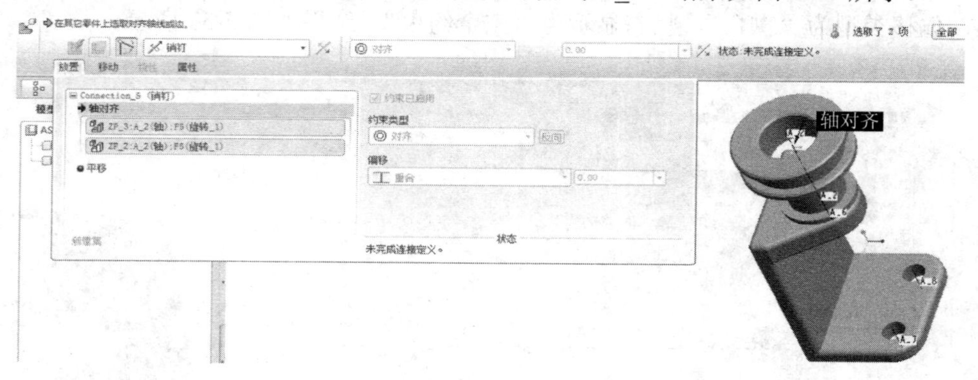

图 5-36 定义轴对齐约束

(4) 单击“平移”约束，单击“参照”收集器，依次选择如图 5-37 所示的两个端面，约束类型设置为“配对”，偏移类型为“重合”，此时状态显示为“完成连接定义”，如图 5-38 所示。

图 5-37 定义平移约束选择的参照

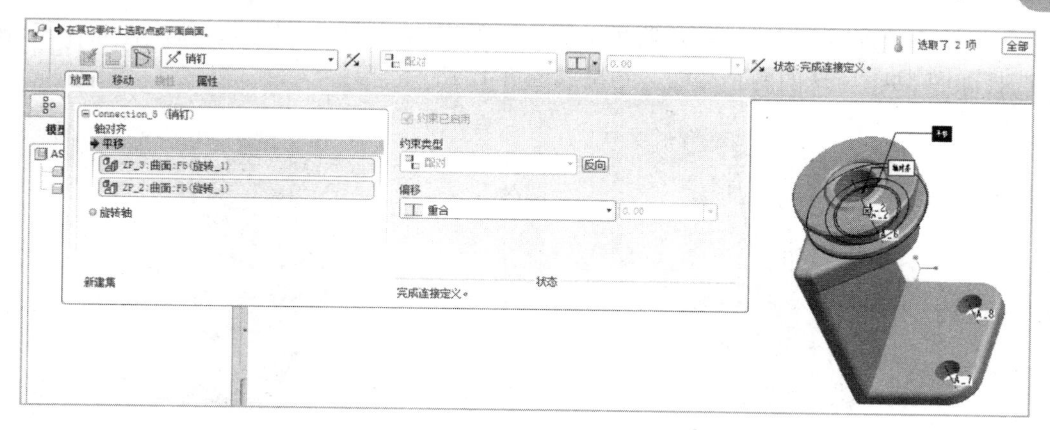

图 5-38　定义平移约束

(5) 单击【应用】按钮，完成滑轮的销钉连接装配，结果如图 5-39 所示。

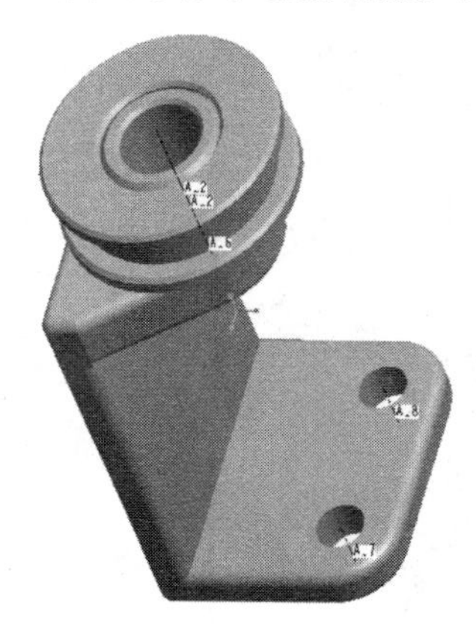

图 5-39　完成滑轮的销钉连接装配

5. 装配轴

(1) 单击装配按钮，选择 zp_4.prt 文件，单击【打开】按钮。

(2) 弹出装配操控板，单击“放置”选项卡，选择约束类型“对齐”，单击“参照”收集器，依次选择元件的中心轴和组件中轴套的轴线 A_2，如图 5-40 所示。

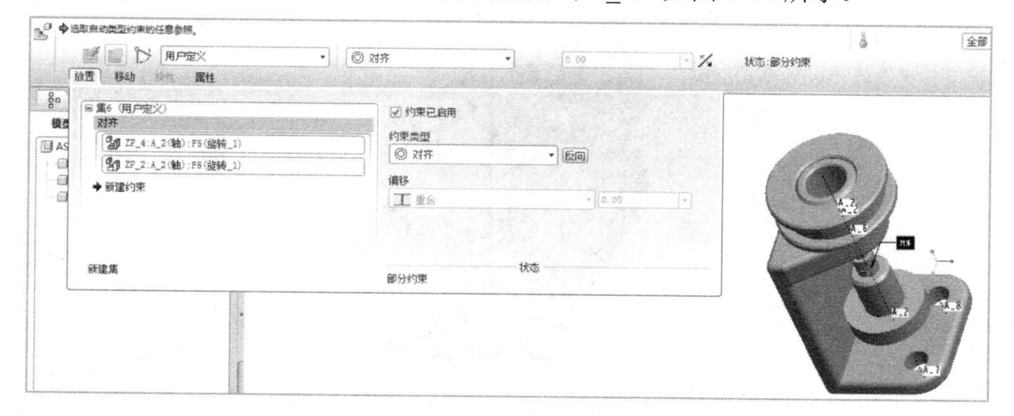

图 5-40　定义对齐约束

(3) 单击“新建约束”，约束类型选择“对齐”，通过参照收集器，依次在元件和组件中选择如图 5-41 所示的两个端面，结果如图 5-42 所示。

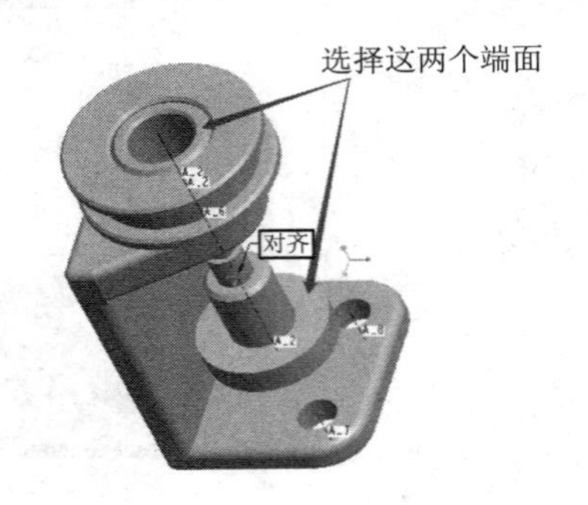

图 5-41 定义对齐约束选择的参照图　　图 5-42 应用对齐约束后的结果

(4) 显然，轴零件与组件的位置方向应更改。可以通过单击“放置”选项卡中的【反向】按钮实现，此时“对齐”约束自动更改为“配对”，偏移类型为“重合”，此时状态显示为“完全约束”，如图 5-43 所示。

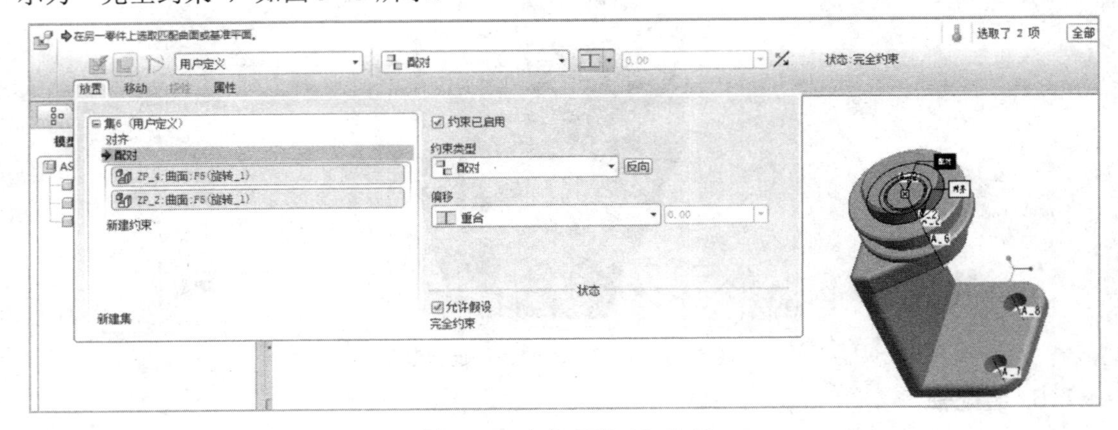

图 5-43 定义【配对】约束

(5) 单击【应用】按钮，完成轴零件的装配结果，如图 5-44 所示。

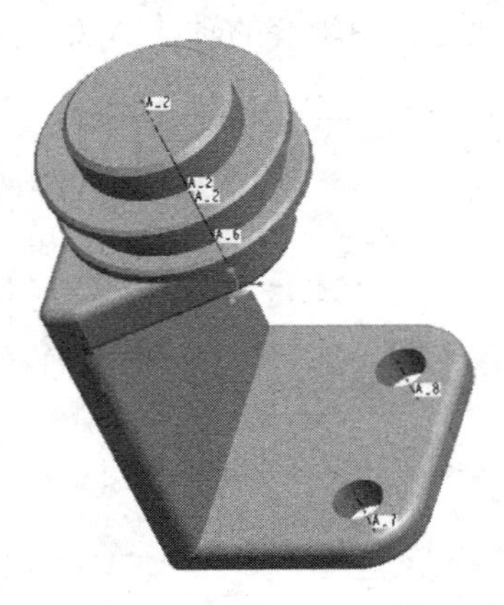

图 5-44 完成轴零件的装配结果

6. 装配垫圈

(1) 单击装配按钮，选择 zp_5.prt 文件，单击【打开】按钮。

(2) 弹出装配操控板，单击“放置”选项卡，选择约束类型为“对齐”，单击“参照”收集器，依次选择垫圈的轴线和轴零件的轴线，如图 5-45 所示。若发现垫圈与组件实体重合，这样不便于后续装配，则可以通过单击“移动”选项卡，选择运动类型为“移动”，然后在绘图区域单击垫圈，移动垫圈至合适位置(如图 5-46 所示)，否则不便于后续装配。

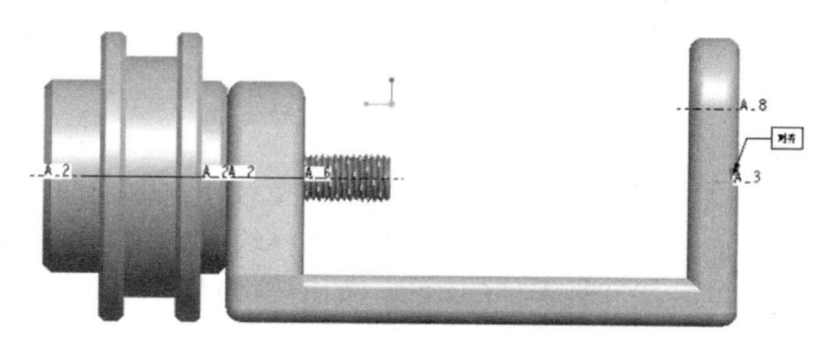

图 5-45　定义对齐约束

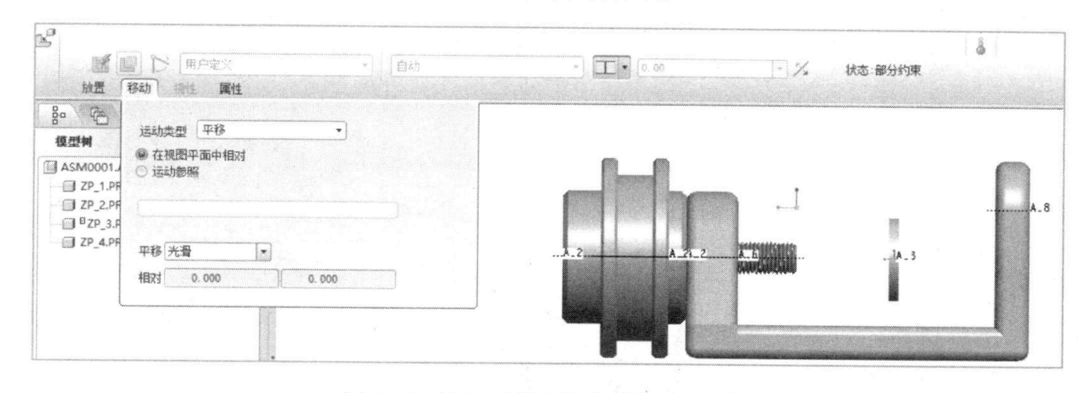

图 5-46　应用“移动”选项卡移动零件

(3) 单击【放置】选项卡，单击“新建约束”，选择约束类型为“配对”，单击“参照”收集器，选择元件端面如图 5-47(a)所示，选择组件端面参照如图 5-47(b)所示。

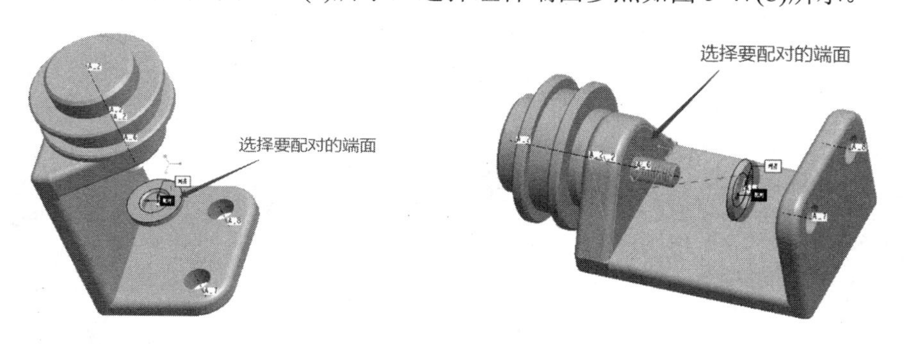

(a) 在元件中选择端面参照　　(b) 在组件中选择端面参照

图 5-47　应用配对约束时选择的两个端面参照

(4) 单击【应用】按钮，完成垫圈的装配结果，如图 5-48 所示。

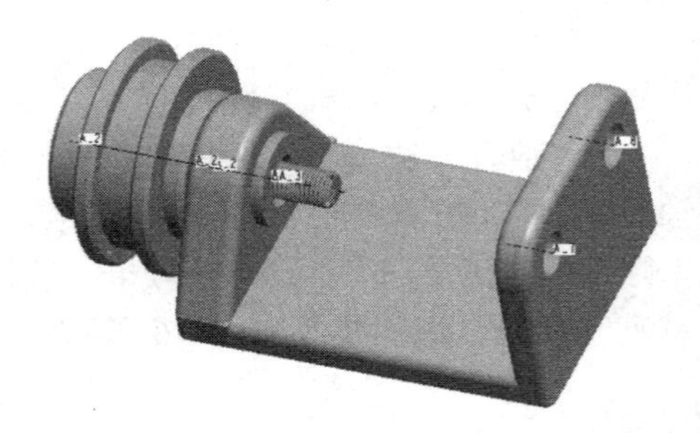

图 5-48 完成垫圈的装配结果

7. 装配螺母

(1) 单击装配按钮，选择 zp_6.prt 文件，单击【打开】按钮。

(2) 弹出装配操控板，单击“放置”选项卡，选择约束类型为“对齐”，单击“参照”收集器，依次选择螺母的轴线和轴零件的轴线，如图 5-49 所示。

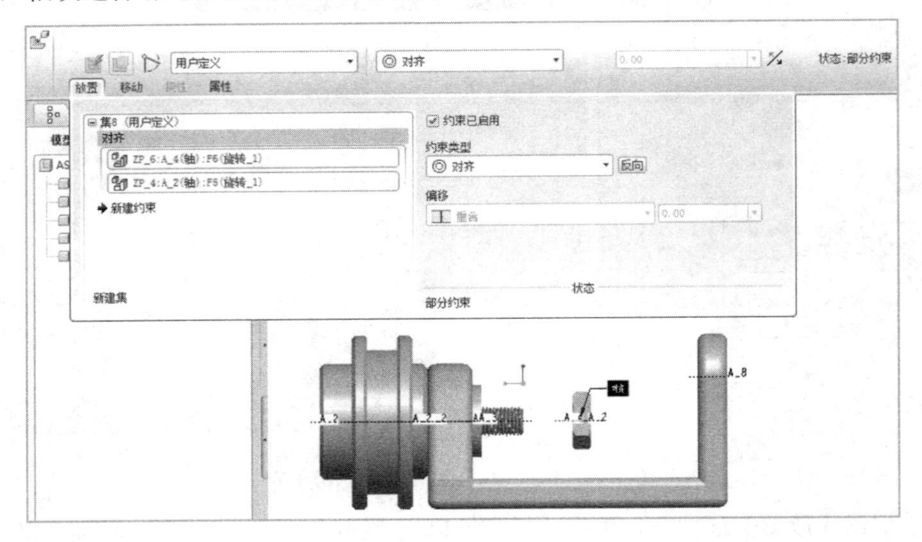

图 5-49 定义对齐约束

(3) 单击“新建约束”，选择约束类型为“配对”，单击“参照”收集器。若视图角度不便于选择零件参照，则可以通过单击在单独的窗口中显示元件按钮来实现，选择螺母的端面，如图 5-50 所示。

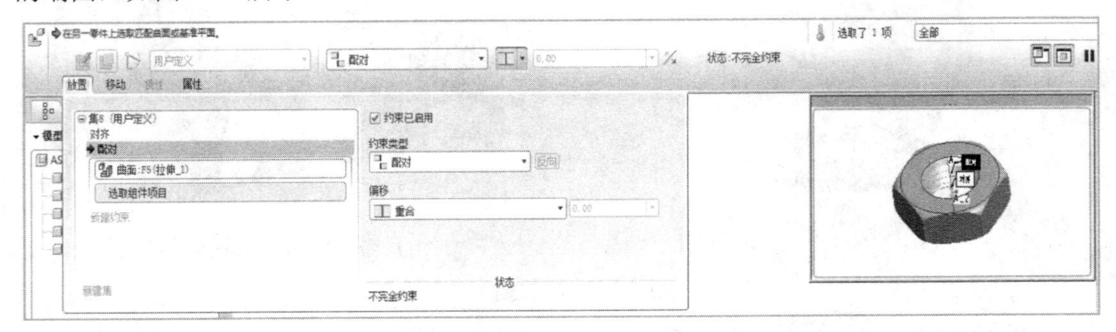

图 5-50 在单独的窗口中显示元件功能

(4) 再次单击在单独的窗口中显示元件按钮 隐藏窗口，在组件中选择轴零件的端面作为参照，如图 5-51 所示。

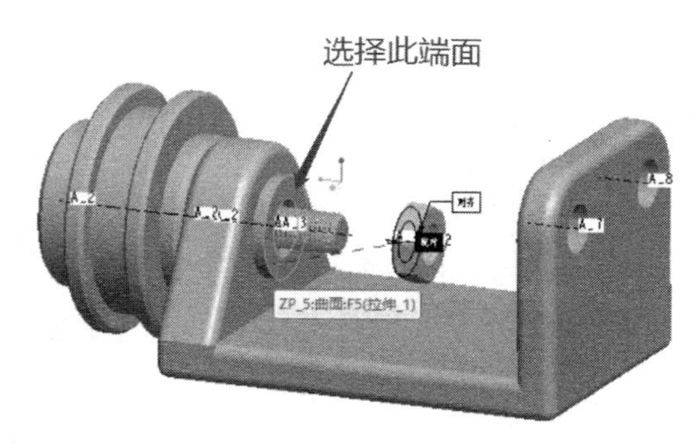

图 5-51　在组件中选择参照

(5) 单击【应用】按钮，完成螺母的装配结果，如图 5-52 所示。

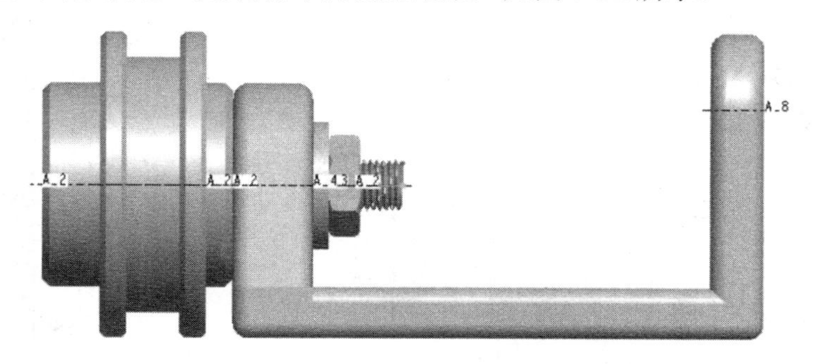

图 5-52　完成螺母的装配结果

8. 创建爆炸视图

(1) 执行菜单栏中的【视图】|【视图管理器】命令，弹出【视图管理器】对话框，单击【新建】按钮，采用默认的视图名称，如图 5-53 所示。

图 5-53　【视图管理器】对话框

(2) 单击【属性】按钮，单击编辑位置按钮，弹出编辑位置操控板，单击“参照”选项卡，单击“要移动的元件”收集器，在组件中选择轴零件，单击“移动参照”收集器，选择 zp_2 零件的中心轴，如图 5-54 所示。

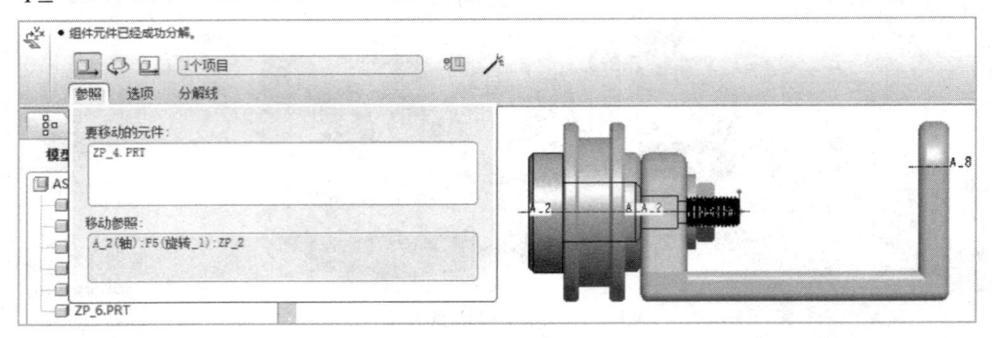

图 5-54 “参照”选项卡

(3) 单击“要移动的元件”收集器，将鼠标定位在移动坐标系上，直到坐标系上轴线显示红色，如图 5-55 所示。

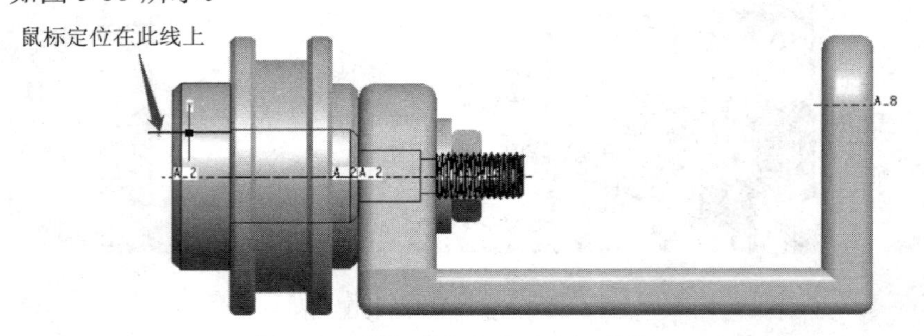

图 5-55 鼠标定位在移动坐标系上

(4) 按住鼠标左键拖动轴零件，直至移动轴零件位置如图 5-56 所示。依照同样的原理移动其他零件的位置，结果如图 5-57 所示。

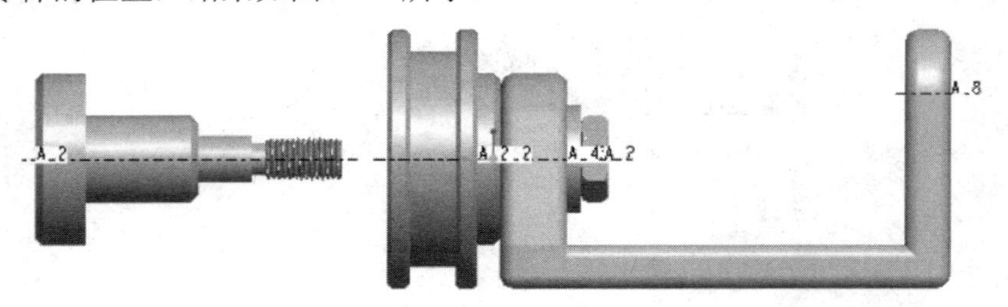

图 5-56 移动轴零件的位置

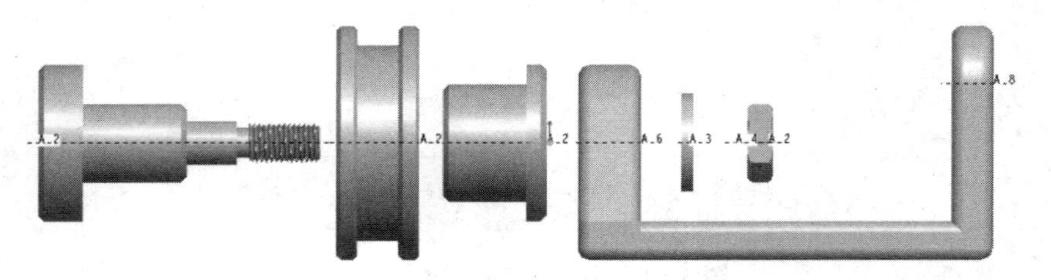

图 5-57 移动所有零件位置的结果

(5) 单击【应用】按钮，返回【视图管理器】对话框，项目列表显示处于分解状态的所有零件，如图 5-58(a)所示。单击切换至垂直视图按钮，执行【编辑】下的【保存】命令保存爆炸视图，如图 5-58(b)所示。

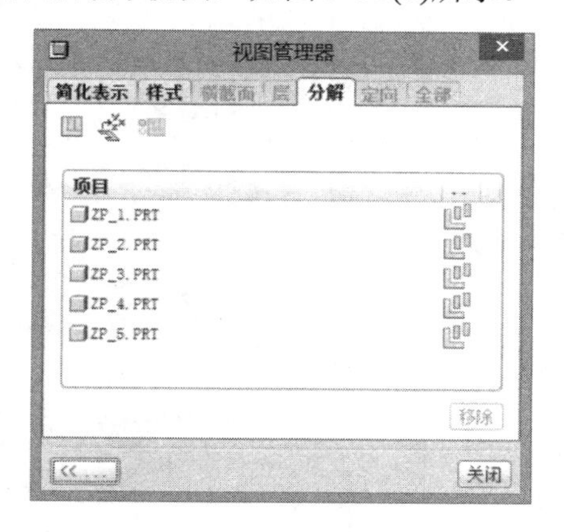

(a) 编辑完零件位置的【视图管理器】

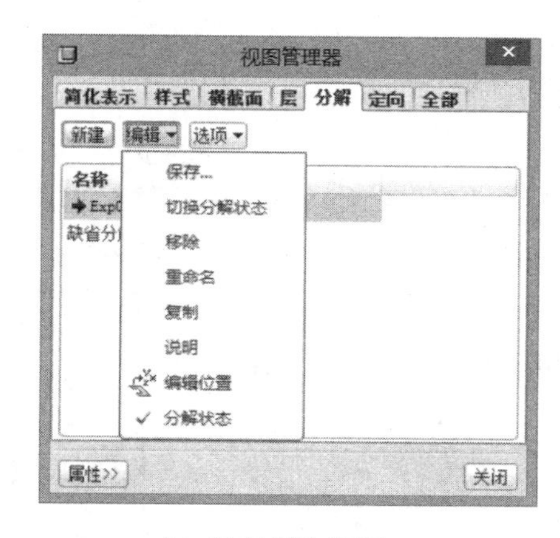

(b) 保存爆炸视图

图 5-58　【视图管理器】对话框

(6) 返回编辑位置操控板，单击创建修饰偏移线按钮，在过滤器中选择“轴”，如图 5-59 所示。在弹出的【修饰偏移线】对话框中，在“参照 1(1)”收集器中选择轴零件的中心轴，在“参照 2(2)”收集器中选择螺母的中心线，如图 5-60 所示。

图 5-59　过滤器

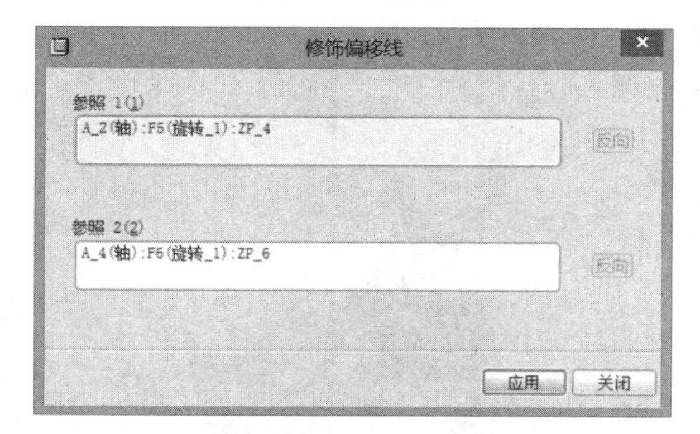

图 5-60　【修饰偏移线】对话框

(7) 单击【应用】按钮，并关闭对话框。单击操控板的【应用】按钮，返回【视图管理器】。单击切换至垂直视图按钮，执行【编辑】下的【保存】命令，弹出【保存显示元素】对话框，如图 5-61 所示，单击【确定】保存视图。

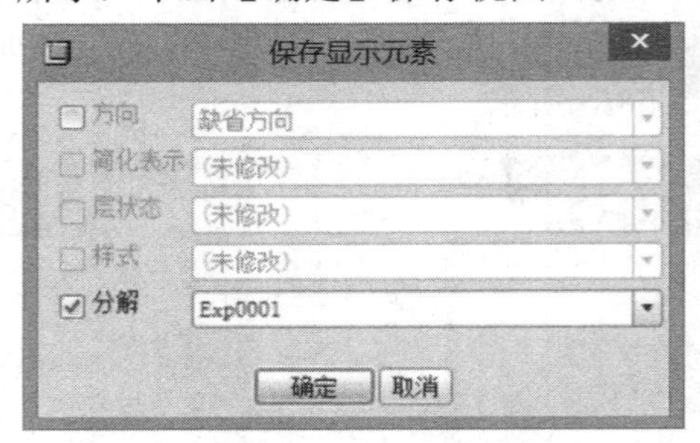

图 5-61　【保存显示元素】对话框

(8) 关闭【视图管理器】对话框，完成创建偏移线，如图 5-62 所示。

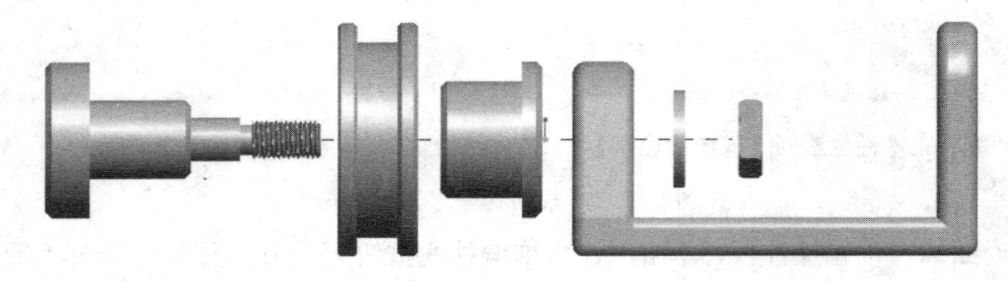

图 5-62　完成偏移线的创建

(9) 单击【视图】|【分解视图】|【取消分解视图】，可返回至组件装配状态。至此，完成了滑轮装置的装配和偏移线创建。

练习题

1. 叙述对齐约束、配对约束、插入约束的特点。
2. 销钉连接有几个自由度？
3. 如何移动正在装配的零件？
4. 看图装配。打开素材 shangliaodanyuan.asm 文件，如图 5-63 所示，为自动化生产线上料单元装配模型创建爆炸视图，并添加偏移线。

图 5-63　自动化生产线上料单元装配模型

项目五　核心词汇中英文对照表

序号	中　文	英　文
1	组件	Assembly
2	元件	Component
3	配对	Mate
4	对齐	Align
5	插入	Insert
6	刚性	Rigid
7	销钉	Pin
8	滑动杆	Slider
9	圆柱	Cylinder
10	平面	Planar
11	球	Ball
12	焊缝	Weld
13	轴承	Bearing
14	槽	Slot
15	偏移	Offset
16	约束	Constrsint

项目六　工程图设计

工程图用视图来表达零组件的形状与结构。复杂零件又需要由多个视图来共同表达才能使人看得清楚、明白。本项目主要介绍 Creo 5.0 工程图的创建、尺寸标注等知识。

学习目标

- ◆ 掌握工作目录的设置
- ◆ 掌握创建工程图的技能
- ◆ 熟悉创建工程图前的准备工作

知识准备

6.1　工作目录设置

设置工作目录便于对文件的管理和规范设计过程，同时方便文件和模板的选取，以提高设计效率。

操作任务 1——临时工作目录的设置

操作步骤：

(1) 打开软件，单击菜单栏【文件】|【设置工作目录】，如图 6-1 所示。

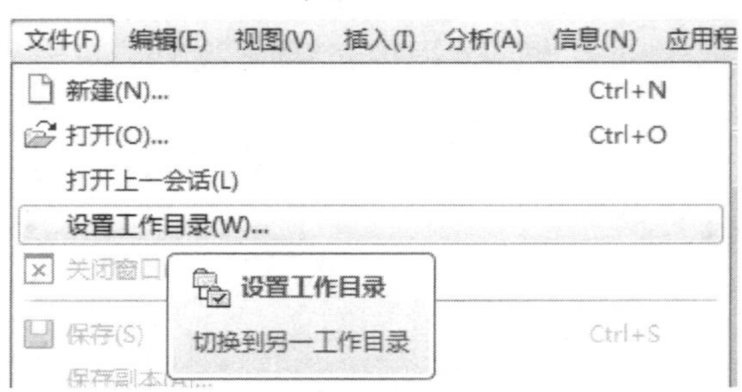

图 6-1　设置工作目录

(2) 选择需要的文件夹路径，点击【确定】，如图 6-2 所示，这种设置方法在关闭软件后便失效。

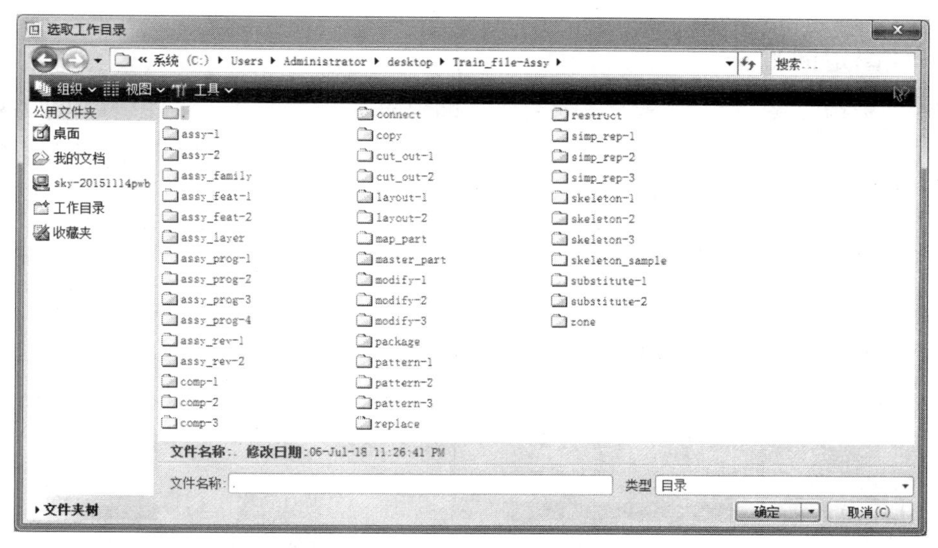

图 6-2　设置工作目录文件夹路径

操作任务 2——永久工作目录设置

操作步骤：

(1) 右键单击桌面上的 Creo 软件图标，选择【属性】。

(2) 复制要作为工作目录的文件夹路径，粘贴在“起始位置(S)”的文本框中，如图 6-3 所示。

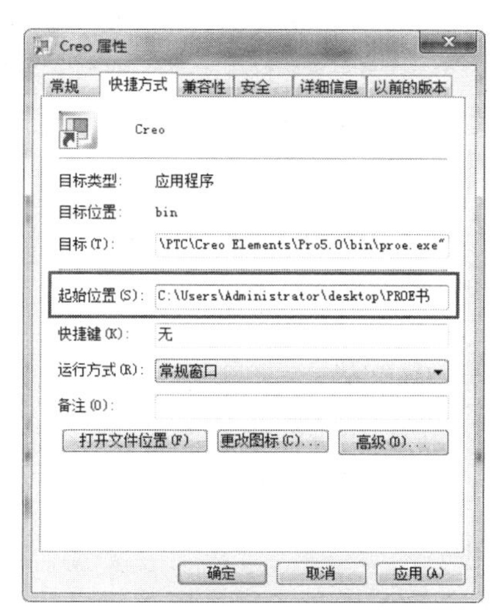

图 6-3　设置永久工作目录

6.2　工程图创建准备

创建工程图前，先介绍在三维模型中的准备工作。

6.2.1 视图定向准备

在创建工程图时，常常需要绘制各种方位的视图(如主视图、俯视图、侧视图及轴测图等)。而在模型的零件或装配环境中，可以方便地保存模型的方位定向，然后将保存的视图定向应用到工程图中。

操作任务 3——视图定向

操作步骤：

(1) 单击菜单栏【文件】|【打开】，选择打开一个三维模型。

(2) 按住中键转动模型至所需方位，然后选择【视图】|【方向】|【重定向】，新建一个名称为 v1 的视图，然后单击【保存】和【确定】按钮，如图 6-4 所示。

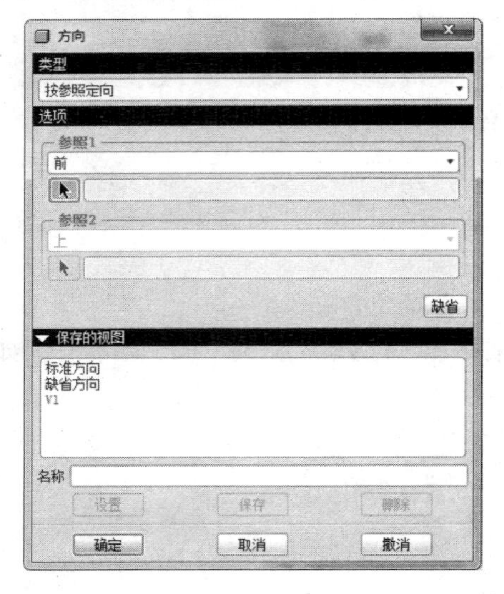

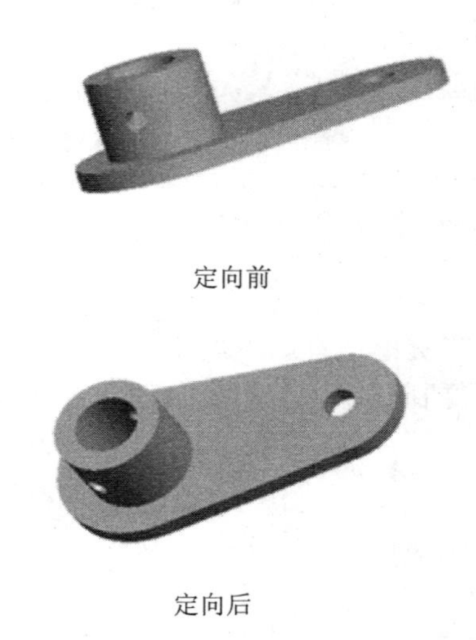

图 6-4 重定向视图

6.2.2 截面准备

在工程图中，经常使用剖视图来表达零组件的截面特征。剖视图一般分为全剖视图、半剖视图、局部剖视图、旋转剖视图和阶梯剖视图等，表达这些剖视图需要具备相应的剖截面。创建截面一般用两种方法：一是在工程图环境中创建剖视图的同时创建剖截面；二是在建模的同时预先创建好剖截面，以备绘制工程图使用。最简单的方式是预先在模型中创建剖截面。

操作任务 4——创建剖截面

操作步骤：

(1) 单击菜单栏【文件】|【打开】，选择打开一个三维模型。

(2) 执行菜单栏【视图】|【视图管理器】命令，弹出图 6-5 所示的【视图管理器】对话框。

(3) 单击“横截面”选项卡，单击【新建】按钮，输入名称“A”，并按 Enter 键。

(4) 选择截面类型。在弹出图 6-6 所示的菜单管理器中，选择默认的【平面】、【单一】命令，并点击【完成】按钮。

(5) 在图 6-7 所示的菜单管理器中，选择【平面】命令，在模型中选取合适的基准平面，生成图 6-8 所示的剖截面。

图 6-5　【视图管理器】对话框

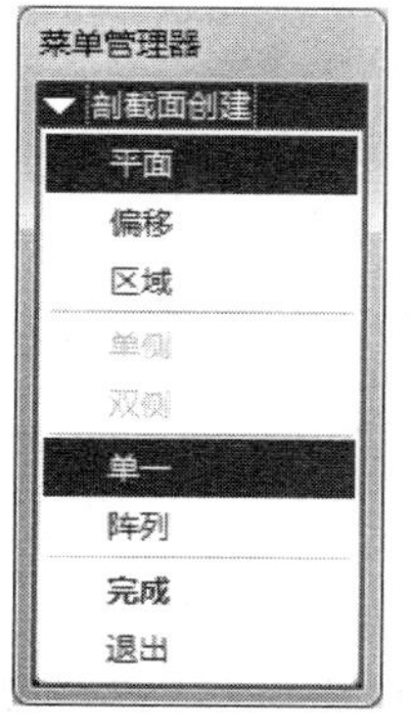

图 6-6　【剖截面创建】菜单管理器

图 6-7　【设置平面】菜单管理器

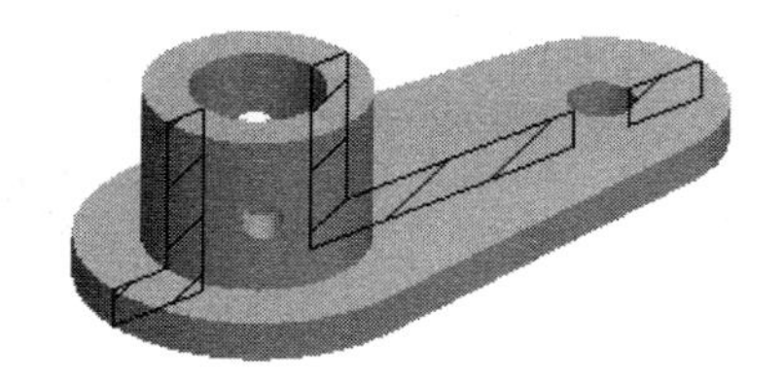

图 6-8 生成剖截面

(6) 修改剖截面的剖面线间距。

① 在剖面操作界面中，选取要修改的剖截面名称 A，然后执行【编辑】|【重定义】命令，在图 6-9 所示的菜单中选择【剖面线】命令。

② 在图 6-10 所示的菜单中，选择【间距】命令。

③ 在图 6-11 所示的菜单中，为了调节零件模型中剖面线的间距，连续选择【一半】(或【加倍】)命令，直到调到合适的间距，最后选择【完成】和【完成/返回】命令，如图 6-12 所示。

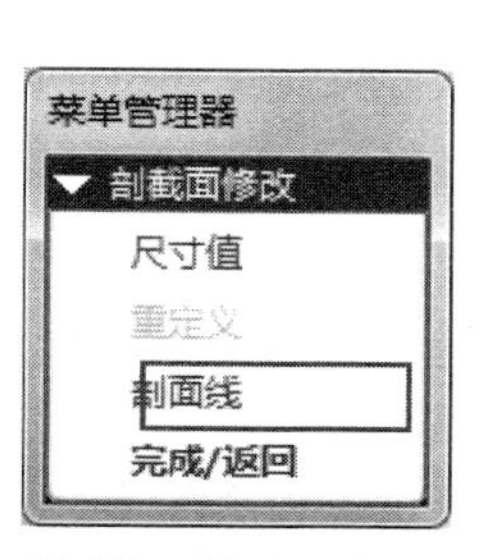

图 6-9　【剖截面修改】菜单管理器

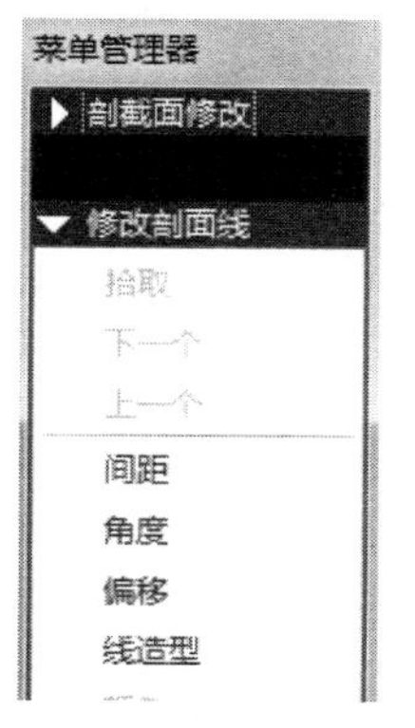

图 6-10 剖截面修改属性菜单

图 6-11 剖截面间距调整菜单

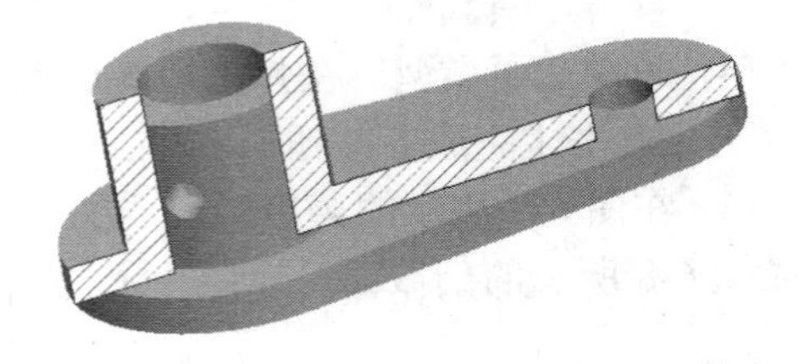

图 6-12　剖面线间距调整前后对比图

(7) 此时系统返回到剖面操作界面，单击【关闭】按钮，完成剖截面的创建。

6.2.3　视图类型及绘图视图功能介绍

1. 主视图

在工程图中放置的第一个视图称为一般视图，如图 6-13 所示。一般视图常被用作主视图，根据一般视图可以创建辅助视图、轴测视图、左视图和俯视图等视图。

图 6-14 所示为一般视图的【绘图视图】对话框，其各选项功能的说明如下：

(1) “视图名”文本框：输入一般视图的名称。

(2) “视图方向”选项组：用于定义视图的方向。

① “查看来自模型的名称”单选项：视图的方向由模型中已存在的视图来决定。

② “几何参照”单选项：视图的方向由几何参照来决定。

③ “角度”单选项：视图的方向由旋转角度和旋转参照来决定。

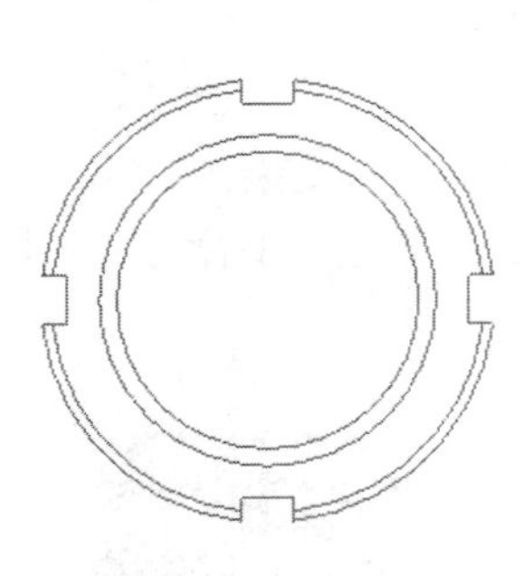

图 6-13　主视图

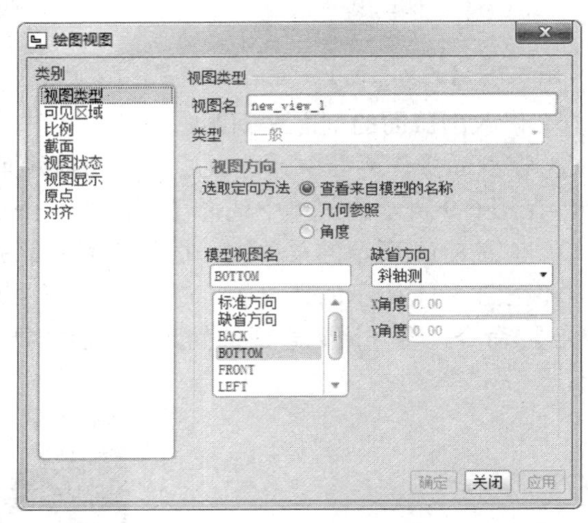

图 6-14　【绘图视图】对话框

2. 投影视图

在工程图中，从已存在视图的水平或垂直方向投影生成的视图称为投影视图，如图 6-15 所示。投影视图与其父视图的比例相同且保持对齐。投影视图的父视图可以是一般视图，也可以是其他投影视图。投影视图不能被用作轴测视图。

选择下拉菜单【投影】命令，点击主视图，并移动鼠标到合适的位置后单击，可以绘制投影视图(绘制投影视图必须具备父视图)。或者在主视图位置点击鼠标右键，在弹出的菜单中选择【插入投影视图】，如图 6-16 所示。

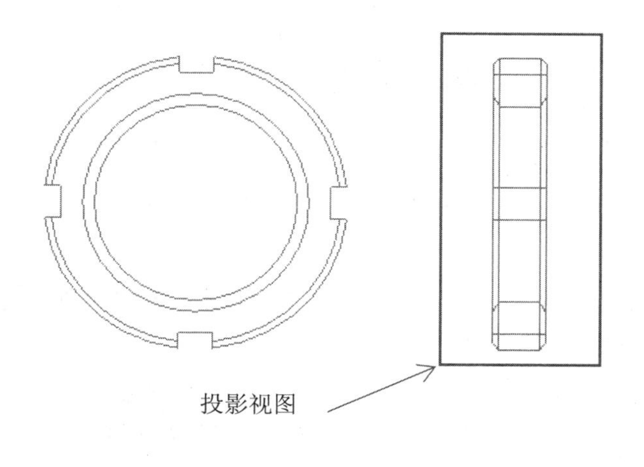

图 6-15　投影视图

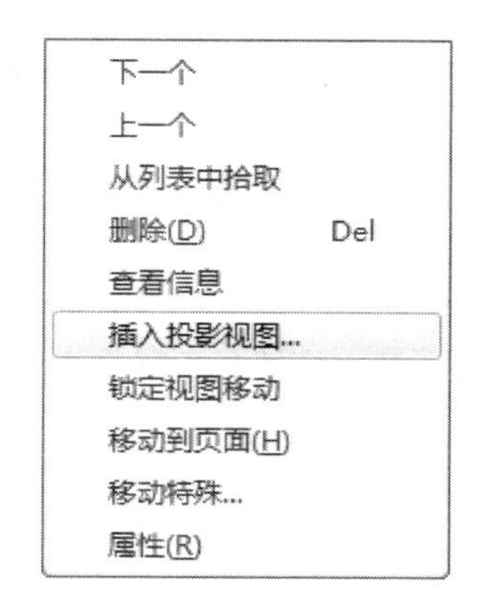

图 6-16　插入投影视图菜单

3. 辅助视图

当一般的正交视图难以将零件表达清楚时，就需要使用辅助视图。辅助视图是沿所选视图的一个斜面或基准平面的法线方向生成的视图，如图 6-17 所示。辅助视图与其父视图的比例相同且保持对齐。

选择【布局】中的【辅助】命令，系统打开辅助视图环境。选择一个斜面，然后在斜面的垂直方向上拖拉，得到的视图即为辅助视图。

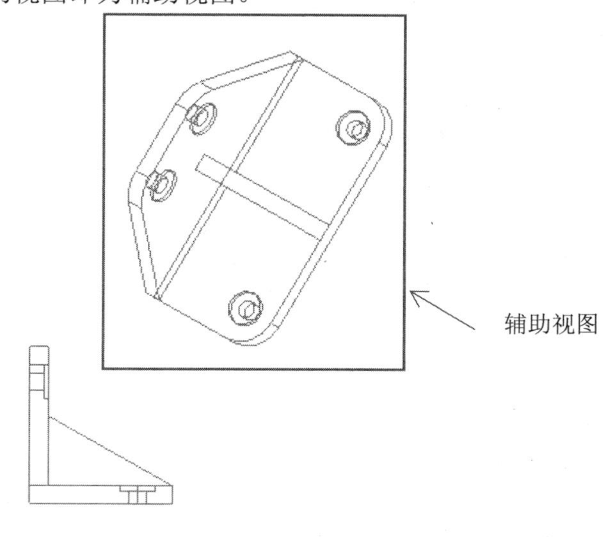

图 6-17　辅助视图

4. 详细视图

选取已存在视图的局部位置并放大生成的视图称为详细视图，也称局部放大视图，如图 6-18 所示。通过修改父视图可以改变详细视图中边和线的显示特征，详细视图可独立于父视图移动。

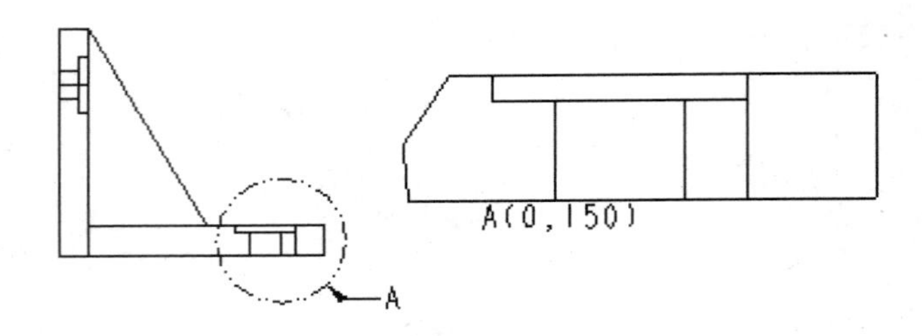

图 6-18 详细视图

5. 可见区域

在工程图形上双击鼠标，弹出图 6-19 所示的【绘图视图】对话框，在“类别”选项组中选取“可见区域”选项，可以设置“可见区域”的属性。

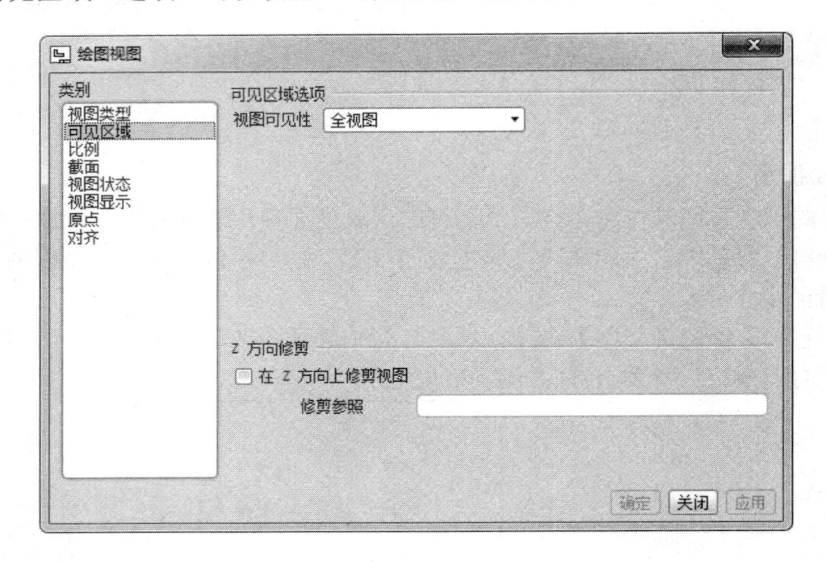

图 6-19 绘图视图【可见区域】对话框

图 6-19 所示对话框中部分选项的功能说明如下：

① “视图可见性”：定义视图的可见类型，包括全视图、半视图、局部视图和破断视图。

② “Z 方向修剪”：对模型进行修剪时使用与屏幕平行的参照平面，并将截面图形显示出来。

6. 比例

在图 6-20 所示的【绘图视图】对话框的“类别”选项组中选取“比例”选项，可以设置“比例”的属性。

图 6-20 所示对话框中部分选项的功能说明如下：

① “页面的缺省比例”单选项：将视图的比例值设置为页面的默认缺省比例。

② “定制比例”单选项：用户自定义比例值。

③ “透视图”单选项：创建透视图。

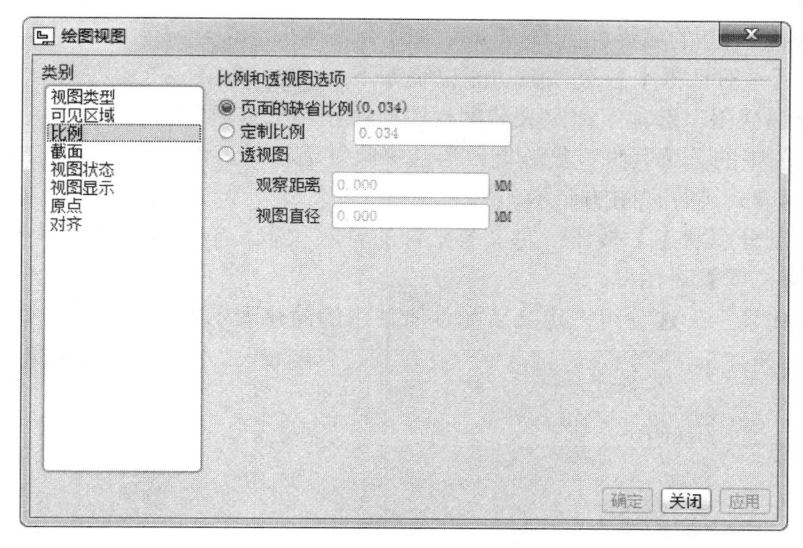

图 6-20　绘图视图“比例”

7. 截面

在图 6-21 所示的【绘图视图】对话框的“类别”选项组中选取“截面”选项，通过设置“剖面选项”选项组的各选项，可创建全剖视图、半剖视图、局部剖视图、旋转剖视图和阶梯剖视图。

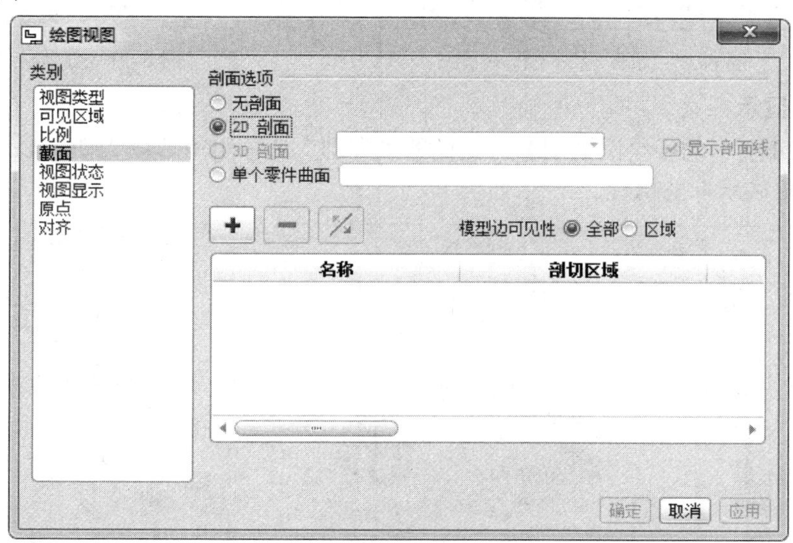

图 6-21　绘图视图“截面”

图 6-21 所示对话框中部分选项的功能说明如下：

① “2D 剖面”单选项：对 2D 截面进行详细的设置。

② “单个零件曲面”单选项：对单个零件曲面进行设置。

8. 视图状态

在图 6-22 所示的【绘图视图】对话框的“类别”选项组中选取“视图状态”选项，可以设置“视图状态”的属性。

图 6-22 所示对话框中各选项的功能说明如下：

① “分解视图”选项组：定义装配视图时所使用的分解状态。

② “视图中的分解元件”复选框：当选中此复选框时，将按照“组件分解状态”下拉列表中的分解方式进行视图的显示。

③ 【定制分解状态】按钮：定义装配件的分解状态。单击该按钮，系统弹出图 6-23 所示的【分解位置】对话框。

④ “简化表示”选项组：定义装配件所使用的简化表示类型。

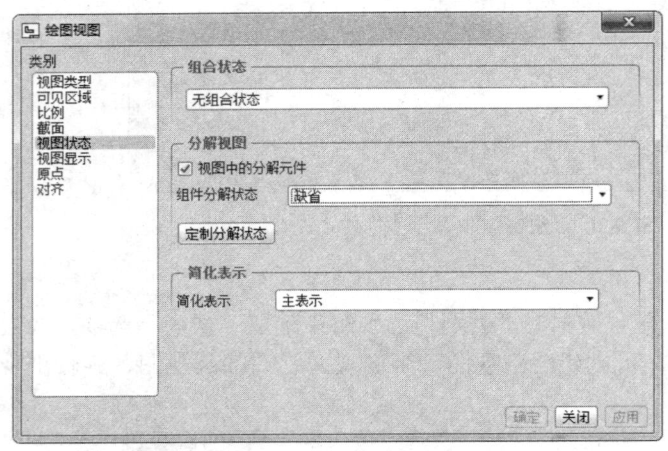
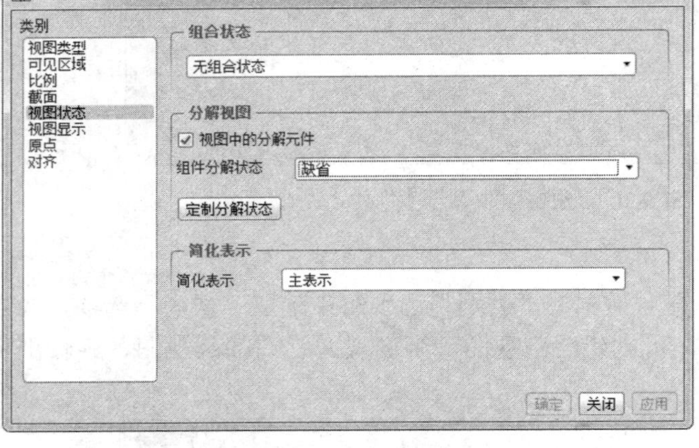

图 6-22 绘图视图“视图状态”

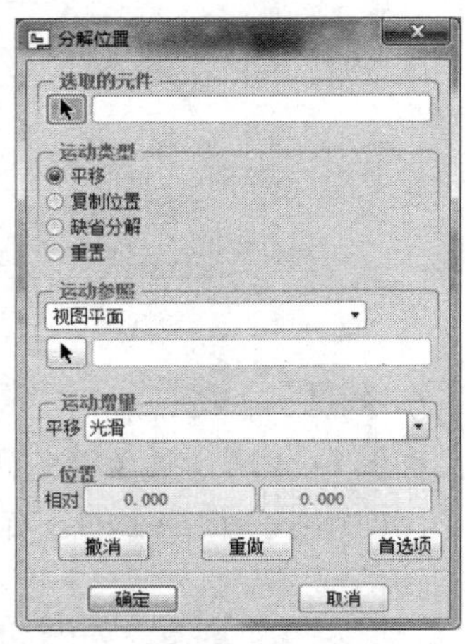

图 6-23 分解位置对话框

9. 视图显示

在图 6-24 所示的【绘图视图】对话框的“类别”选项组中选取“视图显示”选项，可以设置“视图显示”的属性。

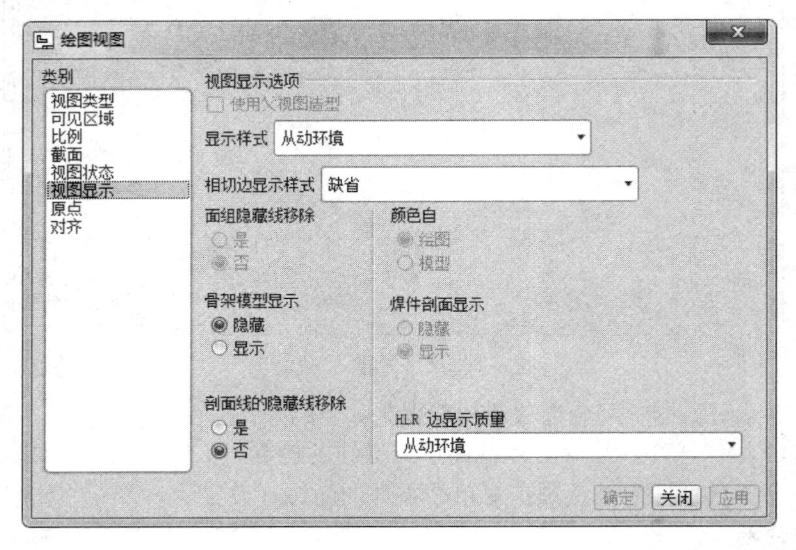

图 6-24 绘图视图“视图显示”

图 6-24 所示对话框中各选项的功能说明如下：

① “使用父视图造型”复选框：定义是否使用父视图造型。
② “显式样式”下拉列表：定义视图显示模式。
③ “相切边显示样式”下拉列表：定义相切边的显示模式。
④ “面组隐藏线移除”：定义是否移除面组隐藏线。
⑤ “颜色自”：定义颜色的来源。
⑥ “骨架模型显示”：设置骨架模型的显示状态。
⑦ “焊件剖面显示”：设置焊件剖面的显示状态。

10. 对齐

在图 6-25 所示的【绘图视图】对话框的“类别”区域中选取“对齐”选项，通过设置“视图对齐选项”选项组的各选项，可修改视图间的对齐关系。

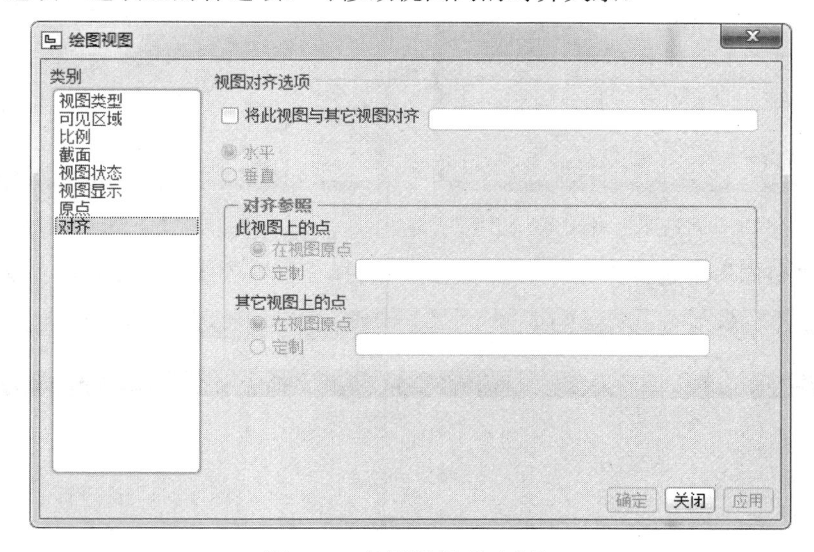

图 6-25　绘图视图【对齐】

图 6-25 所示对话框中各选项的功能说明如下：
① “将此视图与其他视图对齐”复选框：定义是否将此视图与其他视图对齐。
② “此视图上的点”：将此视图上的参照点与其他视图的参照点对齐。
③ “其他视图上的点”：将其他视图上的参照点与此视图的参照点对齐。

6.3　创建工程图

6.3.1　创建基本工程图视图

操作任务 5——创建工程图模板

操作步骤：
该实例采用 CAD 文件导入生成工程图模板，当然也可以采用 Creo 5.0 创建工程图模板。

(1) 点击菜单【新建】命令，选择“类型”选项组中的“格式”选项，名称可自定义，点击【确定】按钮，如图 6-26 所示。

(2) “指定模板”选项选择“空”，大小可自定义，实例大小选择 A3，如图 6-27 所示。

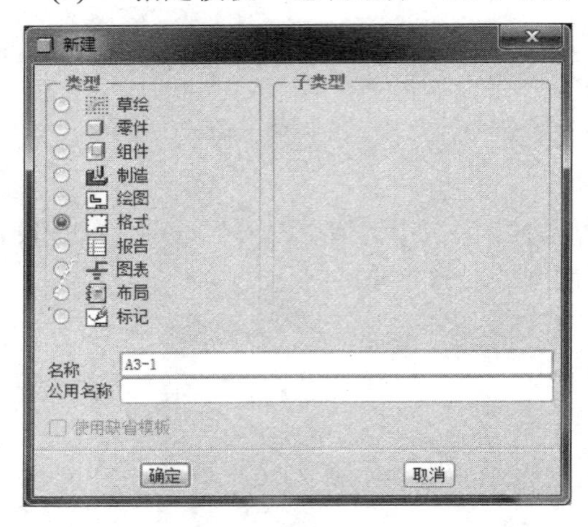

图 6-26 新建图框格式

图 6-27 【新格式】对话框

(3) 在“布局”中选择“导入绘图/数据”，选择工程图模板文件双击，如图 6-28 所示。

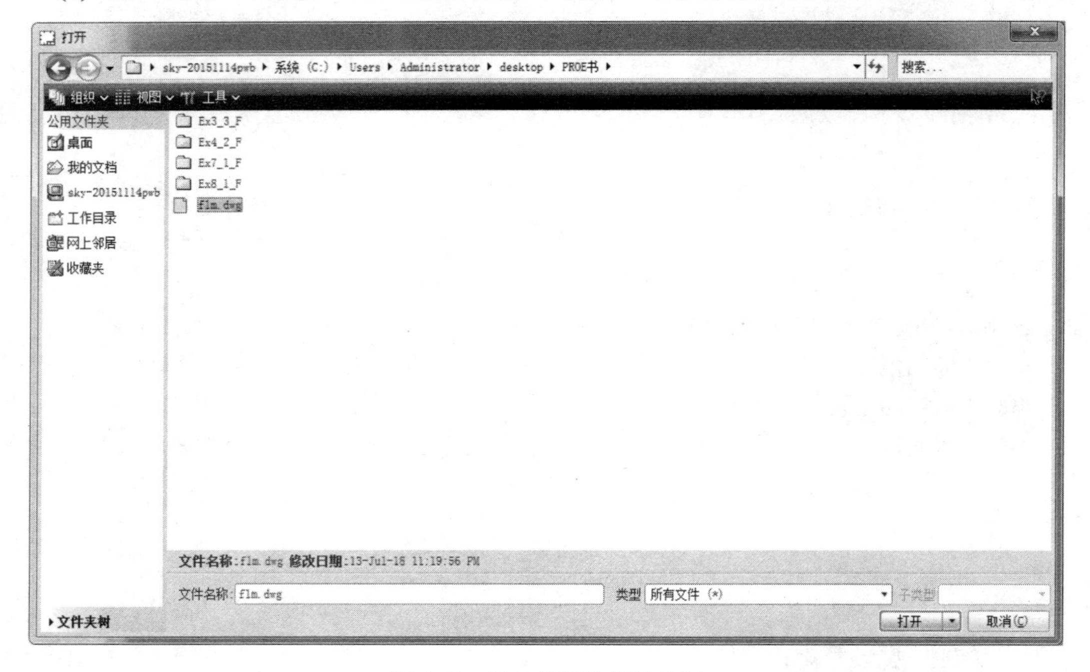

图 6-28 导入模板选择对话框

(4) 在弹出对话框默认选择即可，如图 6-29 所示。

(5) 在“是否缩放”选项点击【是(Y)】，即可生成工程图模板，保存该文件，绘制工程图时可以直接调用该模板。

图 6-29　导入模板设置菜单

操作任务 6——创建工程图

操作步骤：

(1) 点击菜单【新建】命令，选择“类型”选项组中的“绘图”选项，名称自定义，点击【确定】按钮，如图 6-30 所示。

注意：在这里不要将“草绘”和“绘图”两个概念相混淆。“草绘”是指在二维平面里绘制图形；“绘图”指的是绘制工程图。

(2) 在“名称”文本框中输入工程图的文件名，取消选中“使用缺省模板”复选框，即不使用默认的模板。

(3) 在对话框中单击【确定】按钮，系统弹出图 6-31 所示的【新建绘图】对话框。

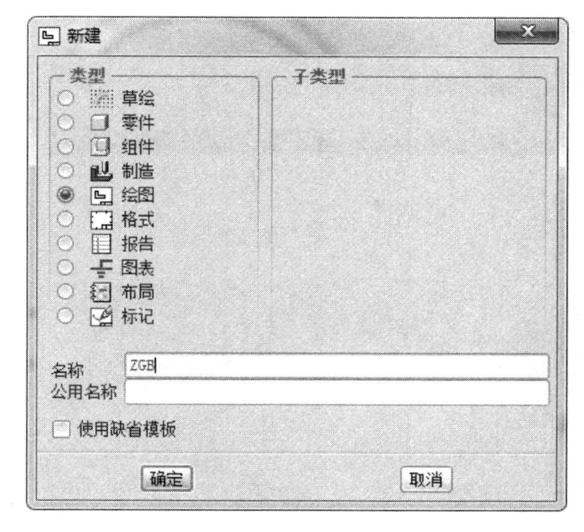

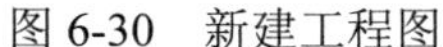
图 6-30　新建工程图

图 6-31　【新建绘图】对话框

【新建绘图】对话框中各选项的功能说明如下：

① “缺省模型”选项：在该区域中选取要生成工程图的零件或装配模型，一般系统会默认选取当前活动的模型，如果要选取其他模型，请单击【浏览】按钮。

② “指定模板”选项：在该区域中选取工程图模板。

③ “使用模板”单选项：如果选择“使用模板”，则在图 6-32 所示“模板”选项组的文件列表中选取所需模板或单击【浏览】按钮，然后选取所需的模板文件。

④ “格式为空”单选项：若在“指定模板”选项中选择【格式为空】，则在图 6-33 所示的“格式”选项组中，单击【浏览】按钮，然后选取所需的格式文件，并将其打开。

图 6-32 【新建绘图】对话框(一)

图 6-33 【新建绘图】对话框(二)

⑤ “空”单选项：在图 6-31 所示的“方向”选项组区域中选取图纸方向，并选取图纸大小规格，其中“可变”为自定义图纸幅面尺寸，在“大小”选项组中定义图纸的幅面尺寸。使用此单选项打开的绘图文件既不使用模板，也不使用图框格式。

(4) 在图 6-31 所示的【新建绘图】对话框中，单击【浏览】按钮，在图 6-34 所示的【打开】对话框中选取模型文件，单击【打开】按钮。

图 6-34 选取模型文件

(5) 在“指定模板”选项组中选取“空”单选项，在“方向”选项组中，单击【横向】按钮，然后在“大小”选项组的下拉列表中选取“A3”选项。

(6) 在对话框中单击【确定】按钮，则系统将自动进入工程图环境。

操作任务7——创建主视图

操作步骤：

(1) 在工具栏中单击新建文件按钮，新建一个名为holder的工程图。选取三维模型，选取空模板，方向为“横向”，幅面大小为A3，进入工程图模块。

(2) 在布局【模型视图】菜单中点击创建普通视图【一般】命令。

(3) 在屏幕图形区选取一点，此时绘图区会出现系统默认的零件斜轴测图(如图6-35)，并弹出图6-36所示的【绘图视图】对话框。

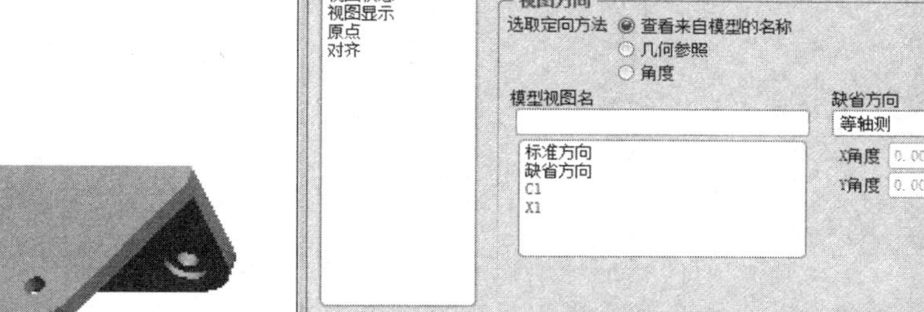

图6-35　系统默认的零件斜轴测图　　　图6-36　【绘图视图】对话框(一)

(4) 进行定向视图。视图的定向一般有两种方法：一是采用参照进行定向；二是采用已保存的视图方位进行定向。

方法一：采用参照进行定向

① 定义放置参照1

a. 在【绘图视图】对话框中，选取“类别”区域中的“视图类型”选项；在对话框的“视图方向”选项组中，选中“几何参照”单选项，如图6-37所示。

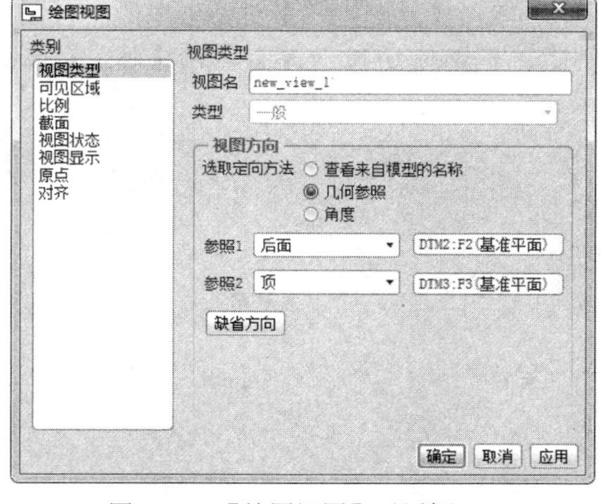

图6-37　【绘图视图】对话框(二)

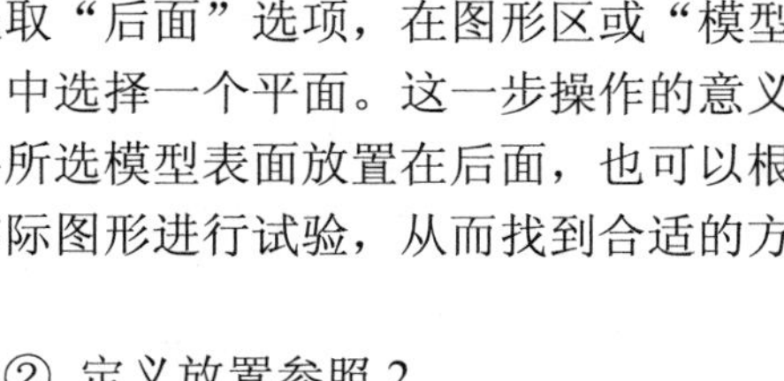

b. 在对话框中“参照1”的下拉列表中选取“后面”选项，在图形区或“模型树”中选择一个平面。这一步操作的意义是将所选模型表面放置在后面，也可以根据实际图形进行试验，从而找到合适的方向。

② 定义放置参照2

在对话框中“参照 2”的下拉列表中选取“顶”选项，在图形区或“模型树”中选取第二个平面。这一步操作的意义是将所选模型表面放置在屏幕的顶部，此时模型视图的方位如图 6-38 所示。

说明：如果此时希望返回以前的默认状态，则请单击对话框中的【缺省方向】按钮。

方法二：采用已保存的视图方位进行定向

在图 6-39 所示【绘制视图】对话框的区域中，选中“查看来自模型的名称”单选项，在“模型视图名”的列表中选取已保存的视图 X1，然后单击【确定】按钮，系统将按 X1 的方位定向视图。

图 6-38 几何模型

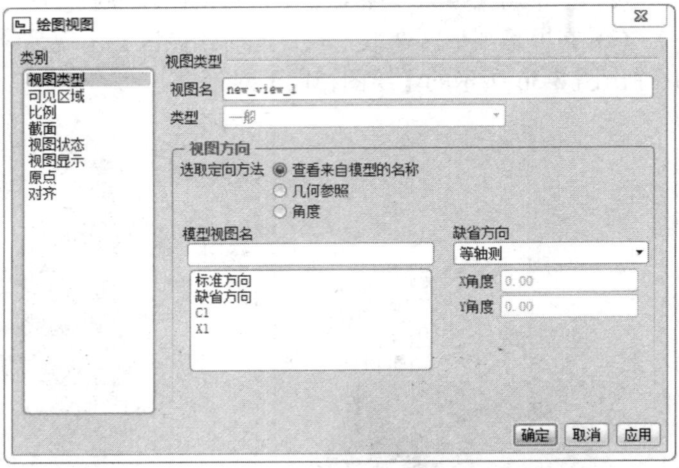

图 6-39 【绘图视图】对话框(三)

(5) 定制视图比例，在【绘图视图】对话框中，选取“类别”选项组中的“比例”选项，选中“定制比例”单选项，并输入比例值 0.050(可根据实际图形试验得到适当的比值)，点击【应用】按钮。

(6) 单击【绘图视图】对话框中的“视图显示”选项，将视图的“显式样式”设置为“消隐”，如图 6-40 所示。单击【确定】按钮。至此，主视图的创建已完成，如图 6-41 所示。

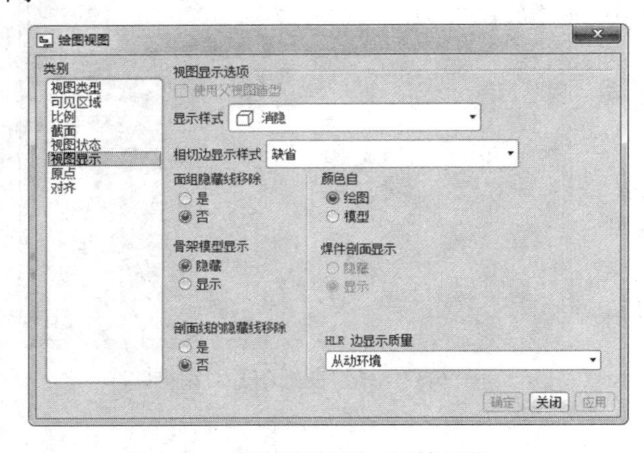

图 6-40 【绘图视图】对话框(四)

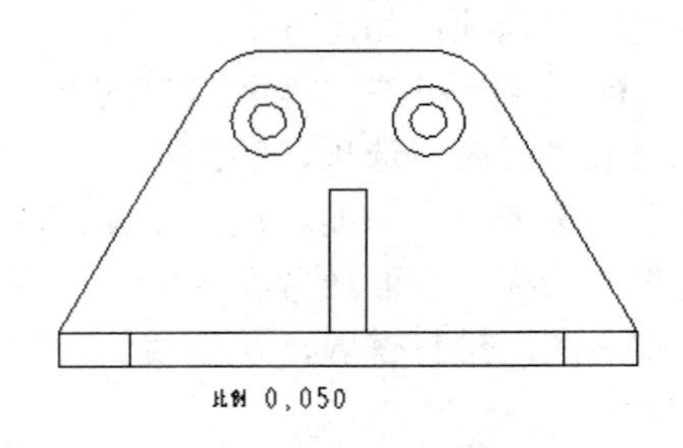

图 6-41 模型主视图

操作任务 8——创建投影视图

操作步骤：

(1) 单击在上一节创建的主视图，然后右击，系统弹出图 6-42 所示的快捷菜单，在快捷菜单中选择【插入投影视图】命令。

(2) 在图形区主视图的右方任意位置单击，系统自动创建左视图；如果在主视图的下方任意选取一点，则会生成俯视图，如图 6-43 所示。

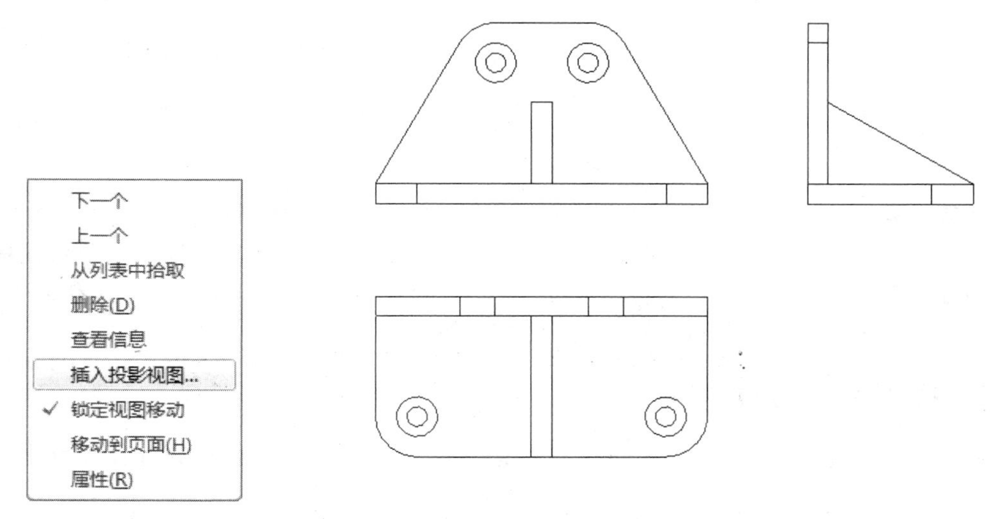

图 6-42　【插入投影视图】菜单　　图 6-43　投影视图

操作任务 9——创建轴测图

操作步骤：

在工程图中，创建轴测图的目的主要是为了方便读图。轴测图的创建方法与主视图基本相同，它也是作为一般视图来创建的。通常轴测图是作为最后一个视图添加到图纸上的。

(1) 在上一节创建的视图中，在布局【模型视图】菜单中点击创建普通视图【一般】命令。

(2) 在图形区选取一点作为轴测图位置点。

(3) 系统弹出【绘图视图】对话框，选取查看方位(一般可以选取缺省方向，也可以预先在 3D 模型中保存好创建的合适方位，再选取所保存的方位，也可以手动调整用户定义角度)。

(4) 定制比例。在【绘图视图】对话框中，选取“类别”区域中的“比例”选项，选中“定制比例”单选项，并输入比例值 0.050(可根据实际图形试验得到适当的比值)。

(5) 单击对话框中的【确定】按钮关闭对话框。插入的轴测图如图 6-44 所示。

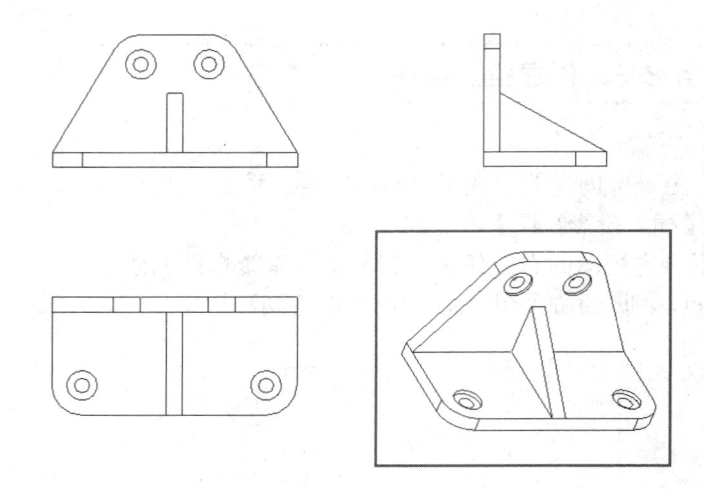

图 6-44　插入轴测图

注意：要使轴测图的摆放方位满足表达要求，可先在零件或装配环境中，将模型摆放到合适的视角方位，然后将这个方位保存成一个视图名称(如 V1)。在创建工程图的过程中，当添加轴测图时，选取已保存的视图方位名称(如 V1)，即可进行视图定向。这种方法很灵活，能使创建的轴测图摆放成任意方位，以适应不同的表达要求。

6.3.2　移动视图与锁定视图

基本视图创建完毕后往往还需对其进行移动和锁定操作，将视图摆放在合适的位置，使整个图面更加美观明了。

1. 移动视图

一般在第一次移动视图前，系统默认所有视图都是被锁定的，因此需要解除锁定再进行移动操作。下面说明移动视图操作的一般过程。

(1) 选取视图后，右击视图，在弹出图 6-45 所示的快捷菜单中选择【锁定视图移动】命令(去掉该命令前面的✓)。

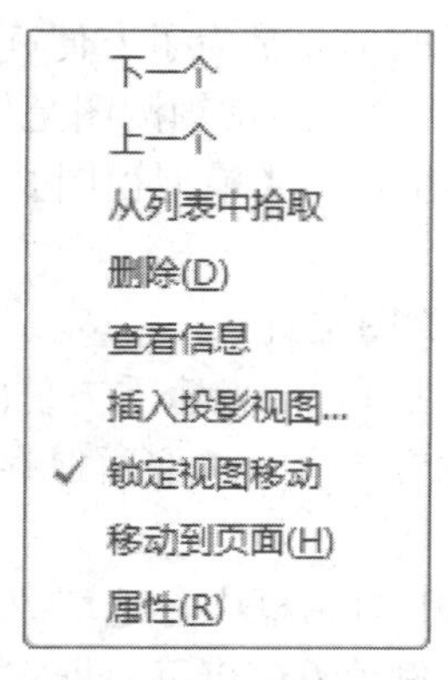

图 6-45　视图移动快捷菜单

(2) 选取并拖动左视图，将其放置在合适位置，如图 6-46 所示图形位置的变化。

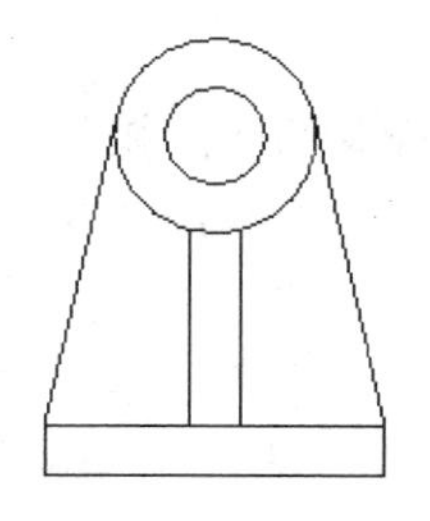
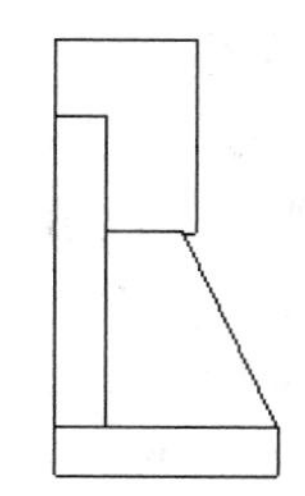

图 6-46　视图移动对比图

说明：如果移动主视图，则相应子视图也会随之移动；如果移动投影视图，则只能上下或左右移动，以保持该视图与主视图对应关系不变。一旦某个视图被解除锁定状态，则其他视图也同时被解除锁定。同样，一个视图被锁定后其他视图也同时被锁定。

2. 锁定视图

在视图移动调整后，为了避免今后因误操作使视图相对位置发生变化，这时需要对视图进行锁定。在绘图区的空白处右击，在弹出的快捷菜单中选择【锁定视图移动】命令，如图 6-47 所示，操作后视图被锁定。

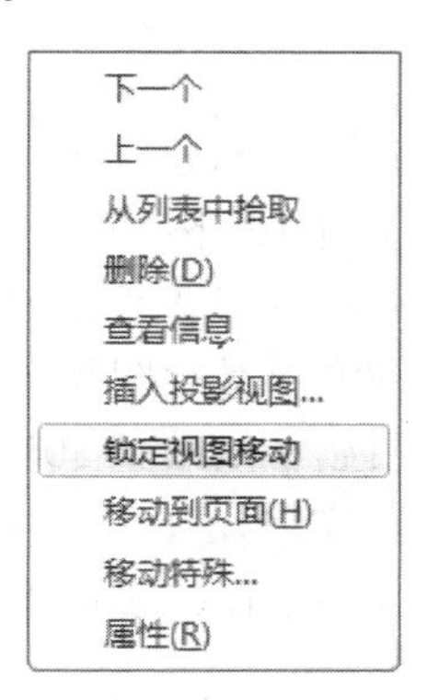

图 6-47　【锁定视图移动】菜单

当视图解除锁定时，单击视图，视图边界线顶角处会出现图 6-48 所示的点，且光标显示为四向箭头形式；当锁定视图时，视图边界线会变成图 6-49 所示的形状。

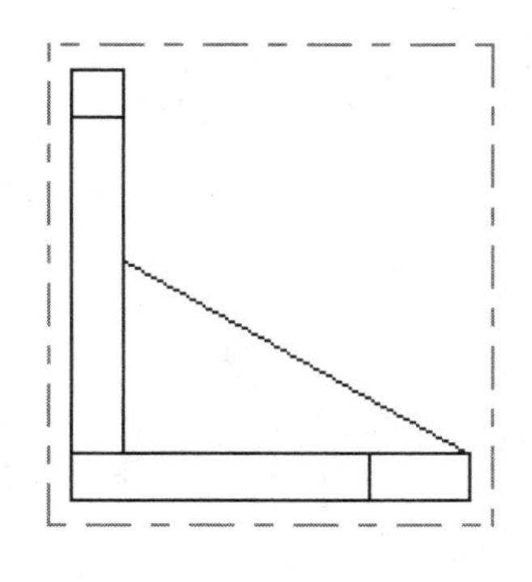

图 6-48　视图解除锁定状态

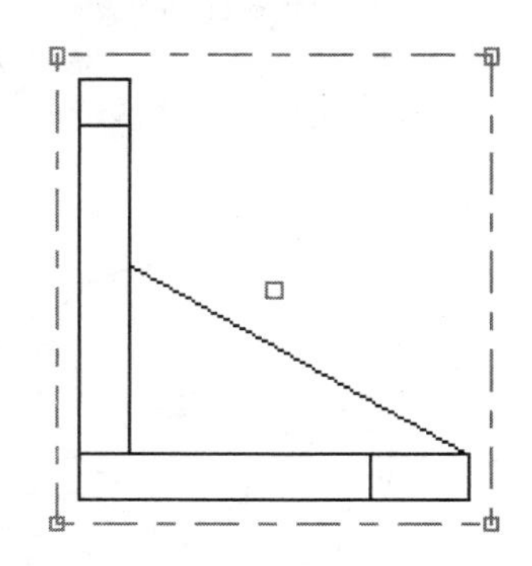

图 6-49　视图锁定状态

3. 删除视图

对于不需要的视图可以进行视图的删除操作，其一般操作过程如下：

单击要删除的视图后，在该视图上右击，在弹出快捷菜单中选择【删除】命令或直接按键盘 Delete 键删除视图。

注意：如果删除主视图，则子视图也将被删除，而且是永久性的删除。如果误操作，则可以单击撤销按钮立刻将视图恢复，但存盘后无法再恢复被删除的视图。

6.3.3 视图的显示模式

1. 视图显示

为了符合工程图的要求，常常需要对视图的显示方式进行编辑控制。由于在创建零件模型时，模型显示一般都为着色图状态，当在未改变视图显示模式的情况下创建工程图视图时，系统将默认视图显示为着色状态。着色状态不容易反映视图特征，这时可以将视图编辑为无隐藏线状态，使视图清晰简洁。

操作任务 10——视图显示练习

操作步骤：

(1) 在工具栏中单击新建文件按钮，新建一个工程图。选取三维模型，选取空模板，方向为“横向”，幅面大小为 A3，进入工程图模块。

(2) 在布局【模型视图】菜单中点击创建普通视图【一般】命令。

(3) 在屏幕图形区选取一点，系统弹出【绘图视图】对话框。

(4) 选取“视图显示”选项，视图显示如图 6-50(a)所示；选取“显示样式”下拉列表中“线框”选项，单击【确定】按钮，完成操作后该视图显示如图 6-50(b)所示；如果选取“隐藏线”选项，则视图显示如图 6-50(c)所示；若选取“消隐”选项，则视图显示如图 6-50(d)所示。

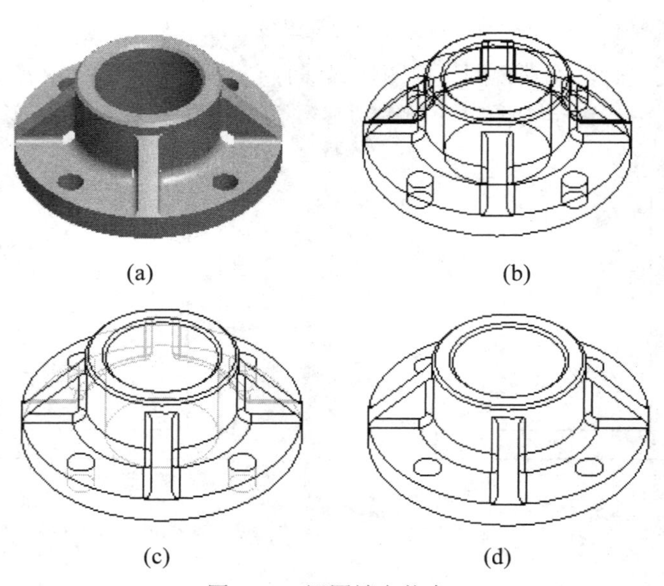

图 6-50 视图锁定状态

2. 相切边显示控制

对于工程图里的某些视图，尤其是轴测图，有时需要显示或者不显示零组件的相切边(默认情况下零件的倒圆角也具有相切边)，Creo 5.0 提供了对零件的相切边显示进行控制的功能。对于轴测图，可以进行如下操作使其不显示相切边。

① 双击图形区中的视图，系统弹出【绘图视图】对话框，如图 6-51 所示。

② 选取“视图显示”选项，在“相切边显示样式”中选取“无”选项，然后单击【确定】按钮，完成操作后该视图显示如图 6-52 所示。

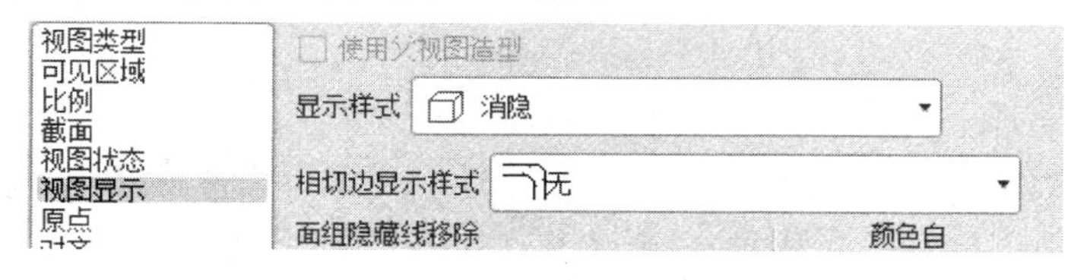

图 6-51　相切边显示控制对话框

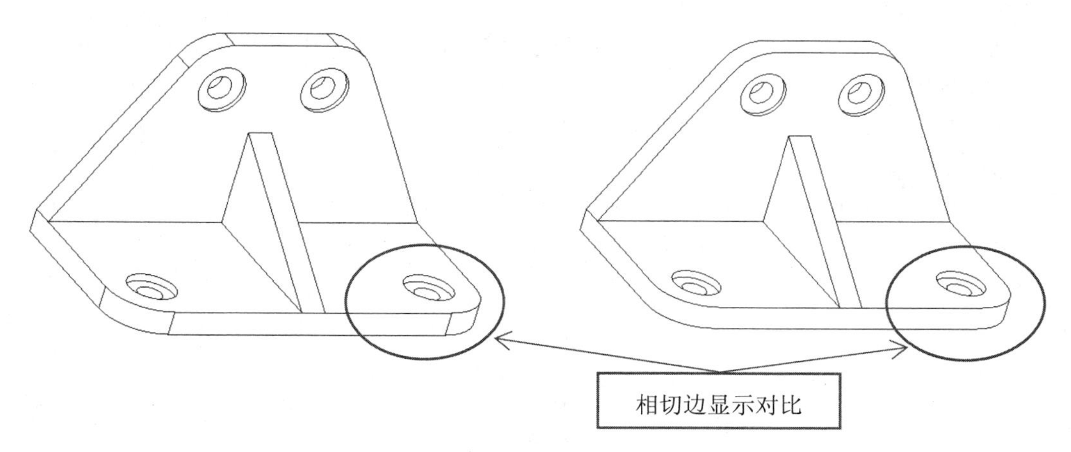

图 6-52　相切边显示控制效果

6.3.4　全剖视图

全剖视图属于 2D 截面视图，在创建全剖视图时需要用到截面。

操作任务 11——创建全剖视图

操作步骤：

(1) 在工具栏中单击新建文件按钮，新建一个工程图。选取三维模型，选取空模板，方向为“横向”，幅面大小为 A3，进入工程图模块。

(2) 在布局【模型视图】菜单中点击创建普通视图【一般】命令。

(3) 双击上一步创建的投影视图，系统弹出【绘图视图】对话框。

(4) 设置剖视图选项。

① 在【绘图视图】对话框中，选取“视图显示”选项，选取“视图样式”下拉列表中“消隐”选项，选取“类别”选项组中的“截面”选项，如图 6-53 所示。

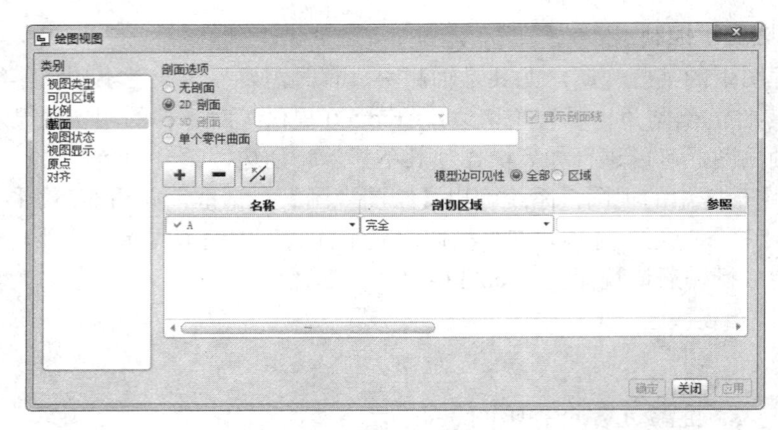

图 6-53 截面【绘图视图】对话框

② 将“剖面选项”设置为“2D 剖面”，然后单击 + 按钮，将“模型边可见性”默认为“全部”。

③ 在“名称”下拉列表框中选取剖截面“A”(A 剖截面在零件模块中已提前创建)，在“剖切区域”下拉列表框中选取“完全”选项。

④ 单击对话框中的【确定】按钮关闭对话框。

(5) 添加箭头。

① 选取全剖视图，然后右击。在图 6-54 所示的快捷菜单中选择【添加箭头】命令。

② 单击主视图，系统自动生成箭头，如图 6-55 所示。

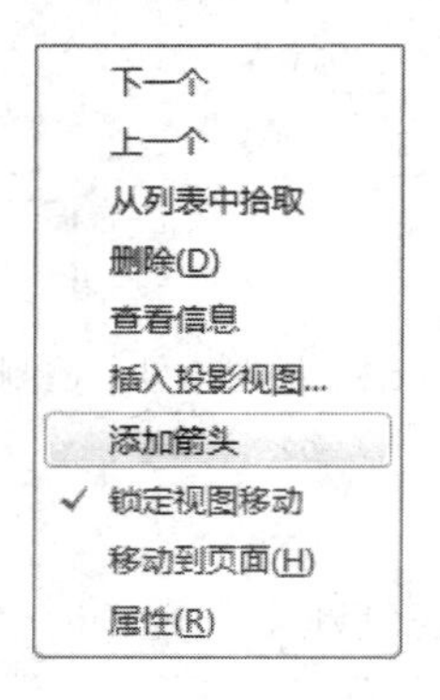

图 6-54 【添加箭头】快捷菜单

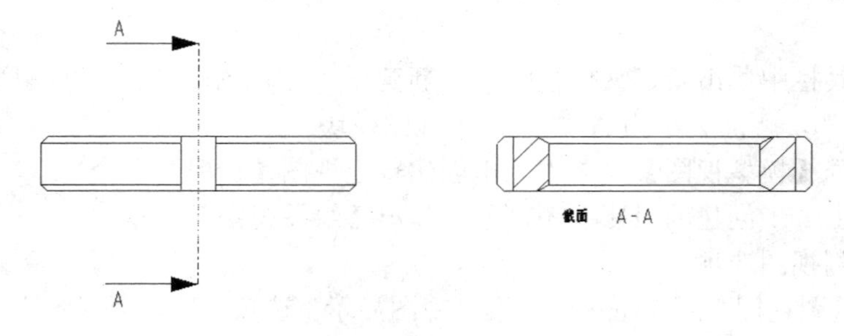

图 6-55 全剖视图

6.3.5　半剖视图

半剖视图常用于表达具有对称形状的零件模型，使视图简洁明了。创建半剖视图时需选取一个基准平面作为参照平面(此平面在视图中必须垂直于屏幕)，视图中只显示此基准平面指定一侧的视图，而在另一侧以普通视图显示。

操作任务 12——创建半剖视图

操作步骤：

(1) 新建一个工程图和左视图，操作步骤与前面实例相同，不再赘述。

(2) 双击上一步创建的投影视图，系统弹出【绘图视图】对话框。

(3) 设置剖视图选项。

① 在【绘图视图】对话框中，选取“视图显示”选项，选取“显示样式”下拉列表中“消隐”选项，选取“类别”选项组中的“截面”选项，如图 6-56 所示。

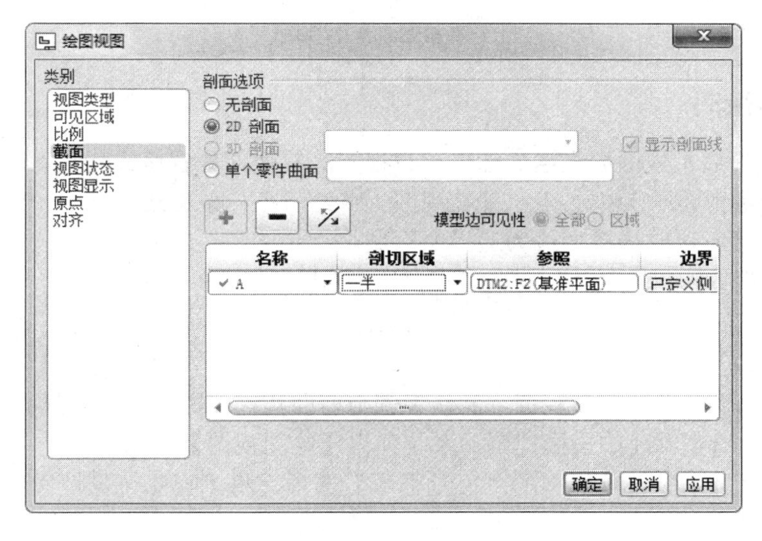

图 6-56　截面【绘图视图】对话框

② 将“剖面选项”设置为“2D 剖面”，然后单击 + 按钮，将“模型边可见性”默认为“全部”。

③ 在“名称”下拉列表框中选取剖截面“A”(A 剖截面在零件模块中已提前创建)，在“剖切区域”下拉列表框中选取“一半”选项。

④ 选取图 6-56 所示垂直于屏幕的基准平面，此时视图如图 6-57 所示。图中箭头表明半剖视图的创建方向(箭头的方向可以改变)。点击绘图区基准平面右侧任一点使箭头指向右侧(鼠标左键点击基准平面右侧)。单击对话框中的【应用】按钮，系统生成半剖视图，单击【绘图视图】对话框中的【关闭】按钮。

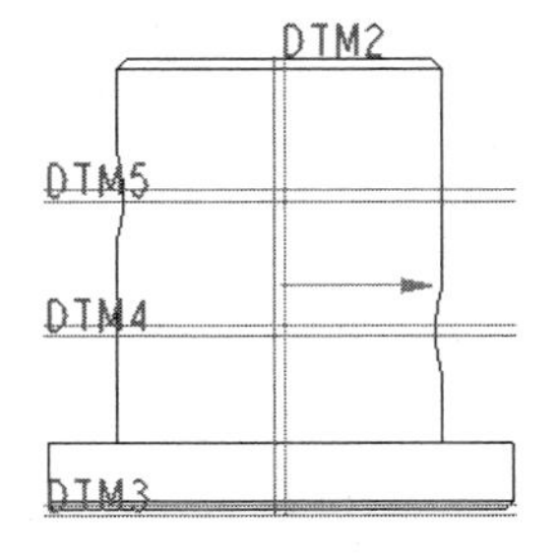

图 6-57　剖视图箭头方向

(4) 添加箭头。

① 选取半剖视图，然后右击，从弹出的菜单中选择【添加箭头】命令。

② 单击主视图，系统自动生成箭头，如图 6-58 所示。

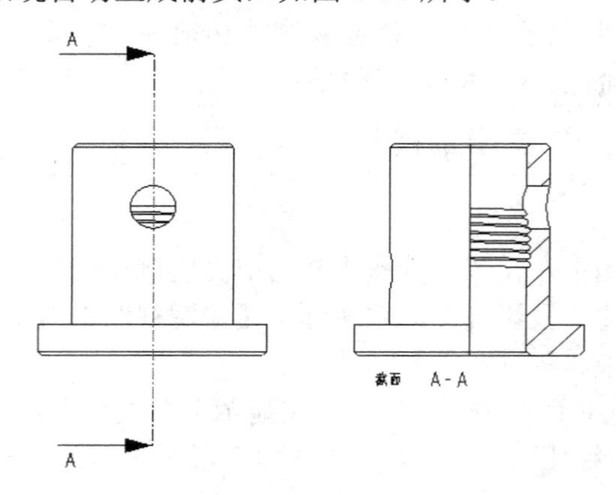

图 6-58　半剖视图

6.3.6　局部视图

局部视图只显示视图欲表达的部位，将视图的其他部分省略或断裂。创建局部视图时需先指定一个参照点作为中心点，并在视图上草绘一条样条曲线以选定一定的区域，生成的局部视图将显示以此样条曲线为边界的区域。

操作任务 13——创建局部视图

操作步骤：

(1) 新建一个工程图和左视图，操作步骤与前面实例相同，不再赘述。

(2) 双击上一步创建的投影视图，系统弹出【绘图视图】对话框。

(3) 选取“类别”选项组中的“可见区域”选项，将“视图可见性”设置为“局部视图”，如图 6-59 所示。

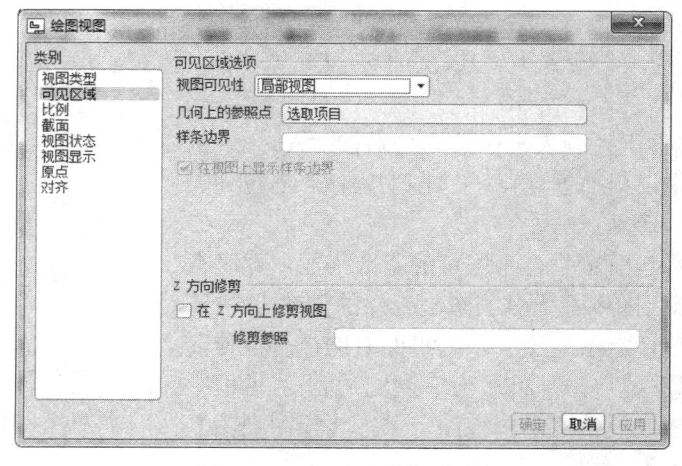

图 6-59　“局部视图”设置

(4) 绘制部分视图的边界线。

① 在投影视图的边线上选取一点(如果不在模型的边线上选取点，则系统不认可)，这时在拾取的点附近出现一个十字线，如图 6-60 所示。

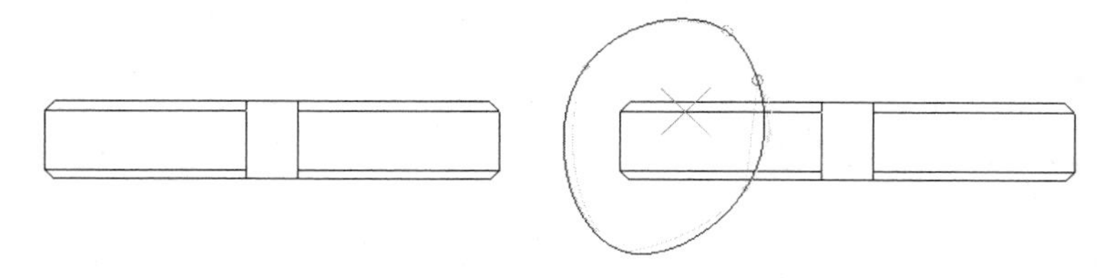

图 6-60　绘制部分视图的边界线

注意：在视图较小的情况下，此十字线不易看见，可通过放大视图区来观察；移动或缩放视图区时，十字线可能会消失，但不妨碍操作的进行。

② 直接绘制图 6-61 所示的样条线来定义外部边界。当绘制到接近封合时，单击鼠标中键结束绘制(在绘制边界线前，不要选择样条线的绘制命令，可直接单击进行绘制)。

(5) 单击对话框中的【确定】按钮，关闭对话框。创建的局部视图如图 6-61 所示。

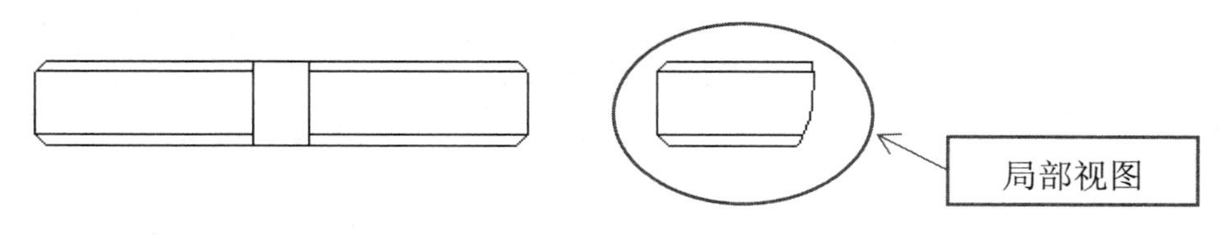

图 6-61　局部视图

6.3.7　局部剖视图

局部剖视图以剖视的形式显示选定区域的视图。局部剖视图用于某些复杂的视图中，使图样简洁，增加图样的可读性。在一个视图中可以做多个局部截面，这些截面可以不在一个平面上，从而更加全面地表达零件的结构。

操作任务 14——创建局部剖视图

操作步骤：

(1) 新建一个工程图和左视图，操作步骤与前面实例相同，不再赘述。

(2) 双击上一步创建的投影视图，系统弹出【绘图视图】对话框。

(3) 设置剖视图选项。

① 在【绘图视图】对话框中，选取“类别”选项组中的“截面”选项，如图 6-62 所示。

② 将“剖面选项”设置为“2D 剖面”，然后单击 + 按钮，将“模型边可见性”默认为“全部”。

③ 在“名称”下拉列表框中选取剖截面“DTM3”(DTM3 剖截面在零件模块中已提前创建)，在“剖切区域”下拉列表框中选取“局部”选项。

(4) 绘制局部剖视图的边界线。

① 在图 6-63 所示的边线上选取一点(如果不在模型边线上选取点，则系统不认可)，这

时在拾取的点附近出现一个十字线。

② 直接绘制图 6-63 所示的样条线来定义局部剖视图的边界。当绘制到封合时，单击鼠标中键结束绘制。

(5) 单击【确定】按钮，关闭对话框。创建的局部剖视图如图 6-64 所示。

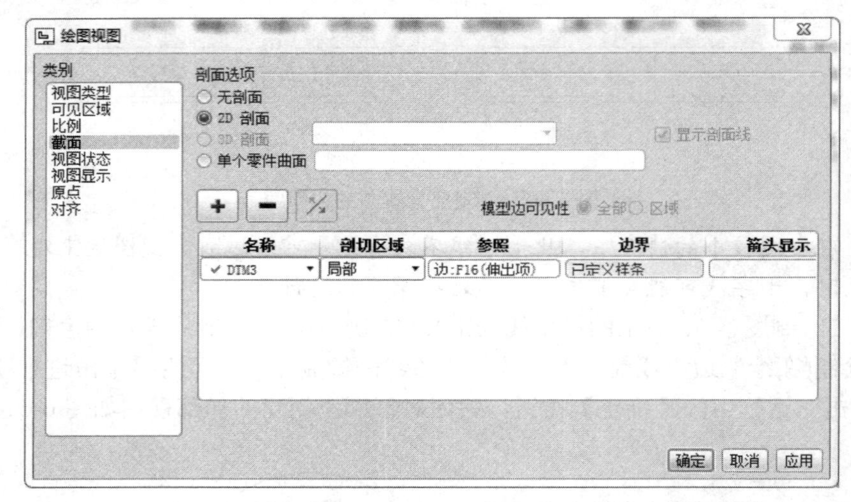

图 6-62 “剖面选项”设置

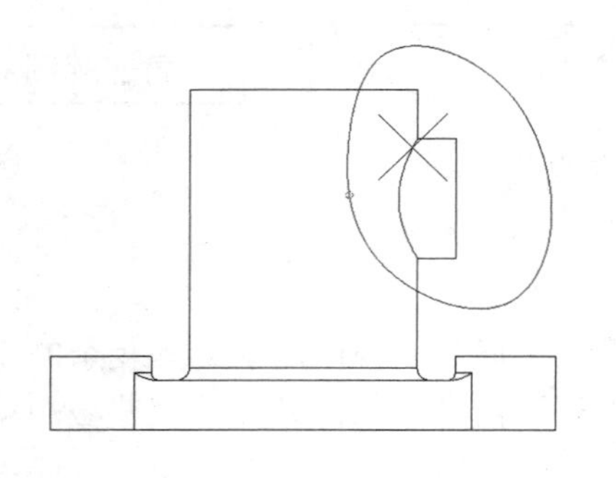

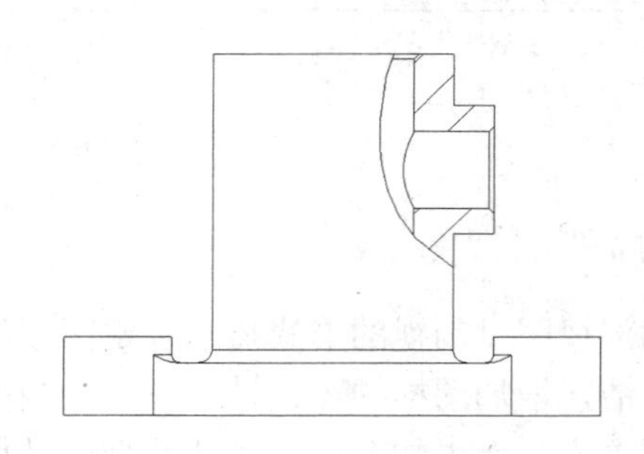

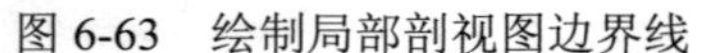

图 6-63 绘制局部剖视图边界线

图 6-64 局部剖视图

6.3.8 放大视图

放大视图是对视图的局部进行放大显示，所以又被称为“局部放大视图”。放大视图以放大的形式显示选定区域，可以用于显示视图中相对尺寸较小或较复杂的部分，增加图样的可读性。创建局部放大视图时需先在视图上选取一点作为参照中心点，并草绘一条样条曲线以选定放大区域。放大视图显示的大小和图纸缩放比例有关，例如图纸比例为 1∶2 时，则放大视图显示大小为其父项视图的两倍，并可以根据实际需要调整比例。

操作任务 15——创建放大视图

操作步骤：

(1) 新建一个局部剖视图的工程图，操作步骤与前面实例相同，不再赘述。

(2) 点击【模型视图】菜单中的【详细】命令。

(3) 在图样的边线上选取一点(若在视图的非边线的地方选取点，则系统不认可)，此时在拾取的点附近出现一个十字线，如图 6-65 所示。

(4) 绘制放大视图的轮廓线。

绘制图 6-65 所示的样条线以定义放大视图的轮廓。当绘制到封合时，单击鼠标中键结束绘制。

(5) 在图形区选取一点，单击放置放大视图。

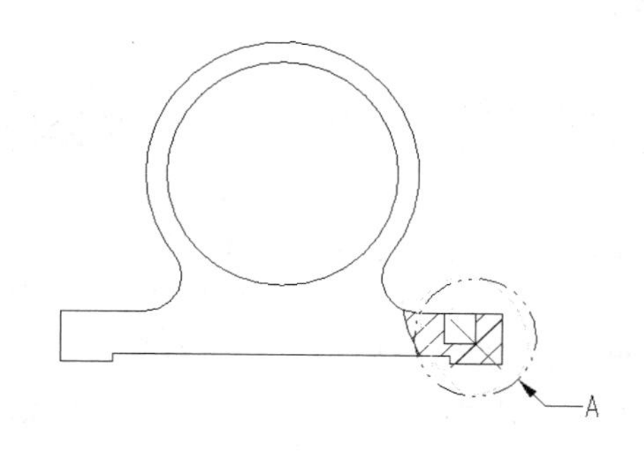

图 6-65　局部剖视图

(6) 在创建的局部放大视图上双击，系统弹出图 6-66 所示的【绘图视图】对话框。

(7) 在【绘图视图】对话框中，选取“类别”选项组中的“比例”选项，再选中“定制比例”单选项，然后在后面的文本框中输入比例值 0.020(可以在模型中试验，得到合适的显示比例)，单击【应用】按钮，创建的放大视图如图 6-67 所示。

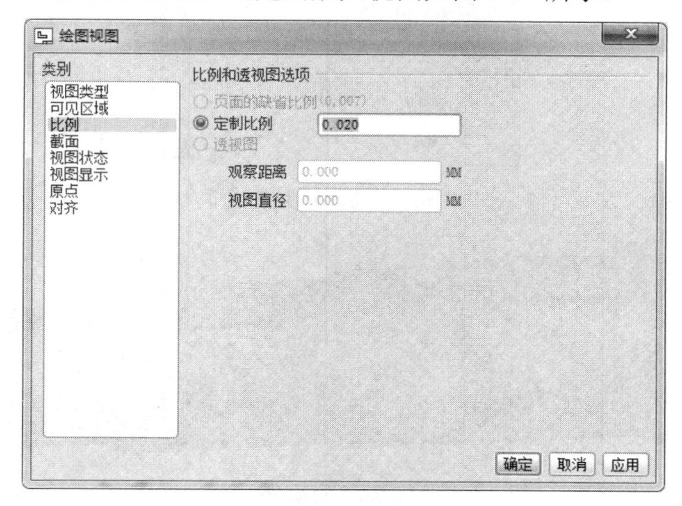

图 6-66　【绘图视图】对话框

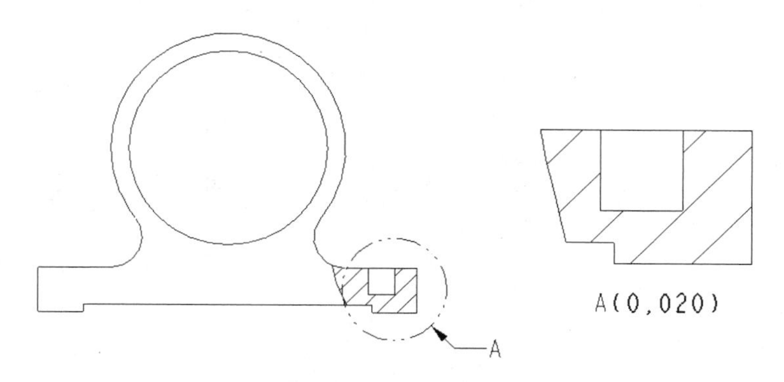

图 6-67　局部放大视图

实战训练 1

阶梯轴工程图的设计

创建阶梯轴工程图，具体步骤如下：

(1) 在工具栏中单击“新建文件”按钮，新建一个工程图，如图 6-68 所示。选取如图 6-69 所示的三维模型，指定模板选择“格式为空”，点击【浏览】按钮，选择定义好的模板或是系统默认模板作为实例操作演练，如图 6-70 所示，进入工程图模块。

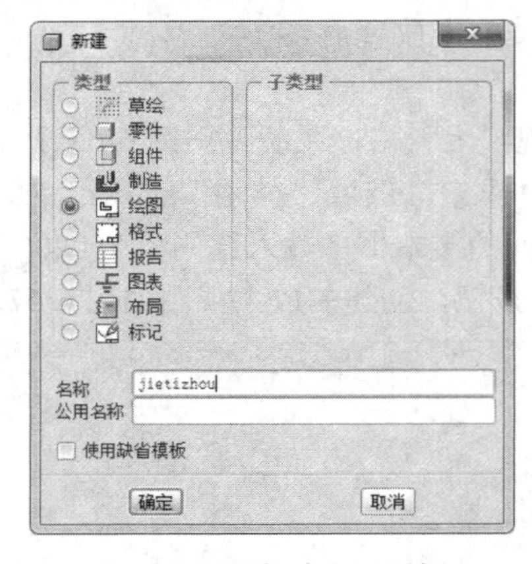

图 6-68 【新建】对话框

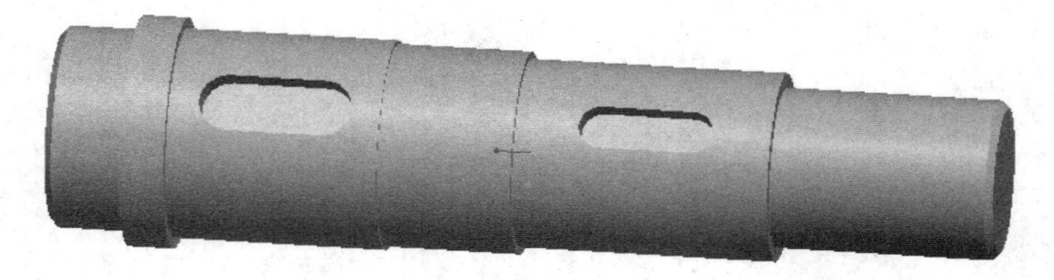

图 6-69 实例模型

图 6-70 【新建绘图】对话框

(2) 在布局【模型视图】菜单中点击创建普通视图【一般】命令，在屏幕图形区选取一点，系统弹出【绘图视图】对话框，“模型视图名”选择设定好的方向，该方向也可以使用几何参照定向(可自己尝试)，如图 6-71 所示。

(3) 选取“视图显示”选项，在“显示样式”下拉列表中选取“消隐”选项，如图 6-72 所示，则视图显示如图 6-73 所示。

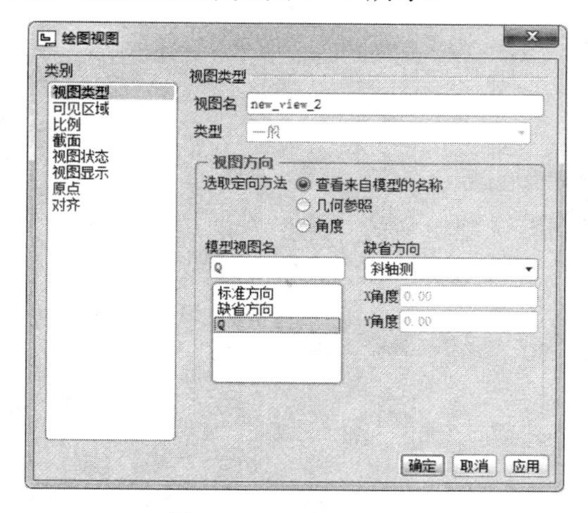

图 6-71　视图定向设置

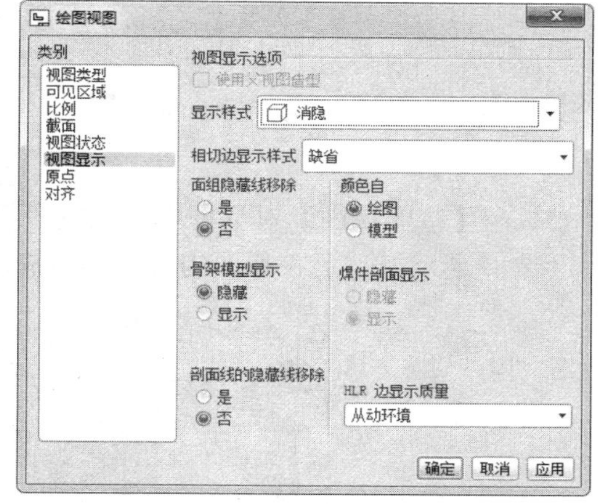

图 6-72　视图显示样式设置

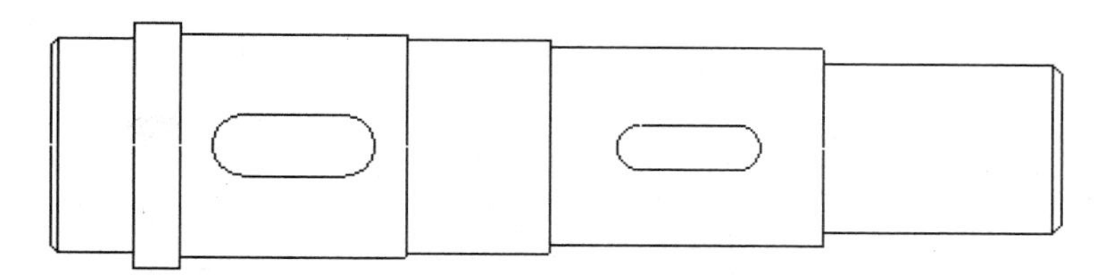

图 6-73　主视图

(4) 将“剖面选项”设置为“2D 剖面”，然后单击 + 按钮，将“模型边可见性”设置为“区域”。在“名称”下拉列表框中选取剖截面“A”(A 剖截面在零件模块中已提前创建)，在“剖切区域”下拉列表框中选取“完全”选项。单击【应用】按钮。在工程图中选择适当的位置单击，同样的方法创建剖截面 B 视图，如图 6-74 所示。生成的工程图如图 6-75 所示。

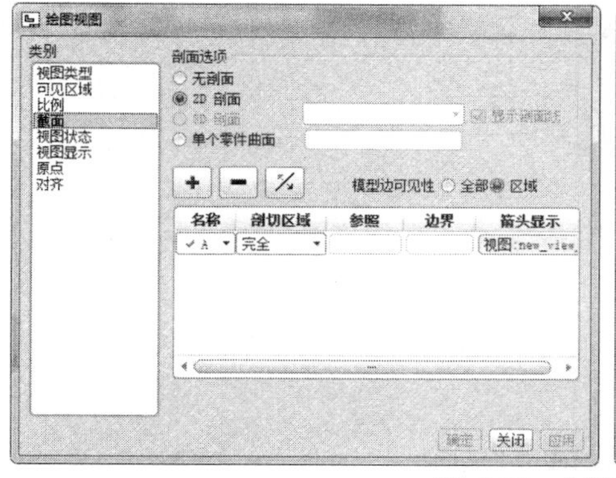

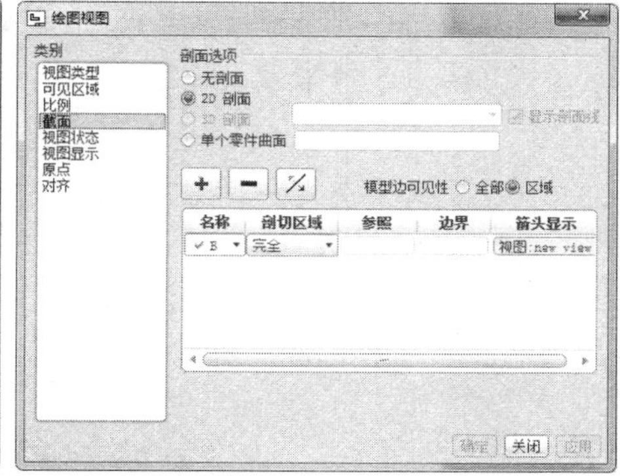

图 6-74　创建剖截面设置

注意：视图位置选择要在前面调整好，后续进行绘制后更改位置较麻烦。

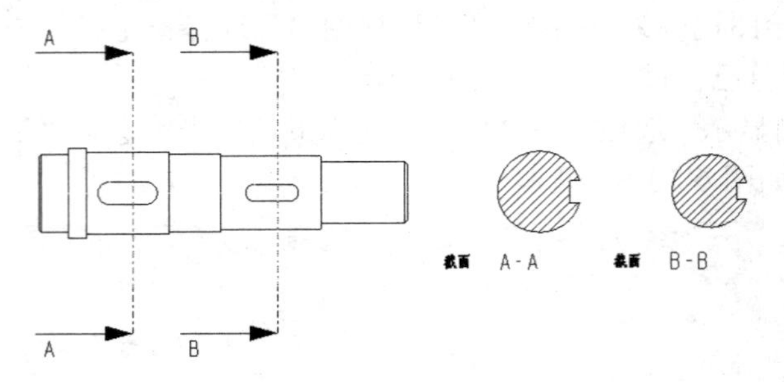

图 6-75 剖截面视图

(5) 在【绘图视图】对话框中，选取“类别”选项组中的“比例”选项，再选中“定制比例”单选项，然后在后面的文本框中输入比例值 0.030，如图 6-76 所示。

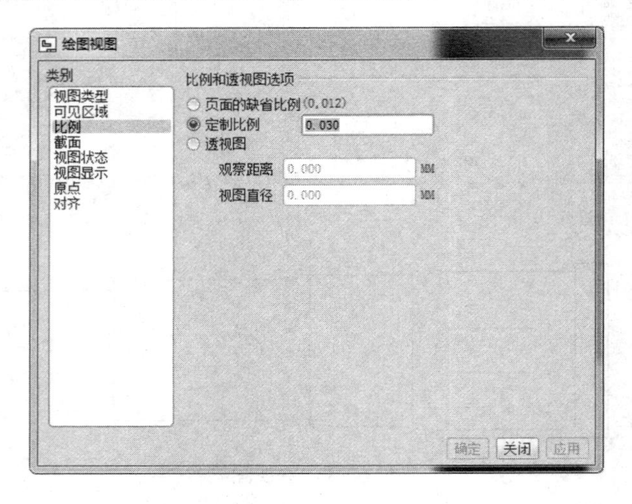

图 6-76 设置图形比例

(6) 在视图中点击剖截面箭头标记线，显示如图 6-77 所示。移动鼠标调整箭头标记线位置，如图 6-78 所示。

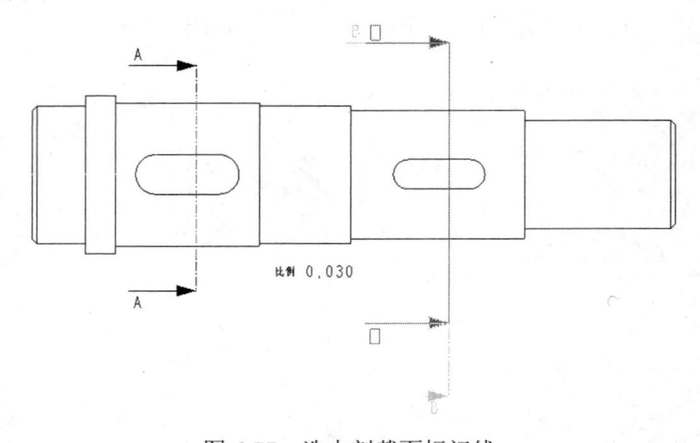

图 6-77 选中剖截面标记线

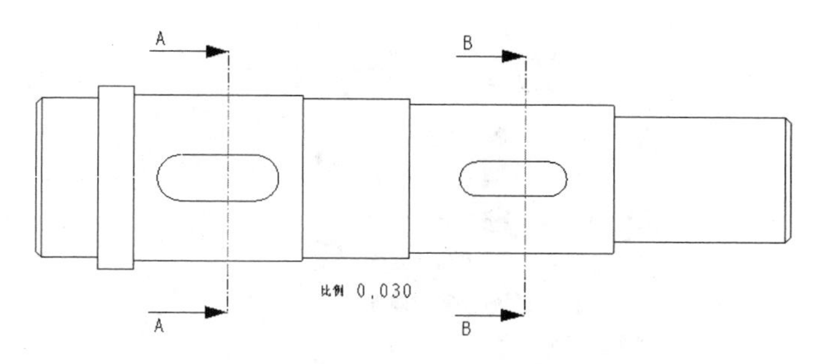

图 6-78　剖截面标记线位置调整

(7) 中心线绘制。

① 在工具栏中选择“草绘”项，点击直线绘制按钮，弹出【捕捉参照】对话框，如图 6-79 所示。在该对话框内选择捕捉按钮，然后在剖截面中选择外圆弧，则系统自动捕捉到圆心，以圆心为起点绘制中心线，如图 6-80 所示。同样的方法在主视图上创建中心线。

图 6-79　【捕捉参照】对话框

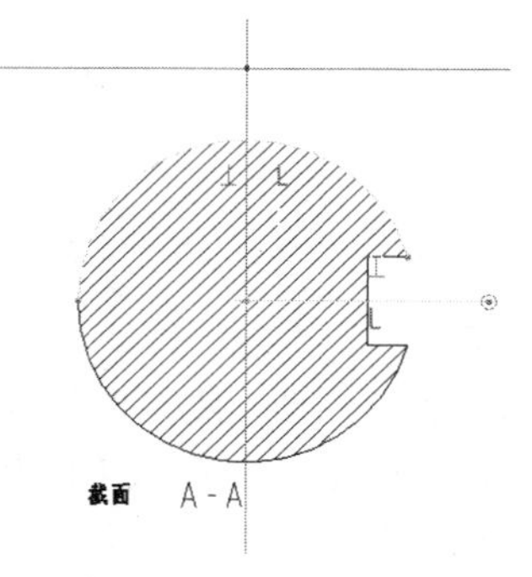

图 6-80　绘制中心线

② 单击【线造型】命令，进行线性设置。在弹出的【菜单管理器】中选择默认的“修改直线”选项，如图 6-81 所示。然后鼠标选中上面创建的中心线，点击鼠标中键，弹出【修改线造型】对话框，其中“线型”选择“控制线”如图 6-82 所示。鼠标单击“颜色”右侧的选项，在弹出的图 6-83 对话框中选择红色，单击【确定】，单击【修改线造型】对话框中【应用】按钮。同理修改剩余中心线的线型及颜色，如图 6-84 所示。

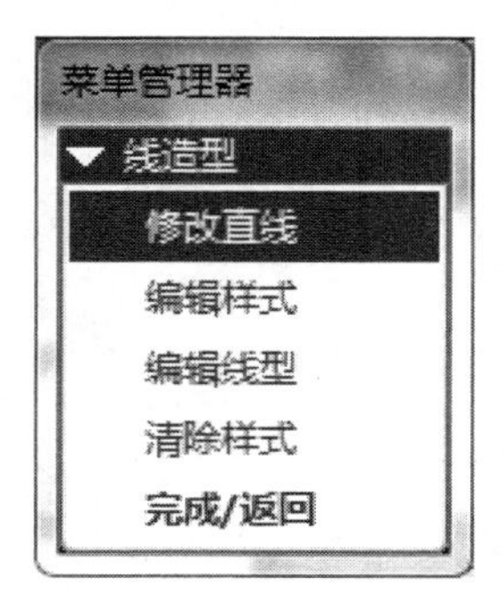

图 6-81　“线造型”设置

图 6-82　线型选择

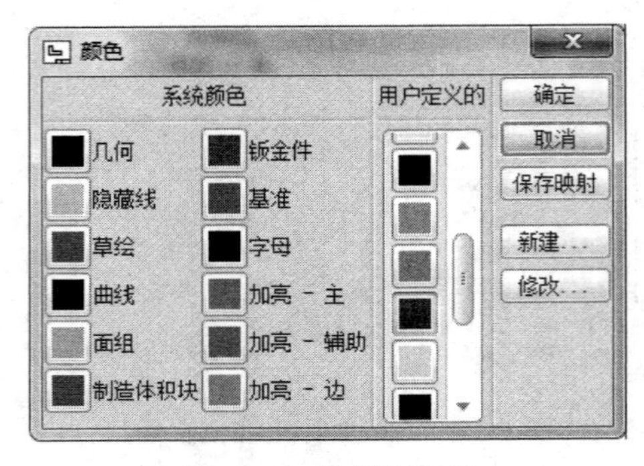

图 6-83　线颜色选择

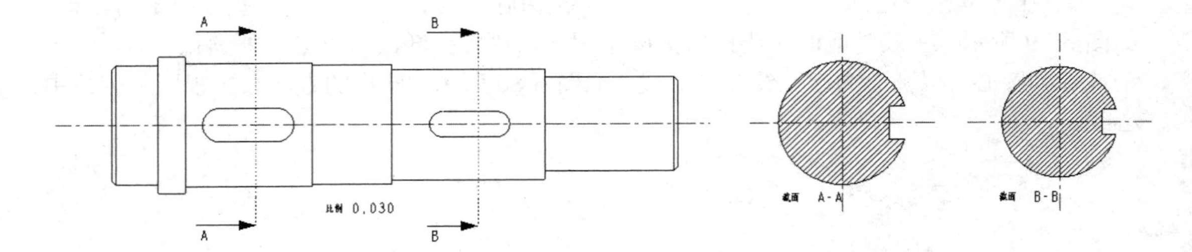

图 6-84　中心线绘制

(8) 尺寸标注。

① 首先进行标注设置，使得标记线与图形相交。单击菜单栏中的【文件】，选择“绘图选项”选项，在管理选项的靠下位置找到“witness_line_offset”选项，把“witness_line_offset”选项的值定义为“0”，如图 6-85 所示。设置前后对比如图 6-86 所示。

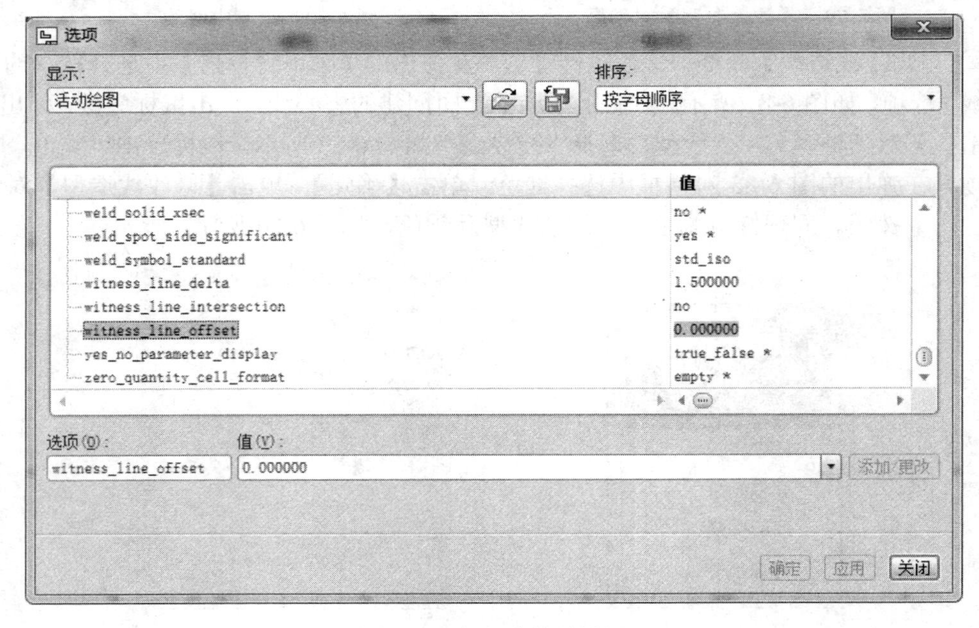

图 6-85　标记线偏移设置

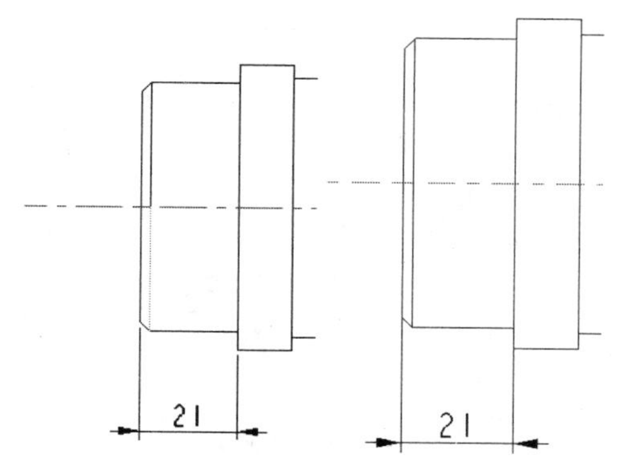

图 6-86　设置效果对比

② 进行标注。选择工具栏中【注释】栏，点击按钮，在弹出的【菜单管理器】中选择默认的“图元上”，如图 6-87 所示。

a. 鼠标选中需要进行标记的元素(显示为红色)，然后在图形上选择合适的位置单击鼠标中键，生成尺寸标注，如图 6-88 所示。

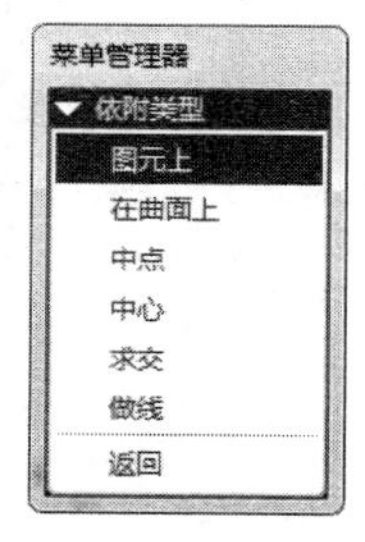

图 6-87 标注依附类型选择菜单

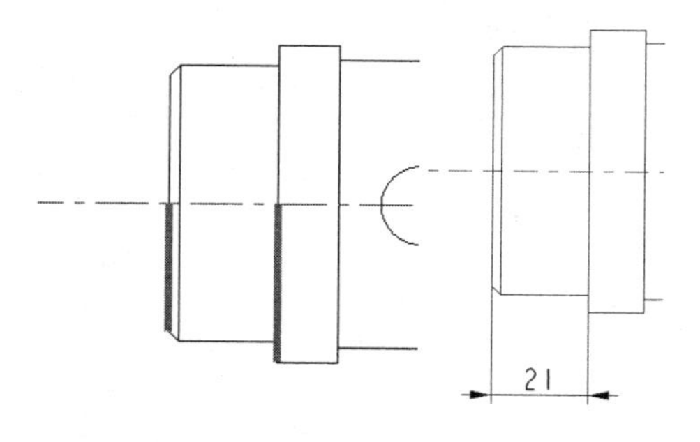

图 6-88 直线距离标注

b. 鼠标选中需要进行标记的直线(显示为红色)，然后在图形上选择合适的位置单击鼠标中键，生成尺寸标注，如图 6-89 所示。

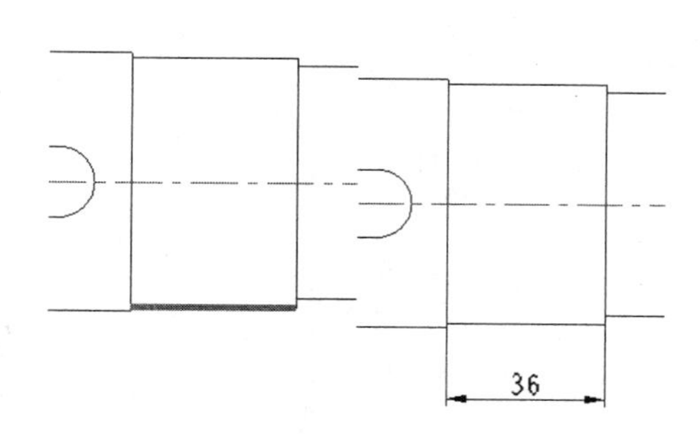

图 6-89 直线长度标注

c. 鼠标选中需要进行标记的圆弧(显示为红色)，然后在图形上选择合适的位置单击鼠标中键，生成尺寸标注，如图 6-90 所示。

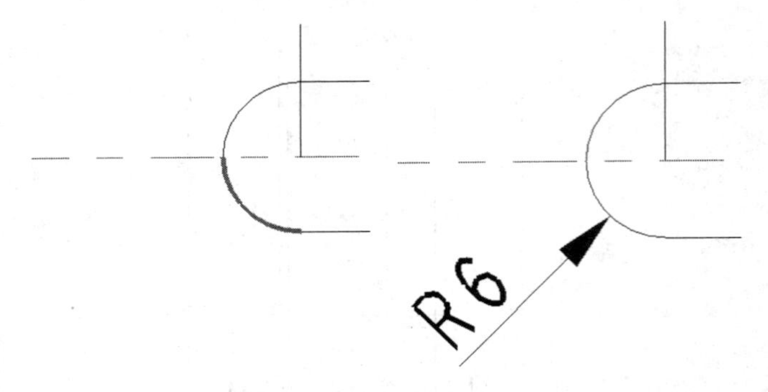

图 6-90 半径标注

d. 输入直径符号，鼠标选中直径尺寸标注并双击，弹出对话框如图 6-91 所示。选择【显示】栏，单击“前缀”项的输入框，单击“文本符号”，弹出的对话框如图 6-92 所示。点击 ∅ 符号，单击【关闭】，单击【确定】，效果如图 6-93 所示。

图 6-91 【尺寸属性】对话框

图 6-92 【文本符号】对话框

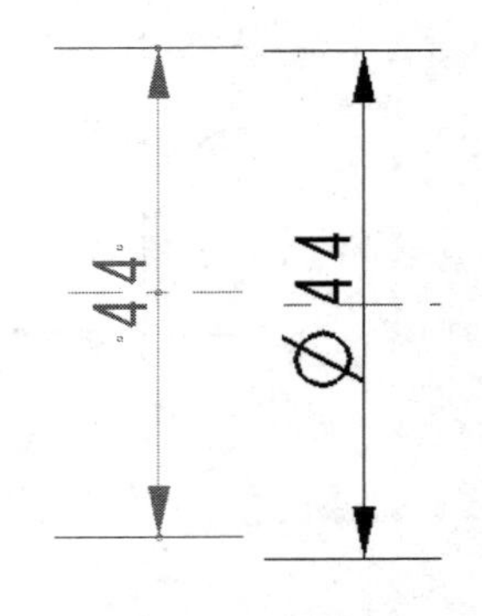

图 6-93 直径符号显示

③ 输入尺寸公差方法。

a. 假如标注尺寸公差：上公差为+0.1，下公差为 0。

方法：鼠标选中直径尺寸标注并双击，弹出对话框如图 6-91 所示。选择【显示】栏，在“@D”后空一字符，再输入“@++0.1@#@−0”即可。

b. 假如标注尺寸公差：上公差为 0，下公差为−0.5。

方法：鼠标选中直径尺寸标注并双击，弹出对话框如图 6-91 所示。选择【显示】栏，在“@D”后空一字符，再输入“@+0@#@−−0.5”即可。

c. 假如标注尺寸公差：上公差为+0.5，下公差为−0.5。

方法：鼠标选中直径尺寸标注并双击，弹出对话框如图 6-91 所示。选择【显示】栏，在“@D”后空一字符，再输入“@++0.5@#@−−0.5”即可。

d. 假如标注尺寸公差：上公差为+0.1，下公差为+0.5。

方法：鼠标选中直径尺寸标注并双击，弹出对话框如图 6-91 所示。选择【显示】栏，在“@D”后空一字符，再输入“@++0.1@#@−+0.5”即可。

e. 假如标注尺寸公差：上公差为−0.5，下公差为−0.1。

方法：鼠标选中直径尺寸标注并双击，弹出对话框如图 6-91 所示。选择【显示】栏，在“@D”后空一字符，再输入“@+−0.5@#@−−0.1”即可。

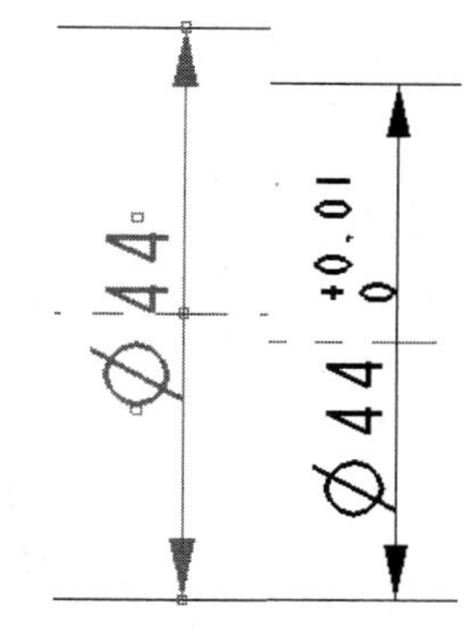

图 6-94　尺寸公差显示效果

该实例选一个尺寸公差做示范，如图 6-94 所示。

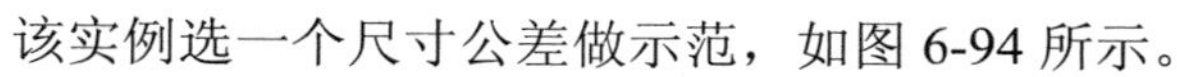

④ 创建几何公差。

a. 先创建基准轴，选择如图 6-95 所示截面中的“模型基准轴”单击，弹出如图 6-96 所示的对话框。输入名称 D，点击 [A◂] 选项，单击【定义】按钮，在弹出的如图 6-97 所示的对话框中选择“过柱面”选项。在工程图中点击创建基准轴线的圆柱面，生成如图 6-98 所示的基准轴线。

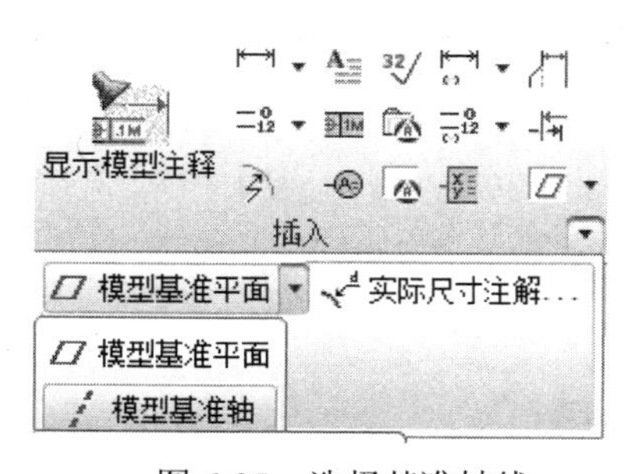

图 6-95　选择基准轴线

图 6-96　基准轴设置

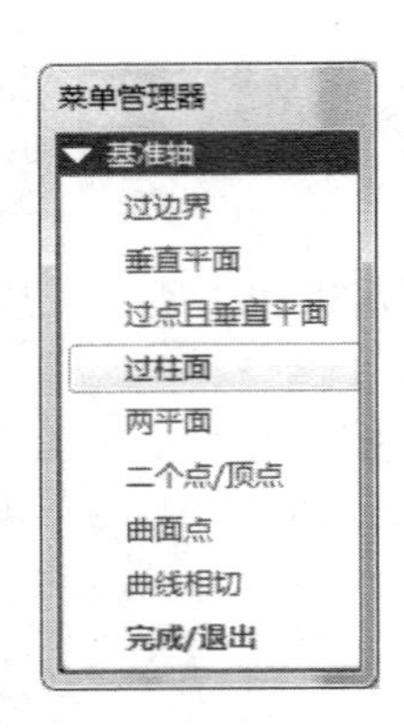

图 6-97　基准轴线捕捉菜单

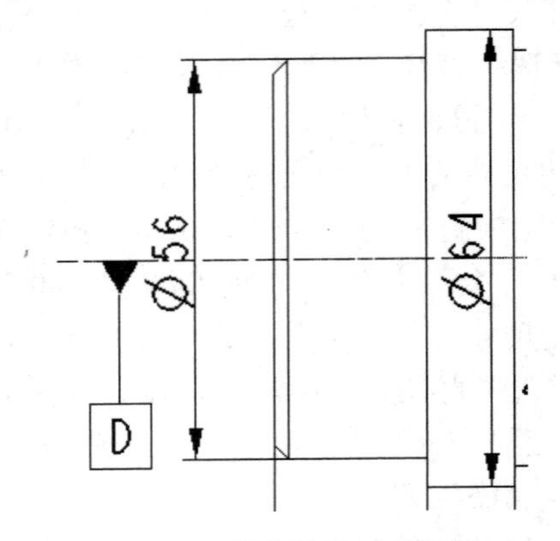

图 6-98　基准轴线创建效果

b. 点击【注释】中的【几何公差】命令，弹出如图 6-99(a)所示对话框。选择需要输入的几何公差符号，该例子使用垂直度作为示范，单击 ⊥ ，点击【选取图元】，在工程图中单击创建的基准轴。

c. 选择“基准参照”，如图 6-99(b)所示，“首要”参照选择为需要的基准轴 D。

d. 单击“公差值”选项，输入需要的公差数值 0.02，如图 6-99(c)所示。

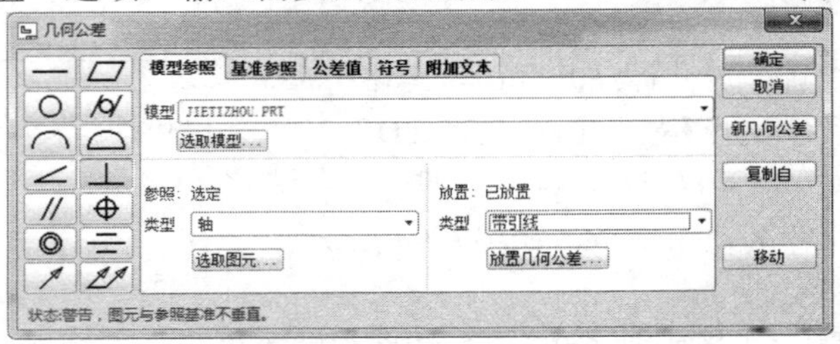

(a) 【几何公差】对话框

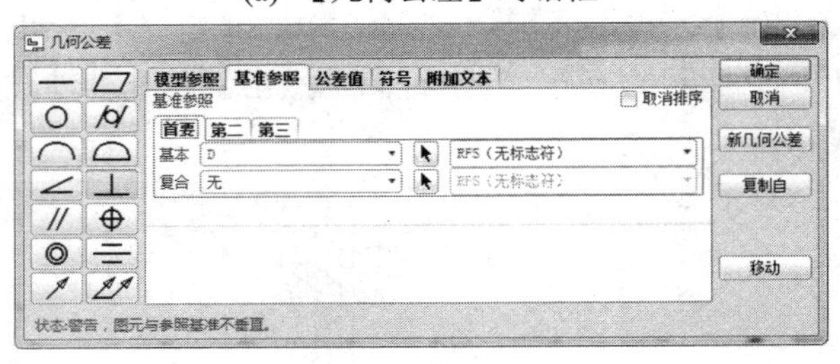

(b) “基准参照”设置

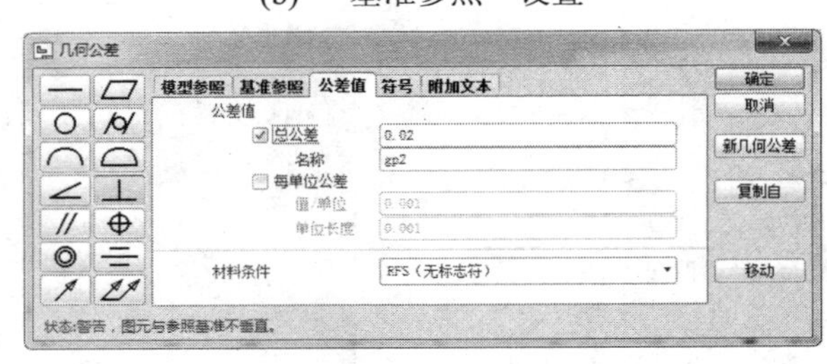

(c) “公差值”设置

图 6-99　选择基准轴线

e. 将图 6-99(a)所示的放置“类型”选择为带引线，单击【放置几何公差】按钮。在工程图上鼠标单击约束几何公差的位置，产生几何公差标注，如图 6-100 所示。其他公差标注类似，可以根据工程需要自行标注。

⑤ 标注粗糙度。执行【注释】|【表面光洁度】命令，在弹出的图 6-101 所示菜单中选择“检索”，在弹出对话框中选择 machined 文件夹下面的 standard1.sym 文件双击，在弹出的图 6-102 所示菜单中选择“法向”，在图元中选中需要标注粗糙度的表面，单击鼠标中键，在弹出的对话框中输入需要的粗糙度数值，点击✔按钮。效果如图 6-103 所示。

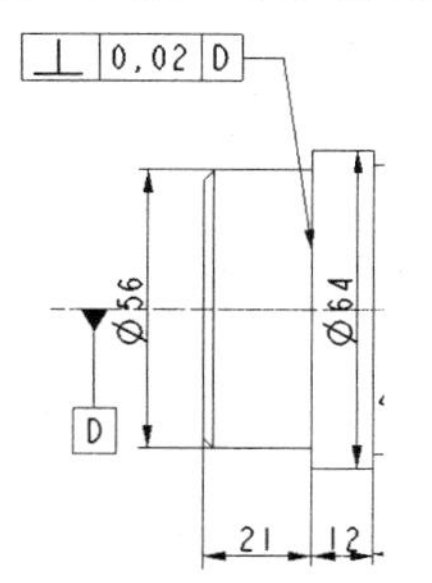

图 6-100　几何公差标注显示效果

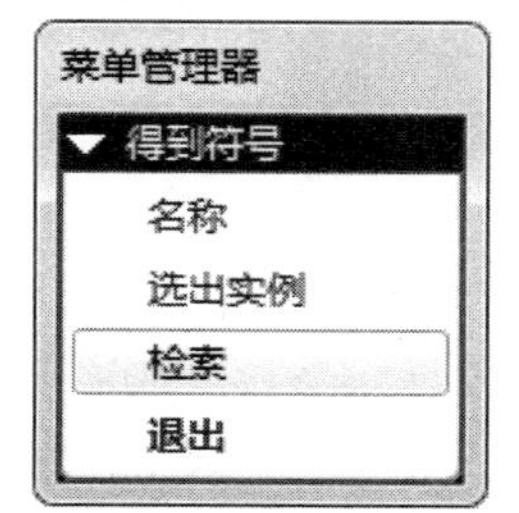

图 6-101　粗糙度符号菜单

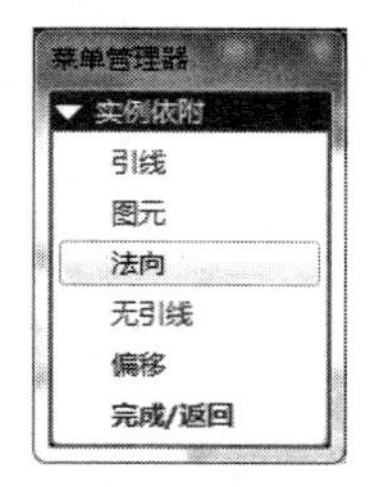

图 6-102　符号依附类型菜单

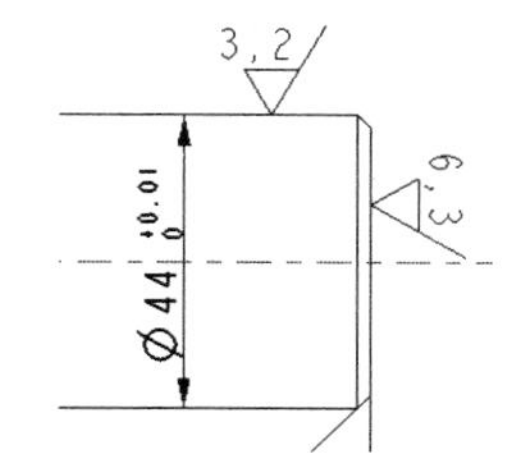

图 6-103　粗糙度标注效果

(9) 导出图纸。选择菜单栏中的【发布】命令，选择“PDF”选项，单击“导出”按钮，对导出文件进行命名，生成如图 6-104 所示的 PDF 文件。

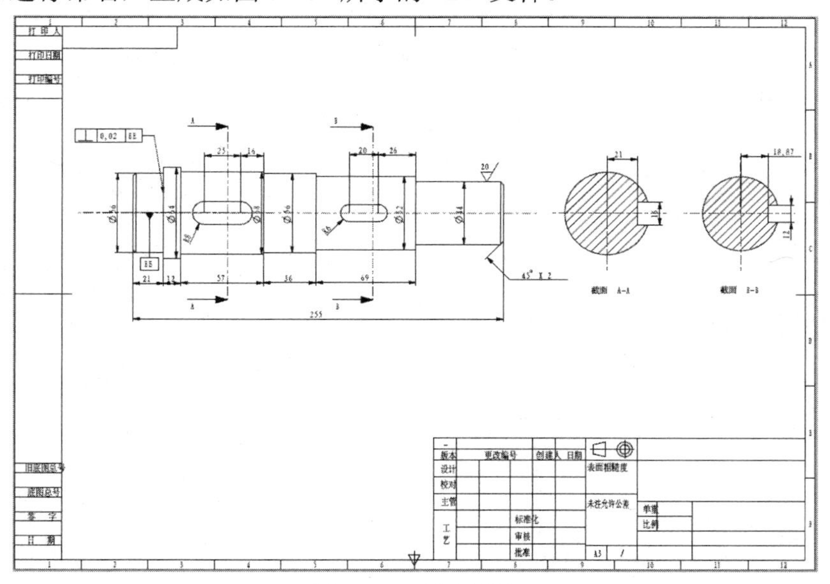

图 6-104　导出图纸

实战训练 2

工程图的设计

如图 6-105 所示为装配图的工程图。设计该工程图时将应用到绘制视图、添加表格、添加物料明细标题等知识点。下面讲解具体的设计步骤。

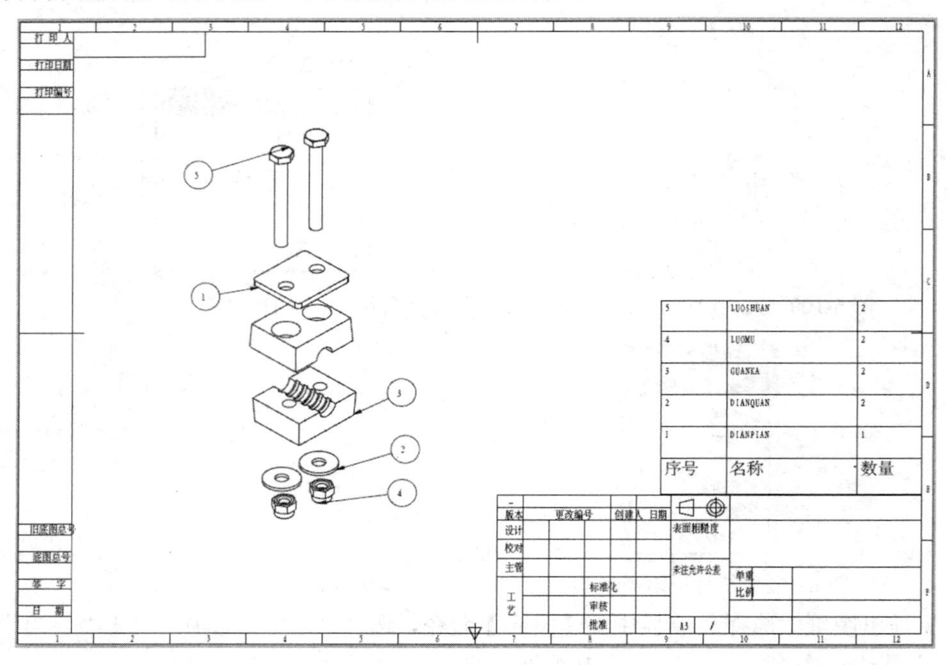

图 6-105　工程图

(1) 在工具栏中单击新建文件按钮，新建一个工程图，如图 6-106 所示。选取如图 6-107 所示的三维模型，指定模板选择“格式为空”，点击【浏览】按钮，选择定义好的模板或是系统默认模板作为实例操作演练，如图 6-107 所示，进入工程图模块。

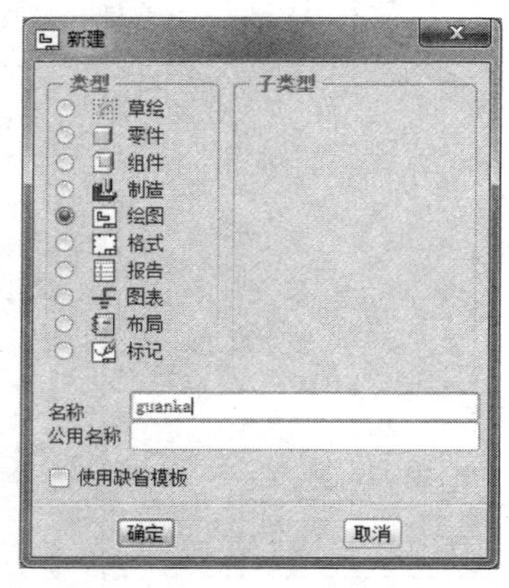

图 6-106　新建工程图

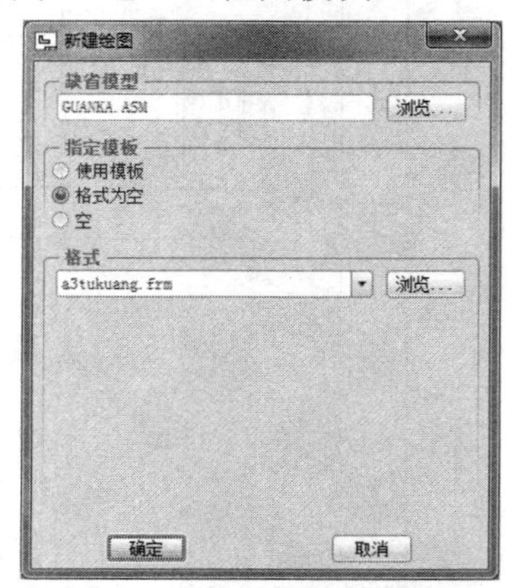

图 6-107　选择工程图模板

(2) 在布局【模型视图】菜单中单击创建普通视图【一般】命令。在屏幕图形区选取一点，系统弹出【绘图视图】对话框，“模型视图名”选择设定好的方向，该方向也可以使用几何参照定向(可自己尝试)。选取“视图显示”选项，在“显示样式”下拉列表中选取“消隐”选项，点击【应用】按钮，则视图显示如图6-108所示。

(3) 在【绘图视图】对话框选择“视图状态”选项，选择“视图中的分解元件”，点击【应用】按钮，如图6-109所示，此时视图如图6-110所示。点击【定制分解状态】按钮，在图中拖动零件，调整至如图6-111所示位置，单击鼠标中键确定，然后单击【关闭】按钮。

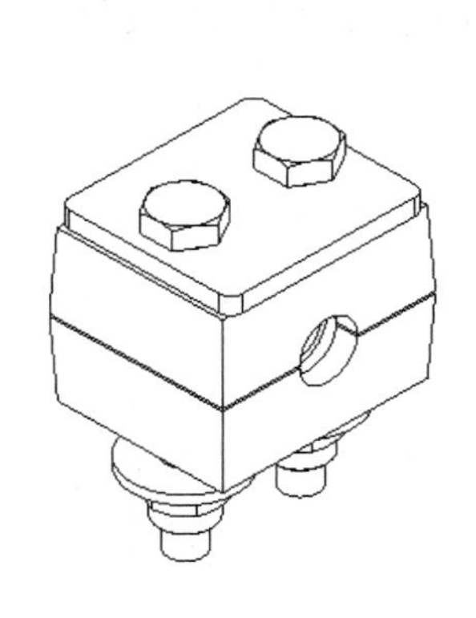

图6-108　视图显示

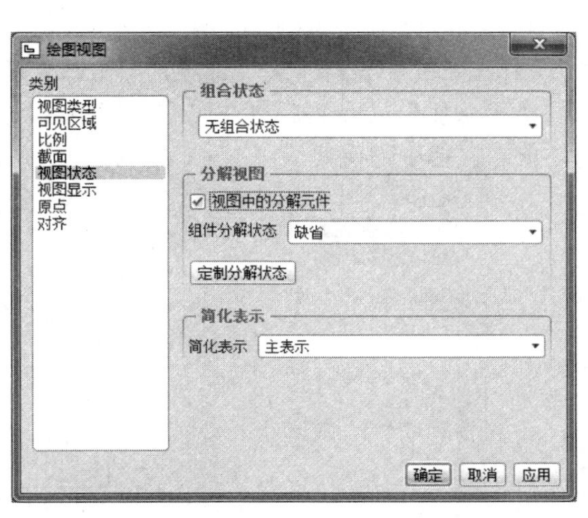

图6-109　选择工程图模板

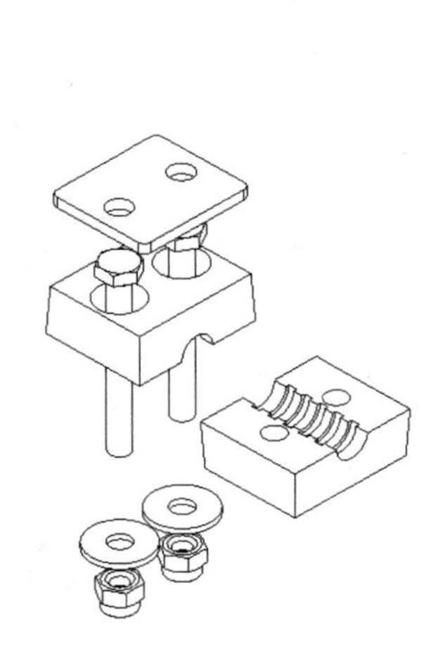

图6-110　分解视图

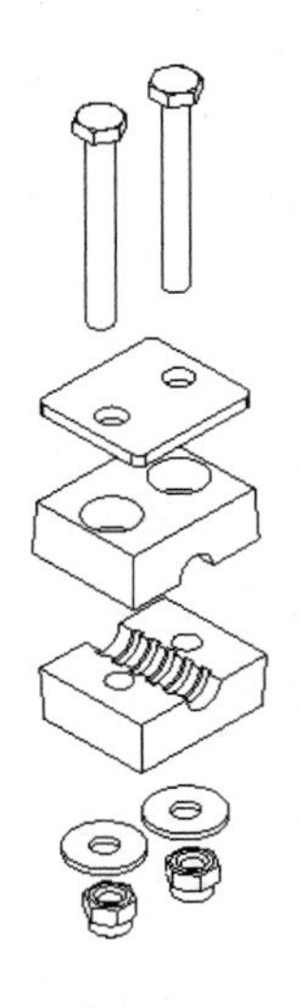

图6-111　分解视图调整

(4) 在工具栏选择“表”选项，点击“表”功能，在弹出对话框中的设置如图6-112所示，点击鼠标中键创建表格，如图6-113所示。

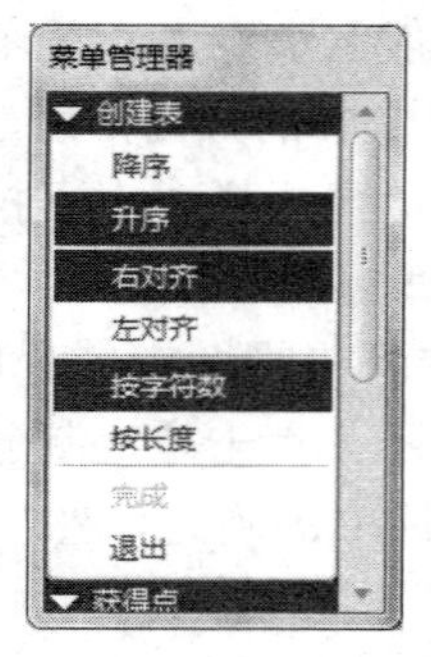

图 6-112 表格绘制菜单

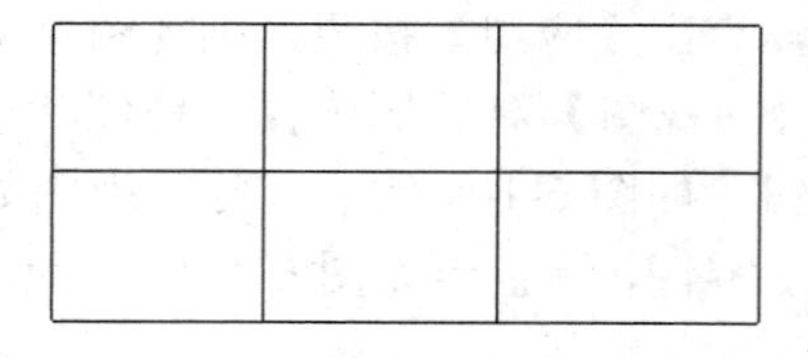

图 6-113 初建表格

(5) 在工具栏中选择“表”选项，点击“重复区域”功能，在弹出图 6-114 所示的对话框中选择“添加”项，然后自左向右分别用鼠标左键单击表格两端的单元格，如图 6-115 所示，单击鼠标中键确定。

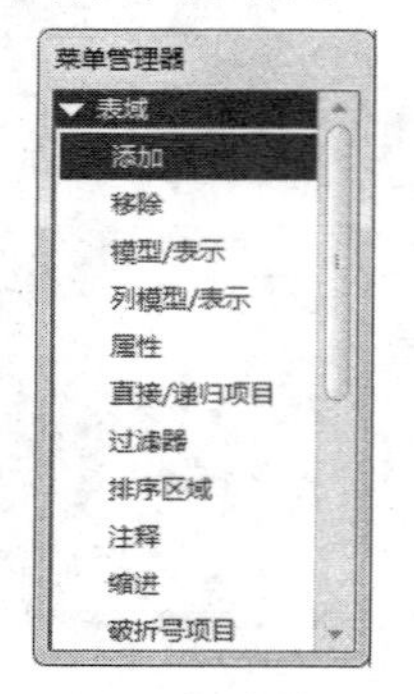

图 6-114 添加表格重复区域

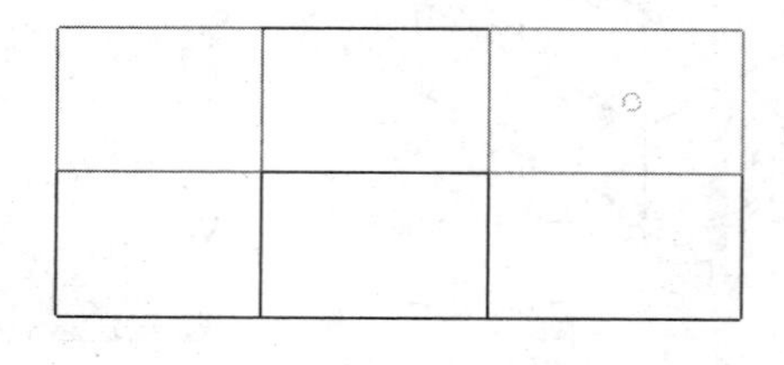

图 6-115 重复区域表格选择

(6) 双击设置重复区域的单元格。将 3 个单元格的属性依次设置为 rpt.index、asm.mbr.name、rpt.qty，单击鼠标中键确认。选择图 6-114 所示菜单中的“属性”选项，在弹出图 6-116 所示菜单中选择“无多重记录”，单击鼠标中键确定。

(7) 双击最下层表格的单元格，在弹出图 6-117 所示的对话框中输入文字，将 3 个空白表格依次输入序号、名称、数量，并在文本样式中调整字体的大小。

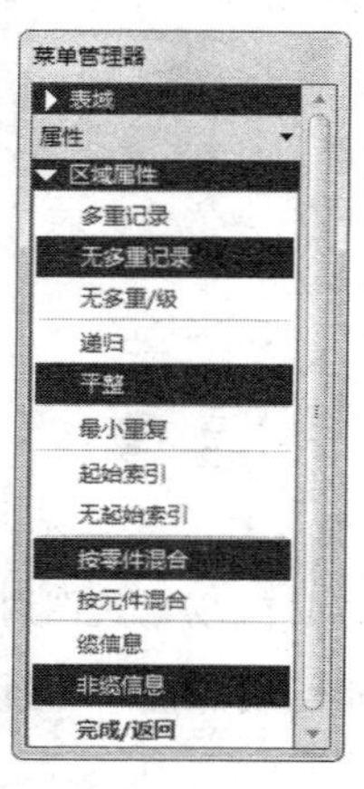

图 6-116 合并相同零件选项

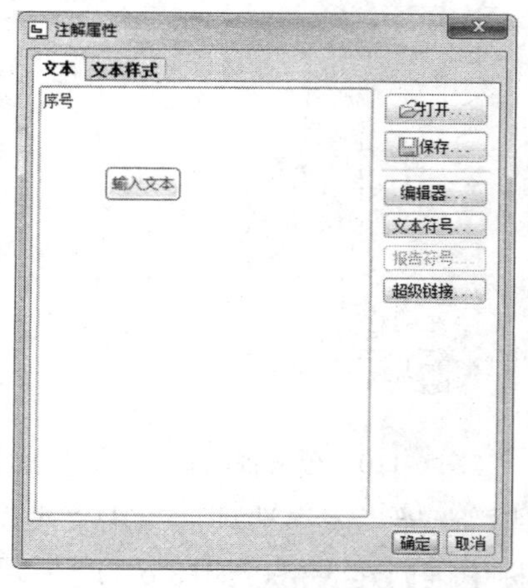

图 6-117 输入物料明细标题

(8) 选择工具栏中的【高度和宽度】命令，弹出如图 6-118 所示对话框，输入表格行、列尺寸数值，调整表格高度和宽度至合适的尺寸，效果如图 6-119 所示，并用鼠标拖动表格至合适的位置。

图 6-118　物料明细表格尺寸调整

5	LUOSHUAN	2
4	LUOMU	2
3	GUANKA	2
2	DIANQUAN	2
1	DIANPIAN	1
序号	名称	数量

图 6-119　物料明细表格

(9) 选择工具栏中的【BOM 球标】命令，弹出对话框后先用鼠标单击已创建的表格，再在图 6-120 所示对话框中选择“创建球标”选项，然后鼠标单击分解视图，单击鼠标中键确定。分解视图中生成标记如图 6-121 所示，在视图中可以使用鼠标拖动球坐标的位置。

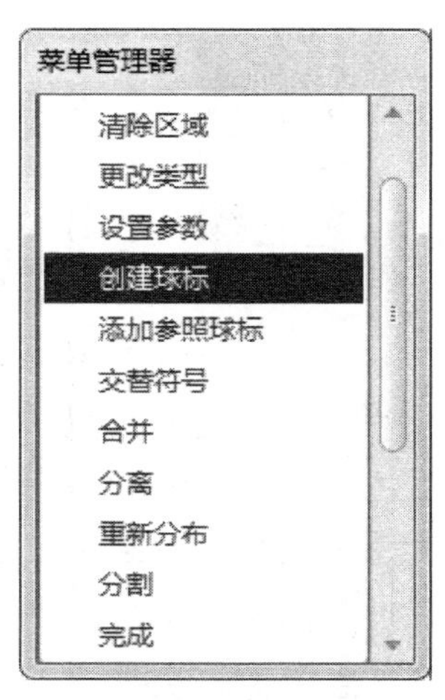

图 6-120　创建球坐标菜单

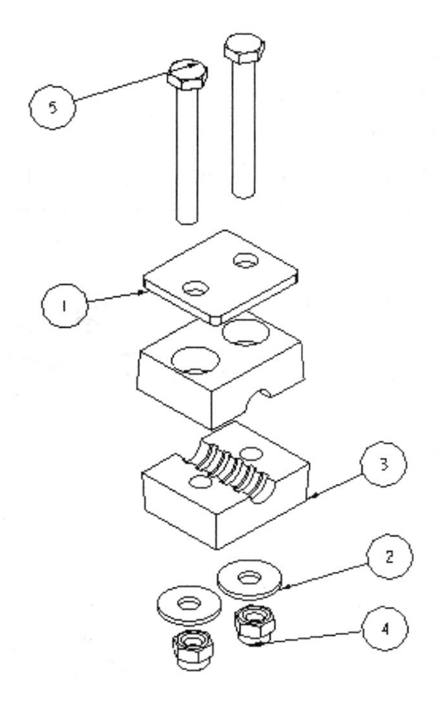

图 6-121　球坐标显示效果

(10) 导出图纸，选择菜单栏中【发布】，选择“PDF”，单击“导出”，对导出文件进行命名，生成如图 6-122 所示的 PDF 文件。

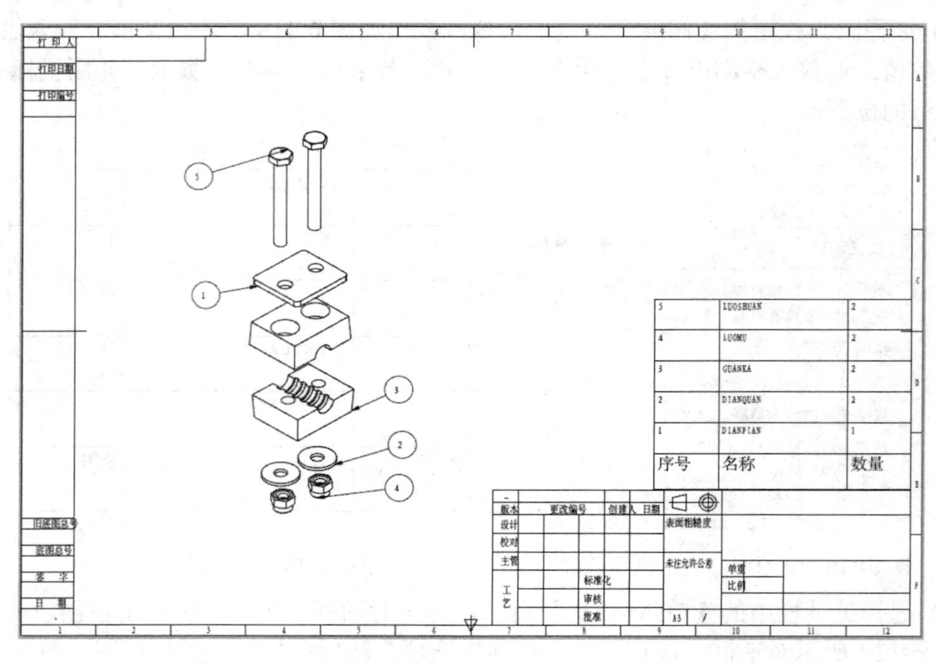

图 6-122　导出图纸

练习题

1. 如何在工程图中修改尺寸的显示位数？
2. 如何添加模型到工程图中？
3. 以文件叶片泵\yepianbeng.asm 模型为目标，完成如图 6-123 所示的工程图设计。

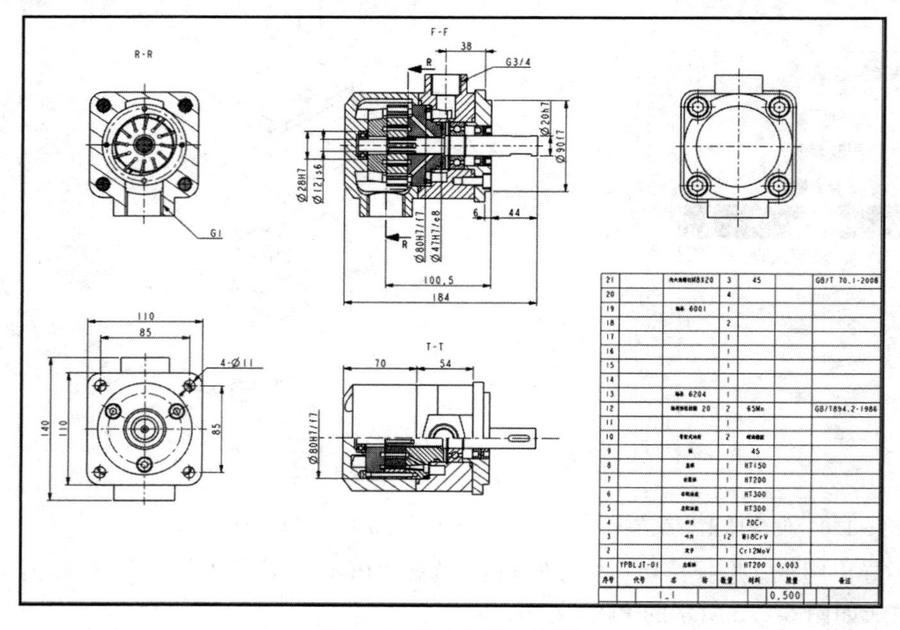

图 6-123　叶片泵工程图

项目六　核心词汇中英文对照表

序号	中　文	英　文
1	绘图视图	Drawing View
2	原点	Origin
3	对齐	Alignment
4	投影视图	Projection View
5	横截面	Cross-Sectio n
6	局部视图	Partial View
7	可见区域	Visible Area
8	比例	Scale
9	视图状态	View States
10	定制比例	Custom Scale
11	透视图	Perspective
12	分解视图	Explode View
13	灰色	Dimmed
14	双点画线	Phantom
15	辅助视图	Auxiliary View
16	注释	Annotate

参 考 文 献

[1] 钟日铭. Creo 5.0 从入门到精通[M]. 2 版. 北京：机械工业出版社，2018.
[2] 江洪. Creo 5.0 基础教程[M]. 北京：机械工业出版社，2018.